TRAITÉ

DES

RÉSECTIONS

PAR

LE DOCTEUR O. HEYFELDER

MÉDECIN-MAJOR AU SERVICE DE RUSSIE, CHEVALIER DE L'ORDRE IMPÉRIAL DE SAINT-STANISLAS DE IIIᵉ CLASSE,
DE L'ORDRE DE LA COURONNE DE PRUSSE DE IVᵉ CLASSE, MEMBRE DE L'ACADÉMIE IMPÉRIALE LÉOPOLDINE-CAROLINE,
DE L'ACADÉMIE ROYALE DE CHIRURGIE DE MADRID,
DE LA SOCIÉTÉ DE CHIRURGIE ET DE LA SOCIÉTÉ ANATOMIQUE DE PARIS ETC. ETC.

TRADUIT DE L'ALLEMAND AVEC ADDITIONS ET NOTES

PAR

LE DOCTEUR EUG. BŒCKEL

PROFESSEUR AGRÉGÉ ET CHEF DES TRAVAUX ANATOMIQUES DE LA FACULTÉ DE STRASBOURG.

STRASBOURG

TREUTTEL ET WURTZ, LIBRAIRES-ÉDITEURS.

PARIS

J. B. BAILLIÈRE ET FILS, RUE HAUTEFEUILLE, 19.

1863.

TRAITÉ

DES RÉSECTIONS.

STRASBOURG, IMPRIMERIE DE G. SILBERMANN.

TRAITÉ

DES

RÉSECTIONS

PAR

LE DOCTEUR O. HEYFELDER

Médecin-major au service de Russie; Chevalier de l'Ordre impérial de Saint-Stanislas de IIIᵉ classe,
de l'Ordre de la Couronne de Prusse de IVᵉ classe; Membre de l'Académie impériale Léopoldine-Caroline,
de l'Académie royale de chirurgie de Madrid,
de la Société de Chirurgie et de la Société anatomique de Paris etc. etc.

TRADUIT DE L'ALLEMAND AVEC ADDITIONS ET NOTES

PAR

LE DOCTEUR EUG. BŒCKEL

PROFESSEUR AGRÉGÉ ET CHEF DES TRAVAUX ANATOMIQUES DE LA FACULTÉ DE STRASBOURG.

STRASBOURG

TREUTTEL ET WURTZ, LIBRAIRES-ÉDITEURS.

PARIS

J. B. BAILLIÈRE ET FILS, RUE HAUTEFEUILLE, 19.

1863.

A M. LE PROFESSEUR SÉDILLOT,

Inspecteur du service de santé, Membre correspondant de l'Institut et de l'Académie impériale de médecine, Officier de la Légion d'Honneur, Commandeur de l'Ordre de Saint-Grégoire etc. etc.

Cher Maître, veuillez accepter cet hommage comme un faible témoignage de ma reconnaissance pour tous les bons soins que vous avez prodigués à mon père.

E. BŒCKEL.

PRÉFACE DU TRADUCTEUR.

Les résections, dans leur ensemble, sont loin d'avoir obtenu
gain de cause devant le public médical et surtout devant le
public français; il y a même certaines catégories de résections,
d'une pratique courante dans des pays voisins, qui sont encore
généralement repoussées chez nous. Pour juger de la valeur de
ces opérations et décider s'il y a lieu de les adopter ou de les
rejeter, il faut donc recourir à des documents étrangers, qui ne
sont pas toujours accessibles à la majorité des lecteurs.

Ces documents, disséminés dans les recueils périodiques,
datent pour la plupart de ces dernières années et, en raison de
leur nouveauté, ils ne sont pas mentionnés dans nos traités classiques. Les travaux particuliers, très-estimables d'ailleurs, qui
en tiennent compte, ne traitent que de parties trop restreintes
de notre sujet.

Il existe donc, dans notre littérature, une lacune que j'ai essayé de combler par la traduction de l'ouvrage de M. O. Heyfelder. Plus que tout autre, son auteur était à même de traiter cette matière ; par de longs séjours dans les principaux centres scientifiques de l'Europe il a pu s'assurer par ses propres yeux des résultats obtenus et réunir un nombre imposant de faits, propres à porter la conviction dans les esprits.

Je ne me suis pas borné strictement au rôle de traducteur ; mais, avec l'autorisation libérale de l'auteur, j'ai apporté à l'ouvrage quelques changements qui m'ont paru utiles.

D'abord je l'ai divisé en chapitres et j'y ai ajouté une table des matières pour faciliter les recherches. L'aperçu anatomique, placé en tête des principaux articles, m'a paru surchargé de détails d'anatomie descriptive ; j'en ai élagué tout ce qui n'était pas absolument nécessaire. En traçant l'historique de chaque résection, M. Heyfelder a donné l'énumération de tous les chirurgiens qui l'ont pratiquée. Comme leurs noms reparaissent dans les tableaux statistiques de la fin des chapitres, j'ai supprimé ces énumérations qui étaient sans profit, et j'ai ajouté aux tableaux une colonne indiquant la source de chaque observation.

On me fera peut-être le reproche d'avoir souvent omis dans ces citations les détails de page et d'édition donnés dans l'ouvrage original. Mais n'étant pas en mesure de vérifier ces chiffres, vu les ressources restreintes de notre bibliothèque académique, et sachant combien il se glisse d'erreurs dans ces copies, j'ai préféré les supprimer que de faire un étalage de précision sans valeur. En refaisant les calculs des tableaux de statistiques, on trouve par ci, par là, dans l'ouvrage original, des erreurs de quelques unités. Le plus souvent ce n'étaient que des fautes typographiques, qu'il m'a été facile de rectifier; d'autres fois elles avaient une cause différente, et j'ai dû les laisser subsister ; mais je puis affirmer que, même en les corrigeant, on ne changerait en rien les déductions que M. Heyfelder en a tirées.

L'ouvrage allemand contient un assez grand nombre d'observations données avec beaucoup de détails, parce qu'elles étaient inédites ; en les traduisant, je leur faisais perdre ce caractère et je pouvais me permettre de les abréger.

Par tous ces remaniements j'ai réduit assez notablement le texte original. J'y ai intercalé, chemin faisant, un certain nombre de paragraphes : tantôt pour faire des restrictions aux opinions de l'auteur, que je tenais d'ailleurs à rendre avec autant d'exactitude que possible ; tantôt pour décrire quelque perfectionnement nouveau publié pendant ces derniers dix-huit mois, ou pour faire connaître des cas intéressants que j'avais observés.

Enfin, j'ai ajouté un dernier chapitre au traité de M. Heyfelder, pour y faire l'histoire des résections temporaires, qui n'ont encore été traitées dans aucun ouvrage.

Les articles que j'ai intercalés sont consignés dans une table à la fin du volume.

Quelqués observations encore à propos des planches. Le livre de M. Heyfelder est orné de magnifiques gravures sur cuivre et sur acier, dont quelques-unes imprimées en couleurs. Je n'ai pu les obtenir de l'éditeur allemand. De plus, un certain nombre de gravures sur bois sont disséminées dans le texte. J'ai fait reproduire ces figures par la lithographie, en négligeant celles qui représentent des pièces d'anatomie pathologique sans rapports directs avec le sujet et en les remplaçant par des dessins d'instruments et d'appareils qui me sont propres.

Puisse le lecteur reconnaître que ce travail a été entrepris avec le désir sincère de bien faire et de propager une œuvre utile.

Strasbourg, le 4 avril 1863.

E. BŒCKEL.

PRÉFACE DE L'AUTEUR.

Les résections sont l'une des plus belles conquêtes de la chirurgie moderne; elles ont restreint le champ des amputations, qui mutilent les malades, et les ont remplacées par des méthodes opératoires conservant l'organisme dans son intégrité.

Là où le couteau et la scie retranchaient sans merci un membre tout entier, dont une partie seulement était lésée, nous enlevons aujourd'hui les portions malades ou blessées par une dissection laborieuse et nous conservons le membre en lui restituant ses usages et sa mobilité.

Les résections sont le triomphe du progrès sur la tradition; celui de la science, de la persévérance et de l'habileté sur les procédés expéditifs de l'empirisme. Leur adoption consacre une ère nouvelle en chirurgie, comme la découverte de l'anesthésie; seulement cette dernière est un résultat du hasard, tandis que les résections ont dû leur perfectionnement à un travail lent et pénible.

Les opinions des savants sont encore divisées sur cette question; les parlements de la science, les académies et les sociétés savantes en font l'objet de leurs débats, et les opérateurs, je dirais presque les nations, se divisent en deux camps, ou ami ou ennemi de la nouvelle méthode.

C'est un honneur pour la civilisation moderne, qu'elle puisse opposer aux perfectionnements des armes de guerre un système de méthodes conservatrices; car c'est principalement dans les quinze dernières années que les résections ont été introduites dans la chirurgie militaire.

Cependant ces opérations n'ont pas encore conquis la place qu'elles méritent d'occuper, et on est loin d'avoir même arrêté les principes fondamentaux qui doivent les régir. Ces résultats ne seront obtenus que si chacun travaille dans la limite de ses forces, par la parole et l'action, à répandre une méthode aussi bienfaisante que pleine d'avenir. C'est dans ce but qu'a été écrit cet ouvrage, qui n'acquiert quelque valeur que parce que les doctrines qui y sont enseignées reposent sur des milliers de faits recueillis dans les annales de toutes les nations, vérifiés avec soin et groupés dans des tableaux statistiques.

La traduction de cet ouvrage en langue française est pour moi une circonstance d'un grand prix; car, si dans ma patrie j'ai été élevé par Langenbeck et mon père dans la pratique des résections, j'ai été fortifié dans cette voie à Paris par les cours de Malgaigne et la clinique de Nélaton; j'y ai appris qu'une critique entraînante, mais trop vive, suscite des adversaires, et qu'une sage temporisation est parfois une qualité aussi bien pour le chirurgien que pour le général.

Que les chirurgiens français, qui m'ont reçu avec une hospitalité si bienveillante pendant mon séjour dans leur pays, veuillent recevoir de même ce livre. Je le leur dédie avec d'autant plus de raison que le plan en a été conçu à Paris.

Saint-Pétersbourg, le 20 février/4 mars 1863.

O. HEYFELDER.

DES RÉSECTIONS,

MÉDECINE OPÉRATOIRE ET STATISTIQUE.

PREMIÈRE PARTIE.

Des Résections en général.

CHAPITRE PREMIER.

INTRODUCTION.

On donne le nom de *résections* à des opérations qui consistent à enlever un os ou une articulation soit partiellement, soit en entier, tout en conservant la continuité du squelette et des parties molles.

Cette définition admise, il sera facile d'en déduire la division, les indications ou contre-indications, ainsi que les meilleurs procédés opératoires applicables aux résections.

Jæger a traité des résections dans deux articles insérés dans le *Dictionnaire chirurgical* de Rust[1]. Le premier, intitulé : *Décapitation des épiphyses*, fait consister cette opération « dans l'éloignement ar- « tificiel d'une ou de plusieurs portions articulaires malades, avec « conservation des principaux vaisseaux et nerfs. » Le second article traite de l'*excision partielle des os*, c'est-à-dire « de l'éloignement

---

[1] Rust's *Handwœrterb. der Chirurg.*, vol. V, p. 550, et vol. VI, p. 481.

« artificiel d'une partie d'os malade prise dans la continuité d'un os
« long ou large, avec conservation des principaux vaisseaux et nerfs. »

A cette définition il ajoute que « l'excision de l'os est ici le *but*
« principal, et il distingue cette opération d'opérations analogues dans
« lesquelles l'éloignement d'une portion d'os n'est que le *moyen*
« d'arriver à retirer un corps étranger, un séquestre, ou d'ouvrir
« une collection liquide intra-osseuse. »

Ces articles de Jæger, qui ont servi de base à tous les travaux
postérieurs des Allemands sur la matière, excluent les trépanations
et les extractions de séquestres. Ried[1] formule cette distinction d'une
façon plus tranchée encore, en disant que par résection des os
on doit « entendre toutes les opérations chirurgicales qui consis-
« tent à enlever un os ou une partie d'os malade avec conservation
« des parties molles saines et surtout des gros vaisseaux et nerfs. »

Je ne puis adopter cette définition, qui est beaucoup trop étroite;
car, d'une part, on est souvent obligé d'opérer sur des os sains,
quand par exemple on enlève une tête articulaire faisant hernie à
travers la peau; d'autre part, on conserve des parties molles malades, ou l'on en sacrifie de saines dans un but d'autoplastie.

M. Malgaigne dit[2] : la résection est l'enlèvement d'une partie du
squelette. C'est très-bref, mais peu exact.

M. Velpeau[3] ne s'embarrasse pas d'une définition; il se borne à
expliquer le terme de résection en y ajoutant que c'est l'excision
des os.

M. Sédillot[4] donne le nom de *résections* aux opérations dans
lesquelles on divise et l'on enlève une ou plusieurs portions de l'é-
paisseur ou de la continuité des os, en conservant les pièces subja-
centes ou contiguës du squelette et les parties molles qui les entourent.

Les résections se divisent d'après trois points de vue différents :
Sous le rapport anatomique, elles se distinguent en *résections des*

---

[1] *Die Resect. der Knochen*, Nürnberg 1847, p. 3.
[2] Notes du cours.
[3] *Nouveaux élém. de méd. opérat.*, vol. II, p. 55.
[4] *Traité de méd. opér.*, Paris 1853, vol. I, p. 470, 2ᵉ édit

extrémités, du tronc, de la tête. Selon la partie de l'os qu'elles intéressent, ce sont des *résections osseuses proprement dites, résections dans la continuité,* ou *des résections articulaires, résections dans la contiguité.* Au point de vue de l'étendue, ces deux classes sont des résections *totales* ou *partielles.*

La *résection osseuse* proprement dite, *résection dans la continuité,* peut atteindre toute espèce d'os, qu'il soit large ou long ; qu'il appartienne à la tête, au tronc ou aux membres.

La *résection totale* ou l'extirpation n'est applicable qu'aux os qui ne sont pas le soutien principal ou unique d'une partie du corps. Ainsi on pourra enlever en totalité un ou plusieurs os du visage, de la main ou du pied, ou bien l'un des os de l'avant-bras, ou encore le péroné.

Par la *résection partielle* on n'éloigne que les bords ou les angles d'un os, ou bien on l'entame dans son épaisseur sur une longueur plus ou moins considérable.

La *résection articulaire, résection dans la contiguité,* excision des articulations, est ou totale ou partielle, selon qu'on éloigne toutes les extrémités osseuses, qui concourent à une jointure, ou seulement l'une ou l'autre d'entre elles.

Les résections osseuses et articulaires se pratiquent à la suite de maladies organiques ou de lésions mécaniques, quelquefois même dans un but orthopédique [1].

L'excision d'une partie osseuse dans l'intention de donner issue à un liquide ou d'éloigner un corps étranger ou un séquestre, appartient de droit aux résections. Les particularités que présentent ces sortes d'opération justifient cependant l'usage de les classer à part sous le titre de *trépanations* et *d'extractions de séquestres.*

Addition du traducteur. Il existe un autre genre d'opération, introduit récemment dans la chirurgie et que je propose de classer ici sous le titre de *résections temporaires,* par opposition aux autres qui sont toutes définitives. Ces

---

[1] Voy. *Beitr. zur plast. und orthopäd. Chirurg.,* Ross, Hamburg 1858. — SALLY, *Med. Times and gaz.,* 1856. — *Histor. und statist. Notizen über die von* Dr A. Mayer *in Würzb. verrichteten Osteotomien. Deutsche Klinik,* 1856.

opérations se font pour permettre l'extirpation des tumeurs situées profondément dans des cavités osseuses. La partie osseuse, atteinte par la résection, est séparée complétement du squelette, mais elle reste en communication par l'une de ses faces avec les parties molles. Elle peut être rabattue comme un couvercle de tabatière, puis la tumeur est extirpée ; enfin l'os réséqué est remis en place et ses rapports avec les parties molles assurent sa vitalité et lui permettent de se resouder au reste du squelette.

Ces résections temporaires ont été tentées sur l'un et l'autre maxillaire et sur les os propres du nez, pour éloigner des tumeurs situées dans les cavités buccales, pharyngiennes ou nasales. On pourrait ranger dans la même catégorie les trépanations dans lesquelles la rondelle excisée est replacée dans l'ouverture osseuse, si jamais cette manière de procéder parvenait à se maintenir dans la médcine opératoire.

Aucun âge n'exclut les résections d'une façon absolue, quoique la jeunesse constitue un élément de succès. L'enfance, de cinq à dix ou quinze ans, est l'époque la plus propice pour ces opérations. Puis vient l'âge de quinze à vingt-cinq ans. A partir de ce moment, les chances défavorables croissent avec chaque période décennale. Je ne sache pas qu'on ait fait des résections dans les deux premières années de la vie, tandis que ces opérations ont été exécutées jusqu'aux dernières limites de la vieillesse.

Une bonne santé générale est un gage de succès. Les dyscrasies compromettent singulièrement les résections, en ce qu'elles donnent facilement lieu à des dépôts consécutifs ou à l'aggravation de l'état général. Il n'en est pas moins vrai que l'économie peut être favorablement modifiée par une opération opportune. Lorsque des douleurs continuelles, des suppurations étendues ou de mauvaise nature ont affaibli l'organisme et abattu le moral, l'opération peut changer directement cet état de chose et donner une impulsion vers la guérison. Dans les arthrites en particulier, la résection transforme les surfaces suppurantes vastes et anfractueuses en d'autres plus simples et moins étendues.

L'affaiblissement de l'individu et une santé détériorée ne constituent donc pas une contre-indication absolue aux résections [1].

---

[1] Gerdy exprime positivement cette opinion en ce qui regarde la scrofule et la syphilis. (/ gén., 1853, p. 151 et p. 451.

Les dangers de l'opération varient tellement qu'il est difficile de dire quelque chose d'absolu à cet égard. La vie est en général moins compromise par les résections que par les amputations. Elle l'est d'autant moins que la partie osseuse est plus superficielle ou plus éloignée des grandes cavités splanchniques.

Les résections des os de la face et des extrémités sont de beaucoup moins sérieuses que celles des os du crâne, du thorax, du bassin. A la main on obtient plus de succès qu'à l'avant-bras; au bras plus qu'à l'épaule. Il en est de même pour les extrémités inférieures. D'autre part, toutes les résections entreprises aux extrémités supérieures donnent un pronostic plus favorable que celles aux extrémités inférieures; c'est la même loi pour toutes les opérations. Les résections faites pour maladies chroniques des os comptent plus de succès que celles pour lésions traumatiques ou surtout pour lésions par armes à feu.

L'ablation d'une couche osseuse superficielle ou d'une apophyse exposera à moins de danger que la résection faite dans l'épaisseur ou sur la totalité d'un os. En un mot, plus l'opération sera périphérique et plus grande sera la proportion de succès.

Il faut cependant noter que les résections partielles, aussi bien les osseuses que les articulaires, offrent un pronostic moins favorable que les résections totales, à moins qu'elles ne soient tout à fait insignifiantes. Il y a différentes raisons pour expliquer cette circonstance. Et d'abord, dans les résections osseuses partielles, on laisse facilement subsister un germe du mal et de là les récidives fréquentes; puis l'ouverture du canal médullaire et des cellules du tissu spongieux engendre souvent des ostéomyélites et des pyoémies. Enfin dans les résections articulaires partielles, une moitié seulement de la jointure est convertie en plaie simple, offrant de bonnes chances de guérisons, tandis que l'autre expose à tous les accidents des suppurations articulaires.

Quant au reproche d'une longue convalescence, toutes les résections ne le méritent pas également. Il n'est pas rare de voir des guérisons par première intention; quand on s'attaque à l'un des maxillaires, c'est même la règle. L'occlusion rapide de la plaie exté rieure, à l'exception des points nécessaires pour l'écoulement du pus, simplifie et hâte la guérison. Il faut donc viser à obtenir ce résultat par le choix des incisions et le mode de pansement.

Sous ce rapport, le savoir et l'habileté de l'opérateur sont d'un grand poids dans la balance. La guérison des plaies osseuses est d'ordinaire plus prompte et plus simple dans les résections de la continuité de l'os, que dans les résections articulaires. Parmi ces dernières, celles des membres supérieurs sont suivies d'une convalescence plus facile que celles des membres inférieurs; et l'on obtient plus rapidement une jointure mobile qu'une consolidation par ankylose.

Plus la guérison se fait attendre et plus aussi il y a de chances de voir survenir des accidents qui compromettent la vie du malade.

Supposons que l'opération proprement dite ait réussi et que le malade soit guéri, si vous n'êtes pas parvenu à restituer aux organes leur fonctionnement normal ou à peu près, le résultat doit être considéré comme un insuccès. Tel est le cas, lorsqu'au lieu d'une ankylose désirée on n'a obtenu qu'une fausse articulation et *vice versa*.

Certaines résections s'accomplissent avec facilité, d'autres offrent des difficultés considérables. Les accidents de l'opération sont en somme rares et insignifiants; car par sa nature elle exclut à peu près les hémorrhagies graves avec leurs conséquences.

L'emploi des anesthésiques permet d'agir lentement et de disséquer avec soin les nerfs, les tendons, les muscles. L'expérience a prouvé que l'insensibilité peut être obtenue pendant une et deux heures au moyen du chloroforme, sans inconvénient pour le malade (l'appareil de Luer est à recommander [1]). Du reste, pour réussir dans les résections, il ne suffit pas d'opérer, il faut surtout beaucoup de soin et d'à-propos dans le traitement consécutif. C'est ce

---

[1] A Strasbourg, M. Sédillot et ses élèves se servent de la simple compresse de toile, roulée en cornet, sans avoir jamais eu d'accident à déplorer. L'anesthésie est souvent prolongée pendant une heure et demie ou deux heures. Dans un cas d'éclampsie puerpérale, on l'a même continuée pendant dix-sept heures et on a sauvé la malade.

(NOTE DU TRADUCTEUR.)

qu'on ne peut assez rappeler aux chirurgiens trop enclins à recourir au couteau.

La faveur dont jouissent les résections fait sans doute qu'on y recourt outre mesure et même là où un traitement plus simple eût conduit au but. Si toutefois la conservation d'une partie est reconnue impossible, la résection doit être préférée à toute autre opération; d'autant plus qu'on peut faire consécutivement une amputation ou une désarticulation presque avec autant de succès qu'avant.

La littérature trouvera sa place dans la seconde partie; nous ne signalerons ici que les ouvrages plus importants, qui traitent des résections en général.

BIBLIOGRAPHIE.

J. de Diemenbroek, Opera omnia anatomica et medica. Genevæ 1687.

Heister, Chirurgie. Nürnb. 1763. Chirurgie von Græfe und Walther. Bd XIX. 658.

H. Park, An account of a new method of treating diseases of the joints of knee and elbow. London 1783.

C. F. Bourbier, De necessitate et utilitate eam in fracturis et luxationibus complicatis ossis portionem serra discindendi, quæ alterius repositioni obnititur. 1776.

Ph. J. Roux, De la résection ou du retranchement des portions d'os malades, soit dans les articulations, soit hors des articulations. Paris 1802.

G. F. Moreau, Obs. part. relat. à la résection des articulations affectées de carie. Paris 1803.

Jeffray, Cases of the excision of carious joints by H. Park and Moreau. Glasgow 1806.

Denoue, Essai sur l'utilité de la résection des os dans les articulations des membres. Paris 1812.

Percy et Laurent, Dict. des sc. méd. Tome XLVII, p. 538, art. Résection. Paris 1820.

Zang, Darstellung blutiger heilk. Operationen. Th. IV, S. 286. Wien 1821.

Crampton, On the excis. of carious joints. Dubl. hosp. reports. V. IV, p. 185. 1827.

G. Mayer, Ueber Resection und Decapitation. Diss. Erlangen 1829.

Derselbe, Operatio resectionis conspectu chronologico adumbrata. Erlangen 1832.

Syme, Treatise on the excision of diseased joints. Edinburgh 1831.

M. Jæger, Rust's Handwörterb. der Chirurgie. Bd V u. VI. Bes. Abdruck. Berlin 1832.

Wagner, Decapitatio ossium. Encycl. Wörterb. d. med. Wissenschaft. Bd IX, Berlin 1833.

Kreitmeir, Darstellung des Ergebnisses der im k. Juliusspital zu Würzburg seit
    1821 angestellten Resectionen. Würzburg 1839.
Schierlinger, Beitrag zur Casuistik des Resect. Diss. Würzburg 1841.
Textor, Ueber Wiedererzeugung der Knochen nach Resectionen am Menschen ,
    nebst einer tabellarischen Uebersicht aller Resectionen, welche seit 1821 im k.
    Juliusspital dahier gemacht worden sind. Würzb. 1842. Zweite Aufl. 1843.
Bernsen, De resecandis ossibus recenter fractis. Diss. Gryphiæ 1842.
Gernet, Klinischer Bericht. Hamb. Zeitschr. f. ges. Medicin. Bd III, Hft 4.
Wachter præs. Mulder, Diss. de articulis exstirpandis, impr. de genu exst. Grö-
    ningen 1840.
Lisfranc, Résection des os dans leur continuité et dans leur contiguité. Précis
    de méd. opérat. Paris 1846.
Fr. Ried, Die Resectionen der Knochen. Nürnberg 1847.
D. Stebut, De resectione amputationi comparata, Diss. Dorpat 1848.
W. Steinlin, Ueber den Heilungsprocess nach Resection der Knochen. Zürich 1849.
Friedrich Esmarch, Die Resectionen nach Schusswunden. Kiel 1851.
Albrecht Wagner, Ueber den Heilungsprocess nach Resection und Extirpation
    der Knochen. Berlin 1853.
J. F. Heyfelder, Resectionen und Amputationen. Bonn und Breslau 1854.
Aug. Heim, Die Resectionen. Diss. Würzburg 1855.
Oscar Heyfelder, Artikel Resection in Prosch med.-chir. Handwörterbuch. Bd III,
    S. 271. Leipzig 1855.
J. Szymanowsky, Additamenta ad ossium resectionem. Diss. Dorp. 1856.
L. Stromeyer, Maximen der Kriegsheilkunst. 1855. Hannover.
A. Meyer. Historische und statistische Notizen über die von ihm in Würzburg
    verrichteten Osteotomien. Deut. Klin. 1856. S. 119.
Kleinhaas, De Osteotomia subcutanea. Berlin 1855.
Butcher, The Dublin quart. med. journal Bd XIX. S. 1 und Bd XXII. S. 1.
Compound Dislocation of the long bones ; considered with especial reference to
    the value of resection, by Frank Hastings Hamilton. In the American Jour-
    nal of med. sciences. 1857. October.
Pétrequín, Traité d'anatomie topographique méd. chir. 2º éd. Paris 1857.
Oscar Heyfelder, Die Resection des Oberkiefers. Berlin 1857.
Le même, Traité complet de la résection des maxillaires sup. Traduit par D.
    Petard. Paris 1858.
Carl Textor, Der zweite Fall von Erfolg nach Aussägung des Hüftgelenks.
    Würzb. 1858.
Schinzinger, Die complicirten Luxationen. Lahr 1858.
Schillbach, Beiträge zu den Resectionen der Knochen. Jena 1858.
Roser, Handbuch der anatomischen Chirurgie. 3te Auflage. Tübingen 1858.
Beiträge zur plastischen une orthopädischen Chirurgie von Dr. Gustav Roos
    Hamb. 1858.

Bemerkungen zur Lehre von der operativen Behandlungen der Nekrose von Dr. Heinrich Stadelmann. Nürnberg 1859.

L. Bauer, Hip Disease, a lecture delivered at the Long Island collége hospital of Brooklyne. New-York 1859.

CHAPITRE II.

DES INSTRUMENTS.

Les instruments nécessaires pour exécuter les résections sont de différentes espèces.

I. *Des couteaux.* Il faut des scalpels et des bistouris, de formes variées, pour inciser et disséquer les parties molles, et un couteau à amputation pour pouvoir faire séance tenante une amputation ou une désarticulation reconnue nécessaire. Des bistouris boutonnés servent à couper les tendons, les ligaments, les muscles dans la profondeur.

II. *Des pinces.* On se sert de pinces à disséquer ordinaires, de pinces à torsions ou à griffes. La pince à pansement peut être utile dans certains cas. Pour saisir les têtes articulaires séparées de leur diaphyse, M. Langenbeck a fait construire un fort davier dont chaque branche est terminée par deux griffes courtes et fortes (Pl. I, fig. 3). Vidal a proposé dans le même but le tire-fond ; mais cet instrument s'arrache trop facilement de la substance spongieuse ; les pinces de Museux ont le même inconvénient. A défaut d'autres instruments, on pourrait utiliser des tenettes, qui servent très-bien pour cet objet.

III. Pour protéger les parties molles, on emploie des *crochets mousses*, des *spatules* ou d'autres objets analogues. Blandin a proposé dans le même but sa sonde cannelée, articulée à manche (pl. III, fig. 1). Elle se compose d'une sonde cannelée très-forte, recourbée vers sa pointe et articulée par son autre extrémité avec un manche sur lequel elle peut exécuter un quart de cercle. On commence par l'introduire sous l'os à réséquer en dirigeant sa concavité vers ce dernier ; on la retourne ensuite de façon qu'elle touche l'os par sa partie convexe qui est munie de la cannelure. De cette façon on écarte les parties molles et l'on peut facilement glisser la scie à chaîne dans la cannelure ; ou bien l'on divise l'os avec une scie ordinaire, qui marche vers l'instrument.

On peut aussi protéger les parties molles au moyen d'une compresse, d'une lame de carton ou de cuir, passée sous l'os.

IV. Des *rugines* de forme variable, arrondies ou anguleuses, tranchantes ou mousses, servent à râcler le périoste ou à enlever les parties osseuses malades, qui ont pu rester après l'opération principale. Des *râpes* remplissent la même indication.

V. Au moyen des *cautères*, on arrête les hémorrhagies parenchymateuses ou l'on détruit des parties malades. Autrefois l'application du fer rouge sur les caries superficielles était très en usage ; de nos jours on les attaque de préférence avec des instruments coupants, qui ont été très-perfectionnés et dont on mesure mieux la portée.

VI. Les *burins*, *gouges*, *ciseaux* qu'on emploie sont ou tranchants ou mousses. Les gouges tranchantes servent à l'abrasion de caries superficielles ou à l'extirpation de petits os courts ; on les manie d'ordinaire avec la main. Avec le burin tranchant on fait sauter des apophyses saillantes, des ostéophytes, des lames osseuses minces ; on leur communique l'impulsion au moyen de la main ou avec des marteaux de bois et de métal. De cette façon on reséquait autrefois les os du visage, mais ce procédé est abandonné avec raison.

Le ciseau mousse agit comme levier pour relever des portions d'os enclavées ou difficilement mobiles.

Addition du traducteur. Nous nous servons à Strasbourg d'une espèce de gouge-rugine, qui a été recommandée par M. Sédillot pour les évidements, mais qui rend aussi d'utiles services dans les autres résections. Cet instrument a la forme d'une gouge de 5 à 8 centimètres, dont l'une des extrémités est arrondie et l'autre fixée sur un manche de bois. Elle est tranchante sur tous ses bords et enlève par la seule pression de la main des copeaux de tissu spongieux. On en a de différents calibres, de droites et de coudées, et c'est, à mon avis, l'instrument le plus propre à exciser une carie de la cavité cotyloïde ou glénoïde (pl. I, fig. 1 et 2).

VII. Les *sondes* employées sont ou boutonnées, ou fenêtrées, ou cannelées. La sonde de Belloc sert à conduire la scie à chaîne dans les résections de la mâchoire supérieure.

VIII. Les *pinces ostéotomes*, *pinces incisives*, les *cisailles* sont nécessaires pour couper des lames osseuses minces et des apophyses
saillantes, offrant peu de résistance, ou pour égaliser les surfaces
de sections de la scie. Lorsque les os sont ramollis et amincis par
des affections morbides ou qu'ils sont encore à moitié cartilagineux,
comme chez les enfants, ces pinces trouvent des applications plus
étendues encore. Avec de bonnes cisailles, offrant un bras de levier
suffisamment long, on peut même couper sans éclats des os assez
volumineux, pourvu qu'ils ne soient pas trop compactes. Les chirurgiens anglais et américains se servent presque exclusivement de cet
instrument[1] pour réséquer le maxillaire supérieur ou la tête du fémur. Outre les *cisailles de* Liston, les plus usitées et les plus com-
modes sont les *pinces coupe-net* droites ou courbes, de MM. Velpeau, Luer et Zeis[2].

La *pince gouge* de Roux (pl. III, fig. 2) ou de M. Luer coupe encore mieux que les précédentes. Elle est formée par deux branches
courtes, concaves et recourbées, qui se rencontrent par leur tranchant, comme les dents des rongeurs. Elle excave les parties comme
une gouge, et petit à petit elle peut même traverser l'os le plus
compact.

IX. Les *scies* sont de trois ordres :

a) Les *scies en couteau*, scies à dos *mobile*, les scies étroites de
Larrey et de Langenbeck (scies à guichet).

Ces scies, par leur lame étroite, leur extrémité plus ou moins
pointue, sont propres à la section de petits os, à l'ostéotomie sous-
cutanée, à l'opération de l'ankylose, et en général à toutes les résections avec plaie cutanée restreinte.

La *scie étroite* de M. Langenbeck (pl. II, fig. 3), dont lui et ses
élèves se servent avec une grande dextérité, peut encore être employée pour les résections des os de la face, l'ablation d'exostoses,
d'ostéophytes[3].

---

[1] *Edinb. med. and surg. journal*, 1821.

[2] *Beschreibung einer neuen Knochenscheere. Hamb. Zeitschr. für Med.* vol. VII.

[3] Larrey employoit un instrument très-analogue et qui ressemblait à l'outil des menui-
siers connu sous le nom de *scie à guichet.*   (NOTE DU TRAD.)

La *scie à dos mobile* est surtout applicable à la section d'os larges et facilement accessibles, comme par exemple une extrémité articulaire luxée (pl. II, fig. 1).

Quant aux autres scies du même genre, proposées par Brombilla, Pott, Percy, Savigny, Weiss, Zang, on en trouvera la description dans l'ouvrage de Feigel[1] ou le *Dictionnaire de* Rust, article Serra.

b) Les *scies à arc* ont comme les précédentes un tranchant droit, ou légèrement courbe, et produisent un sillon rectiligne. Quand leur arc est immobile, elles exigent beaucoup de place.

D'après quelques essais, je crois devoir recommander pour certaines résections une scie particulière, ayant de la ressemblance avec l'instrument connu sous le nom de *scie d'horloger* ou *scie à repercer*. Elle se compose d'un arc très-vaste dans lequel une lame très-étroite, à dents fines, est fixée au moyen de vis. On l'emploie de la façon suivante : le membre sur lequel on opère est fixé solidement sur une table; puis on perce l'os avec un foret, on passe la lame de la scie dans l'ouverture et on la fixe à l'arc, les dents tournées vers ce dernier. On peut alors scier en ligne droite ou en cercle selon les besoins. Si l'on devait décrire un angle aigu, on percerait un trou au sommet de l'angle et l'on pourrait facilement tourner la scie dans la direction voulue. De cette façon on peut exciser d'un os des morceaux polygonaux de toutes formes et de toutes dimensions, en respectant des ponts osseux extrêmement minces, ce qui est d'une grande importance pour la régénération subséquente.

Du reste, l'emploi de cette scie à repercer n'est possible qu'à l'avant-bras, la main, la jambe ou le pied, parce qu'il faut pouvoir fixer la partie qu'on opère et faire une ouverture et une contre-ouverture. L'instrument me paraît indiqué dans les opérations d'exostoses centrales, d'enchondromes ou de caries circonscriptes de la diaphyse.

c) La *scie à chaîne* d'Aitken (pl. II, fig. 2), nommée souvent *scie de* Jeffray, parce que ce dernier en recommanda l'usage pour les

---

[1] *Chirurg. Bilder zur Instrum. und Operationslehre*, Würzb. 1853.

résections, est une scie articulée. On peut la conduire à travers des fissures et des canaux naturels ou artificiels, derrière des os ou des apophyses, et scier avec le bord concave. Pour l'introduire, on se sert d'une aiguille, d'une sonde flexible fenêtrée ou quelquefois de la sonde de Belloc, contre lesquelles le dernier anneau de la chaîne est attaché par un fil. Une fois la scie entraînée, on y fixe les poignées, et les saisissant de chaque main, on exécute des mouvements de va et vient dans l'angle le plus obtus possible. Il est essentiel que la scie ne soit tendue ni trop ni trop peu. Après quelques mouvements plus lents pour marquer le sillon, on peut sectionner avec une grande rapidité les os les plus durs et les plus épais. Si la scie s'enclave, c'est parce que des débris d'os ou des parties molles s'introduisent entre les chaînons et empêchent leur mobilité. Il ne faut pas vouloir surmonter ces obstacles par la force, on n'y réussit pas et l'on casse plutôt l'instrument. Mais on repousse doucement la scie avec les doigts, on recherche la cause de l'enclavement et on l'éloigne. Du reste, la scie s'enclave rarement dans des mains exercées et c'est ordinairement la suite d'une tension inégale. Le danger de casser la scie n'est pas aussi grand qu'on a bien voulu le dire. Cet accident n'est jamais arrivé ni à mon père ni à moi, quoique nous employions le même instrument depuis des années dans nos cours de médecine opératoire et qu'il serve plus de soixante fois par an aux résections les plus variées.

Il est vrai de dire que l'emploi de la scie à chaîne fatigue beaucoup, surtout si l'on est obligé de faire marcher les mains dans un même plan horizontal. Dans ces cas, il vaut mieux confier toute la scie à un aide exercé, que de garder soi-même l'une des poignées et de faire saisir l'autre par une seconde personne. La tension serait nécessairement inégale et il en résulterait des enclavements continuels.

En somme, le maniement de la scie à chaîne n'est pas précisément difficile, mais il exige un peu d'habitude, et chacun peut l'acquérir sur le cadavre.

La scie à chaîne est propre surtout à la résection sous-cutanée et à la section des parties du squelette difficilement accessibles aux instruments ordinaires en raison des parties molles qui les entourent, ou d'un os avoisinant, comme par exemple les os de l'avant-bras ou de la jambe, les métacarpiens, le col du fémur, les os du visage. Les chirurgiens, qui en ont l'habitude, s'en servent de préférence dans presque toutes les résections.

Addition du traducteur. Pour parer à quelques-uns des inconvénients signalés plus haut, M. Mathieu [1], fabricant d'instruments, a construit un *porte-scie à chaîne* (pl. III, fig. 3). C'est un arc en métal, monté sur un manche et aux deux bouts duquel on accroche les extrémités de la chaîne passée préalablemet sous l'os à sectionner. La scie à chaîne représente de cette façon une scie ordinaire dont la lame formerait un angle très-obtus; elle peut être maniée d'une seule main, mais elle nécessite une assez grande ouverture des parties molles; je m'en suis servi avec avantage dans une résection du maxillaire. En rapprochant sur l'arbre du porte-scie les points d'attache de la chaîne, on peut scier sous un angle moins ouvert, mais l'instrument ne coupe pas bien dans cette position. De toutes façons, le principal avantage de la scie à chaîne est de pouvoir sectionner un os, à travers une plaie des parties molles qui ne dépasse guère l'épaisseur de ce dernier. Dans ce cas, la chaîne est pliée autour de l'os et ses deux branches marchent parallèlement ou à peu près. Elle ne peut être maniée que par les deux mains et, quoi qu'on en dise, on apprend facilement à la faire marcher sans enclavement. Il est cependant bon d'être prévenu qu'une scie neuve, à dents aiguës, s'enclave plus facilement qu'une scie qui a déjà servi. C'est une cause d'insuccès qui se présente souvent, parce que sur le vivant on se sert de scies neuves auxquelles on n'est pas habitué.

L'*ostéotome de* Heine (pl. IV, fig. 1 et 2) est une modification particulière de la scie à chaîne, ou plutôt c'est un instrument tout nouveau, obtenu par une disposition très-ingénieuse. Le dessin vaut mieux que toute description pour le faire comprendre, et je ne ferai qu'ajouter quelques mots d'explication à la planche [2].

Le *manche* (A) est fort et doit être saisi à pleine main.

La partie moyenne est constituée par la *cage* (B) avec la roue dentée et la *manivelle* (C). Elle est unie en avant par une vis avec la lame ou le *porte-scie* (D), qui supporte lui-même une scie à chaîne sans fin (F).

---

[1] *Gaz. hop.*, 1861, p. 263.
[2] Pour la description détaillée de cet instrument important voy. Feigel, *loc. cit.*, p. 310 et pl. 16, ou bien *Journal von Græfe und Walther*, vol. XVIII, etc.

Une tige servant de *point d'appui* (G) est ajoutée à l'une des faces de l'instrument, de telle façon qu'on peut en même temps la mouvoir et la fixer dans toutes les positions. Deux *lames latérales protectrices* (J) servent à garantir les parties molles contre l'action de la scie et à fixer l'os. Une *tige graduée* indique à quelle profondeur a pénétré l'ostéotome.

Pour rendre un tourne-vis inutile et pour faciliter le démontage de l'instrument, Schnetter a remplacé les cinq vis qui assemblent les parties, par deux *goupilles* (H, H') fixées sur la platine de la cage.

Dans la même boîte que l'ostéotome se trouvent une sonde pour explorer la profondeur du trait de scie et plusieurs crochets aigus pour séparer le périoste. D'après les indications de Heine, l'instrument s'emploie de la façon suivante : l'opérateur saisit du plein de sa main gauche le manche et l'appuie, pour plus de solidité, contre sa poitrine. La main droite fait tourner la manivelle. S'agit-il d'une incision rectiligne, la pointe de la scie est appuyée sur le commencement de la ligne, pendant que la tige point d'appui est posée perpendiculairement sur une base solide avoisinante. Quand il est important de ne pas pénétrer au delà d'une certaine profondeur, comme au crâne ou au sternum, on limite d'avance la pénétration de la scie au moyen de la tige graduée. Avec la main droite on fait alors marcher la manivelle, et de la gauche on dirige tout l'instrument selon la ligne voulue.

S'agit-il de scier en demi-cercle, l'instrument est employé comme un compas ; la tige point d'appui forme l'axe autour duquel la scie parcourt son demi-cercle. L'ostéotome, par sa mobilité en tous sens et par la possibilité qu'il donne de pénétrer à toutes les profondeurs en ligne droite, angulaire ou hémisphérique, est éminemment propre à l'excision de morceaux d'os polygonaux ou de forme irrégulière. Il est supérieur au trépan, en ce sens qu'il permet de n'enlever exactement que les parties malades, quelles que soient leurs dimensions ; enfin on peut attaquer avec cet instrument des os difficilement accessibles par un autre moyen. En France et en Angleterre, il n'est employé que très-rarement ; en Allemagne, les chirurgiens des écoles d'Erlangen et de Würzbourg, tels que

MM. Heine, Textor père et fils, Jæger, Dietz, J. F. Heyfelder, Rothmund, Ried, s'en servent très-largement et pour les résections les
plus variées.

Sans doute l'instrument est compliqué ; mais ceux qui veulent se
donner la peine de s'exercer à son emploi, le manient avec une
grande facilité et y trouvent des avantages que nul autre ne peut
donner.

d) Mentionnons encore la *scie à molette* et la *scie à champignon* de
Martin. La section est opérée dans la première par un disque d'acier
dentelé, et dans la seconde par un hémisphère dentelé. MM. Jæger,
Ried, Chassaignac en recommandent l'usage pour l'excision de caries superficielles ou de certaines exostoses à base large. Mais les
deux instruments nécessitent le déploiement d'une force assez considérable, et il faut toujours deux personnes pour les faire marcher.

X. Les *trépans*, *tréphines* etc. agissent d'une façon analogue aux
scies. Ce sont des instruments très-connus, employés depuis la plus
haute antiquité à exciser des parties d'os, surtout des os de la tête.
Ils ne sont que peu en usage actuellement et servent principalement
à enlever des corps étrangers enchâtonnés dans les os, ou à sectionner des ponts entre deux cloaques. Leur emploi est facile ; mais
ils ont le défaut de forcer au sacrifice de parties saines, quand le
morceau d'os malade n'a pas une forme arrondie.

XI. Les *ciseaux* qu'on emploie dans les résections n'offrent rien
de particulier. Ce sont des ciseaux droits ou courbes de différentes
grandeurs. Il faut en avoir de très-forts pour exciser des parties
molles malades et ils peuvent servir en même temps à couper des
portions de cartilages ou des os peu résistants.

XII. Les *pièces de pansement* sont à peu près les mêmes que pour
toutes les opérations. Il faut surtout se munir de substances hémostatiques, telles que la solution de perchlorure de fer, l'eau de Pagliari, parce qu'on a souvent à combattre des hémorrhagies en nappe
ou celles de petites artères qui ne peuvent être liées. L'eau de Pagliari
surtout est utile, parce qu'elle ne cautérise pas les tissus[1]. Elle se

---

[1] Voy. Sédillot, *Traité méd. opér.*, 2e édit., t. I, p. 218. J. F. Heyfelder, *Œsterreich.
Zeitsch. für prakt. Heilk.*, 1858, nº 50.

prépare en faisant bouillir pendant six heures 250 grammes de benjoin, 300 grammes d'alun et 3 kilogrammes d'eau.

XIII. La *galvano-caustique*[1] ne trouve pas en général ses applications dans les résections. Cependant, s'il s'agissait d'enlever une portion d'os très-vasculaire, affectée par exemple de télangiectasie ou de carcinome hématode, ou de détruire une carie dans un point difficilement accessible, elle pourrait présenter des avantages. M. Bardeleben[2] a enlevé de cette façon le rebord alvéolaire, et je la recommanderais aussi pour certaines résections chez les enfants, quand il faut éviter les hémorrhagies à tout prix. On se servirait alors du galvano-cautère ou de l'anse de platine rougie.

CHAPITRE III.

DE L'OPÉRATION.

Avant de commencer l'opération proprement dite, il faut préparer les instruments et les moyens hémostatiques, s'assurer des aides nécessaires et coucher le malade d'une façon convenable. Ces soins préliminaires varient trop selon le genre de résection pour que nous puissions en traiter ici d'une façon générale.

L'opération se subdivise en trois temps : 1° l'incision des parties molles et la mise à nu de l'os ; 2° l'excision de l'os ou de l'articulation ; 3° le pansement et les soins consécutifs.

En divisant les parties molles, l'opérateur doit avoir pour but de rendre l'os à réséquer facilement accessible, tout en ménageant le plus possible la peau, les tendons, les muscles, les vaisseaux et les nerfs. De plus il faut que la plaie soit disposée de telle façon que l'écoulement du pus soit facile et que le pansement puisse se faire sans déranger la partie opérée.

Pour arriver à ce résultat, l'incision sera autant que possible parallèle à l'axe du membre. Elle se pratiquera sur un point où

---

[1] *Die Galvano-Kaustik*, von Middeldorpf, Breslau 1854.
[2] Voy. *Lehrbuch der Chirurgie*, von Bardeleben, Berlin 1857, 2° édition, p. 127.

il n'y a ni muscles, ni nerfs, ni vaisseaux à éviter, ou au moins devra-t-elle tomber dans un interstice celluleux. Ces conditions se trouvent ordinairement réunies sur les membres du côté de l'extension.

Les incisions longitudinales sont ordinairement simples et situées du côté externe; quelquefois on y ajoute une seconde incision parallèle et du côté interne. Elles peuvent être fort longues et aller d'emblée jusqu'à l'os, ou être d'abord petites et superficielles. Ce sont là les *incisions exploratrices* recommandées dans les cas douteux par MM. Jæger, J. F. Heyfelder, Ried, Teale, pour s'assurer de l'opportunité de la résection. Elles permettent de constater l'état réel des os au moyen du doigt, de la sonde ou même de la vue; ou bien on les laisse guérir par première intention, ou on les élargit pour procéder de suite à l'opération définitive. Dans ces cas on prolonge simplement l'incision première ou l'on y ajoute d'autres à angle variable.

Pour les résections des os plats et courts, on taille des lambeaux de forme appropriée. Dans ces dernières années, il a été réalisé un progrès important, par l'invention des *résections sous-cutanées*. M. Langenbeck, le premier, a employé cette méthode, en éloignant les incisions du point de section de l'os, par exemple dans l'opération de l'ankylose du coude. Une autre manière de faire est celle de MM. Malgaigne et Heyfelder, qui ont extrait le maxillaire inférieur par la bouche, sans incision extérieure.

Ces opérations sous-cutanées ont de plus l'avantage de ne pas défigurer, but important à rechercher à la figure. Là où elles ne sont pas possibles, on placera les incisions le long des plis naturels ou dans les parties recouvertes de poils.

Une plaie des parties molles dispense souvent des incisions exploratrices ou même des incisions en général. On comprend les plaies et les fistules dans les incisions; en même temps on transforme toutes les parties malades, contuses ou suppurantes, en plaies simples et nettes, et l'on excise les parties molles dégénérées ou inutiles.

L'incision faite, il s'agit encore de dénuder l'os ou l'articulation.

On en sépare les parties molles au moyen du bistouri, du doigt, d'un manche de scalpel. Pour se faciliter la besogne, on imprime des mouvements au membre ou l'on change sa direction. Les parties molles, les muscles, les nerfs sont écartées avec précaution au moyen de crochets mousses ou des doigts d'un aide. Avant de sectionner l'os, on coupe les ligaments et le périoste, on met le tissu osseux bien à nu et puis seulement on applique la scie ou les pinces incisives.

L'excision de l'os, la réunion de la plaie, le pansement et le traitement consécutif varient selon le procédé et le lieu de l'opération. Il ne peut guère être donné de règle générale à cet égard ; on en trouvera dans la partie spéciale.

Dans les cas où l'on désire obtenir une régénération osseuse, il faut apporter la plus grande attention à la conservation du périoste. Ce n'est pas chose très-facile, comme on peut s'en assurer sur des cadavres frais. On y arrive plus aisément dans les cas où un exsudat s'est déposé entre le périoste et l'os et a rendu leur adhérence moins intime. L'expérience prouve du reste qu'il faut conserver le périoste épaissi et en apparence malade.

J'ai vu, notamment à la suite de nécrose phosphorique, un périoste très-altéré régénérer complétement les os extirpés. On cite des exemples semblables à la suite de périostite traumatique [1].

Au moment où l'on applique la scie, il est important de bien fixer l'os. On y arrive en pressant le membre contre la base de sustentation, ou en l'y fixant au moyen de courroies ; s'il s'agit de la tête, on la fait serrer contre la poitrine d'un aide. Les épiphyses luxées doivent être maintenues au moyen du tire-fond, du davier de Langenbeck ou de quelque autre instrument. L'opérateur fera toujours bien de concourir à la fixation avec sa main gauche ; l'os est d'autant plus immobile et la scie n'en pénètre que mieux.

---

[1] Voy. une belle observation de Wilms. *Deutsche Klinik*, 1857, n° 38.

CHAPITRE IV.

RÉSECTION OSSEUSE PROPREMENT DITE.

(KNOCHENRESECTION, EXCISIO OSSIUM, EXCISION OF BONES.)

1. *Résection osseuse totale.* Les *indications* de cette opération sont :

a) Des *maladies* du tissu osseux qui affectent une pièce entière du squelette ou qui menacent de récidive en cas d'excision partielle. Nous devons ranger sous le premier chef : la carie, la nécrose, les néoplasmes qui ne récidivent pas ; sous le second, les tubercules, les différentes formes de cancer, l'enchondrome et le cystoïde.

b) Des *traumatismes*, tels que luxations, fractures, pénétration de corps étrangers.

Quand un os est luxé en totalité, que le déplacement est irréductible et surtout qu'il est compliqué d'issue de l'os, il faut extirper ce dernier. Mais cela n'arrive guère que pour les os du tarse. Si un os est complétement broyé, ou traversé en tous sens par des fissures et dépouillé de parties molles, il faut également l'extraire. Mais l'expérience a montré que si l'on peut rendre les fractures sous-cutanées en obtenant la réunion des parties molles, et assurer l'immobilité des fragments, ces lésions guérissent bien, malgré leur gravité apparente.

La pénétration d'un corps étranger, d'une balle par exemple, ne donnera lieu à une résection totale que si le corps est difficile à extraire et d'un volume approchant de celui de l'os.

c) Dans *un but orthopédique* on a même extirpé des os petits et parfaitement sains, le cuboïde notamment, pour redresser des pieds-bots invétérés.

On peut enlever totalement presque tous les os courts et parmi les os longs ceux qui ne sont pas soutien principal d'un membre, comme le fémur ou le tibia. On pensait généralement que le cubitus ne peut pas non plus être extirpé, mais Jones a fait récemment cette opération et avec succès.

Jusqu'à présent on a enlevé en totalité : le maxillaire supérieur, l'os malaire, le maxillaire inférieur, la clavicule, l'omoplate, les côtes, l'humérus, le cubitus, le radius, les os du carpe, du métacarpe, les phalanges des doigts, la rotule, le péroné, les os du tarse, du métatarse, ainsi que les phalanges des orteils.

L'*opération* se fait d'après les règles générales posées plus haut. Quelques os du tarse ou du carpe peuvent être enlevés avec la gange seule. D'autres fois on se facilite l'opération en saisissant l'os avec une pince à griffe et en l'attirant dans différents sens. Pour les os longs, on fait bien de les sectionner d'abord par leur milieu et d'extirper chaque moitié à part.

Après la résection totale du péroné ou de l'un des os de l'avantbras, le membre s'infléchit du côté opéré..Il faut s'opposer à cette déformation par un appareil convenable. L'extirpation d'un os court laisse des traces à peine sensibles, parce que les os voisins se rapprochent et comblent la cavité.

La perte de substance se comble tantôt par du tissu inodulaire, tantôt par du tissu osseux de nouvelle formation. Ce dernier résultat dépend en grande partie du degré de conservation du périoste, quoique le tissu osseux y contribue pour sa part, au moyen de son tissu connectif et de ses vaisseaux. Les expériences faites sur les animaux par MM. Heine, Flourens, Ried, Murray, O. Heyfelder et d'autres, ainsi que l'observation clinique, le prouvent surabondamment.

Après une résection totale, le rôle du périoste est plus important encore, parce que l'os, l'autre facteur de la régénération, manque complétement. Les parties molles peuvent-bien fournir un exsudat, susceptible d'ossification, mais en petite quantité. On parvient à conserver le périoste dans les résections pour cause traumatique ou à la suite de nécrose; mais après des caries de longue durée ou des tumeurs de mauvaise nature, on est obligé de le sacrifier. Un périoste épaissi, injecté, est le plus favorable à la régénération et le plus facile à séparer de l'os.

MM. J. F. Heyfelder et Stadelmann ont vu un maxillaire inférieur se reproduire tout entier après l'extirpation. Ce cas est bien connu ;

Dupuytren a vu le même phénomène sur le calcanéum, Meyer et d'autres sur la clavicule.

2. *Résections osseuses partielles* ou *résections dans la continuité.* Elles se sous-divisent en différentes variétés :

a) *Résection d'une portion de la superficie de l'os.* Elle atteint une couche superficielle de l'os, plus ou moins épaisse et a été faite sur presque toutes les pièces du squelette. Elle est indiquée par des caries, des nécroses ou d'autres maladies bornées à la surface de l'os; souvent aussi par des néoplasmes des parties molles qui ont érodé les parties osseuses sous-jacentes.

A cette classe de résections on peut rattacher avec un certain droit *l'ablation d'un bord libre* ou d'une apophyse, soit encore celle d'une exostose ou d'un ostéophyte. Dans ces derniers cas il peut arriver qu'on ne touche pour ainsi dire pas à l'os normal.

On met l'os à nu d'après les principes établis plus haut; mais l'excision se fait avec des instruments tout différents. On la pratiquait autrefois avec le trépan, les rugines ou les gouges, et avec le fer rouge. 1º La destruction de caries superficielles par le cautère actuel remplaçait la résection partielle et on s'en sert encore comme moyen adjuvant, après d'autres opérations. 2º Le grattage avec la rugine ne peut pas proprement être appelé une résection. Il trouve son emploi dans les caries superficielles des os compactes, surtout au crâne; on gratte l'os jusqu'à ce qu'une surface rouge et saignante indique qu'on est arrivé aux parties saines. La gouge est employée de la même manière. 3º Avec les pinces incisives ou les scies à couteau, on ne peut s'attaquer qu'aux exostoses ou aux ostéophytes, ainsi qu'au bord libre et saillant d'un os, tel que le rebord alvéolaire, l'épine de l'omoplate. 4º L'ostéotome de Heine, ou la scie à champignon de Martin sont surtout propres à exciser des morceaux plus épais et plus compactes. On pourrait aussi arriver au même but, en appliquant plusieurs couronnes à trépan l'une à côté de l'autre.

b) *Résection de toute l'épaisseur d'une paroi osseuse.* Elle se pratique sur les parties du squelette qui sont creusées d'une cavité, comme le sinus frontal, le sinus maxillaire, le canal médullaire des os longs. Ce sont les hydropisies des sinus, des abcès intra-osseux, des caries, des nécroses, des néoplasmes qui nécessitent ces opérations. Autrefois on se servait beaucoup du trépan, ou bien l'on ponctionnait la cavité de l'os, pour élargir ensuite l'ouverture avec des ciseaux ou un scalpel; de nos jours on se sert aussi de l'ostéotome ou d'une scie mince et pointue.

c) Résection d'un morceau de toute l'épaisseur de l'os. C'est sous ce titre qu'il faut ranger les trépanations, sauf ce qui en a été dit dans les paragraphes précédents, ainsi que les excisions d'un morceau de la diaphyse d'un os long.

Les trépanations se pratiquent sur les os plats pour maladies organiques ou lésions traumatiques, pour éloigner des corps étrangers enclavés, ou pour donner issue à des liquides.

Les excisions d'un morceau de la diaphyse sont indiquées : 1o par des *caries* étendues à toute l'épaisseur de l'os ; 2o par le *décollement* des *épiphyses* avec plaie et issue des fragments ; 3o par les *fractures* compliquées de plaies et issues de fragments, ou par des fractures anciennes, non consolidées ou mal consolidées ; 4o par des *anky-loses* et des *incurvations* qui gênent à un haut degré les fonctions du membre (ostéotomie sous-cutanée) ; 5o par le *raccourcissement* d'un membre, si, avec M. Mayer, de Würzbourg, on se décide à retrancher une portion de l'os normal du côté opposé pour rétablir l'équilibre ; 6o par des *néoplasmes*, qui occupent toute l'épaisseur de l'os, par exemple les cystoïdes du maxillaire inférieur, les en-chondromes des os longs, une exostose centrale du cubitus (Wutzer).

Addition du traducteur. — d) Résection de la partie centrale d'un os. C'est l'opération préconisée par M. Sédillot sous le nom d'*évidement*[1]. Avant lui, Celse[2], Angelus Bologninus[3] et d'autres avaient déjà creusé des os ; mais c'est le professeur de Strasbourg qui a généralisé l'emploi de cette méthode et qui en a fait comprendre toute l'utilité au point de vue de la régénération.

Pour pénétrer jusqu'aux parties centrales qu'on veut enlever, il faut naturellement traverser une ouverture des couches corticales. Souvent il existe un cloaque suffisamment grand pour donner accès aux instruments ; d'autres fois

[1] *De l'évidement des os*, Paris, P. Masson, 1860. — [2] Celse, *Op.*, l. VIII, c. II. — [3] *De cura ulcerum*, Lugduni 1736, c. XVII, p. 282.

on élargit une fistule avec le trépan ou la gouge; dans certains cas exceptionnels on est même obligé de créer une ouverture de toute pièce. Cela m'est arrivé pour une malléole externe, atteinte d'ostéite et triplée de volume, sans qu'il se fût formé de fistules.

L'instrument le plus propre pour faire ensuite l'évidement proprement dit est la gouge ou la gouge-rugine, que nous avons décrite plus haut. Le tissu osseux est ordinairement très-friable et se coupe par la pression de la main. On excave l'os tant qu'on rencontre des parties malades et en général on fait bien d'enlever presque tout le tissu spongieux, car il prête trop à une récidive de la carie. Il ne subsiste qu'une coque osseuse plus ou moins mince, formée de tissu compacte. Le périoste et les attaches musculaires restent intactes, la forme de l'os est conservée; c'est précisément ce qui fait qu'à la suite de cette méthode les régénérations osseuses sont si complètes et si rapides.

Les indications de l'évidement sont surtout fournies par l'ostéite avec ses variétés et ses complications. Les abcès enkystés, certaines tumeurs vasculaires pourraient réclamer la même opération. Enfin M. Sédillot a évidé la première phalange de l'indicateur dans un cas d'enchondrome.

CHAPITRE V.

OPÉRATION DES EXOSTOSES.

L'opération des exostoses n'est en définitive qu'une résection partielle; mais elle présente des indications particulières selon la pièce du squelette qui est affectée, et elle mérite d'être traitée à part.

Les exostoses se développent sur tous les points du squelette; d'ordinaire elles sont uniques, souvent aussi multiples et alors elles sont disposées symétriquement sur les deux moitiés du corps. On trouvera des cas de ce genre mentionnés par Abernethy[1], MM. Stanley[2], O. Weber[3], Larrey[4], Testelin et Daubressi[5], Hawkins[6], Morel-Lavallée[7].

Cette dernière observation concerne un homme de cinquante-trois ans, qui avait des exostoses de la grandeur d'une noix jusqu'à celle du poing, aux condyles internes des deux fémurs et des deux tibias; d'autres siégeaient au tibia,

---

[1] *Lectures an surgery*, p. 169. — [2] *Loc. cit.*, p. 215. — [3] *Die Knochengeschwülste*, Bonn 1856. — [4] *Journ. compl. du dict. des sciences méd.*, vol. VIII. — [5] *Gaz. méd. de Paris*, 1839, n° 11. — [6] *Vorlesung*, übersetzt von Berendt, Leipzig 1847. — [7] *Gaz. hôpit.*, 1849, p. 66.

à la clavicule, à l'omoplate. Les articulations et les membres jouissaient d'ailleurs de la mobilité la plus parfaite.

Les exostoses sont ou spongieuses ou éburnées. Les spongieuses se voient surtout aux os courts et aux épiphyses; les éburnées aux os de la tête, de la face, à la diaphyse des os longs. Au maxillaire inférieur on en voit des deux espéces; j'en ai vu un exemple de la première au musée de Munich, et de la seconde au musée d'Erlangen.

Les exostoses siégent ordinairement à la surface de l'os et se développent vers l'extérieur; quelquefois elles poussent en même temps des deux côtés d'un os plat, au crâne par exemple. Plus rarement elles naissent de l'intérieur d'un os long et croissent également dans tous les sens. Les exostoses sont ou pédiculées, ou implantées par une base large; elles se développent plus ou moins rapidement; quelques-unes restent stationnaires. Les spongieuses peuvent être atteintes de carie, les éburnées de nécrose.

Indications à l'opération. Si l'exostose est de petit volume, si elle n'est pas sur le trajet de muscles ou de nerfs importants, si elle ne gêne pas les fonctions d'une articulation, il n'y a pas lieu d'y toucher, d'autant plus que l'opération n'est jamais sans dangers. Quelquefois des symptômes qui se sont manifestés au début disparaissent plus tard parce que les organes s'habituent à la pression.

Quand des exostoses augmentent rapidement de volume, elles provoquent les symptômes les plus variés selon les organes qui sont atteints; en comprimant les centres nerveux, elles peuvent même causer la mort. Citons quelques exemples de ces lésions:

M. Chassaignac a vu une exostose de la face externe du tibia se développer vers le péroné et le luxer [1]. Leopold [2] rapporte qu'une jeune fille de vingt-quatre ans, atteinte de paralysie de tout le côté gauche, portait à l'autopsie une forte exostose dans la fosse cérébrale moyenne. Reid [3] a observé une exostose conique, née de l'apophyse odontoïde, qui tua le malade par compression de la moelle. A. Cooper [4] parle d'une exostose du tibia, qui entoura complétement le nerf sciatique poplité externe. Dans l'ouvrage d'O. Weber [5], nous trouvons le

[1] *Gaz. des hôp.*, 1850, p. 355. — [2] *Casper's Wochenschrift*, 1850, p. 178. — [3] *London and Edinb. journ.*, March 1843. — [4] *Cooper and Travers surgical essays*, vol. I, p. 221. — [5] *Loc. cit.*

fait suivant : Une jeune servante dut quitter sa place à cause d'une exostose du fémur de la grosseur du poing, qui l'avait privée de l'usage du membre. Au bout d'un an, les tissus s'étaient accoutumés à la tumeur et la jeune fille put marcher comme auparavant.

Quand les phénomènes de compression prennent de la gravité, que les fonctions d'un organe important, par exemple d'un œil ou d'un membre, sont supprimées, que la vie est menacée ou que le malade est tourmenté par des douleurs continues ou défiguré par sa tumeur, il est permis de recourir à l'opération. On l'entreprendra avec moins de scrupules, si l'exostose est spongieuse et pédiculée, parce qu'alors les suites en sont moins graves.

Du reste le *pronostic* dépend en grande partie du siége de la tumeur.

Les opérations d'*exostoses crâniennes* sont des plus dangereuses ; mais, abandonnées à elles-mêmes, ces tumeurs causent souvent la mort, de sorte que beaucoup d'opérateurs se sont décidés à les enlever quand même. MM. J. L. Petit[1], Stanley[2], Arnaud[3], Ferg[4], Paget[5], Bruns[6], Emmert[7], Hawkins[8], Brodie[9], van der Meer[10] ont extirpé totalement ou en partie des exostoses crâniennes ; sur ces 10 opérations il y eut 5 morts, 4 guérisons et 1 amélioration.

Le pronostic est le plus fâcheux quand il faut réséquer toute l'épaisseur des os et par conséquent ouvrir la cavité du crâne. Les exostoses internes ne peuvent être diagnostiquées qu'exceptionnellement.

Les *exostoses de la face* sont des plus fréquentes et leur extirpation donne les meilleurs résultats. Dans les tableaux de Weber[11] nous trouvons 29 cas de ce genre suivis de 28 guérisons et seulement d'une mort. Comme ces tumeurs amènent par leurs progrès des difformités hideuses et des gênes fonctionnelles considérables, voire même une terminaison fatale, on est souvent appelé à les opérer, dût-on sacrifier un ou plusieurs os de la face.

Les *exostoses du tronc* sont rares, et on n'y touchera que si la

[1] *Traité des maladies des os*, Paris 1723. — [2] *Loc. cit.* — [3] *Mercure de France*, janv. 1716. — [4] Genezick, *Ueber Exost. und Osteoph.*, Erlangen 1846. — [5] *Lectures an surgery.* — [6] *Handb. der Chirurgie*, Tübingen 1853. — [7] *Lehrbuch der Chirurgie*, Stuttgart 1851. — [8] *Loc. cit.* — [9] *Loc. cit.* — [10] *Dissert.*, Groningæ 1829. — [11] *Loc. cit.*

tumeur est accessible et qu'elle donne lieu à des phénomènes inquié-
tants. On n'a jamais opéré d'exostoses des vertèbres et des côtes.

M. Holmes Coote [1] vient de publier une observation d'exostose d'une côte cervicale surnuméraire, qui avait comprimé les nerfs du plexus brachial et l'artère sous-clavière. La tumeur fut extirpée et la malade guérit, mais l'artère
resta oblitérée. *Addition du traducteur.*

Les exostoses de l'omoplate ont été excisées dans 2 cas heureux, 1 fois par Beaumont [2] et 1 fois à Strasbourg, à ce que rapporte Lobstein [3]. Kulm [4] a enlevé une exostose de la clavicule et
M. Velpeau [5] une autre du sternum, tous les deux avec succès. On
a vu plusieurs fois des exostoses des os iliaques, parfaitement accessibles au couteau, mais tantôt ce sont les malades, tantôt les chirurgiens qui ont refusé l'opération (Velpeau). Par contre on connaît deux cas d'exostoses du pubis, enlevées heureusement par Regnoli [6] et Cooper [7].

Ant. Dubois [8], Roux [9], M. Langenbeck [10] firent trois opérations
d'exostoses de l'humérus, et d'eux d'entre elles avec succès. M. Wutzer [11] a réséqué le cubitus pour une exostose, également avec
succès.

Aux extrémités inférieures les exostoses sont plus fréquentes
qu'aux supérieures; elles y donnent aussi lieu à une gêne fonctionnelle plus considérable. Leur siége ordinaire est le côté interne des
extrémités articulaires; par leurs progrès elles menacent bientôt
l'articulation et par conséquent indiquent l'opération; mais celle-ci
compromet la vie ou au moins les mouvements du membre.

Les *exostoses du fémur* ont été réséqués 12 fois, et toutes,
moins une, siégeaient aux environs du condyle interne. Huit malades furent guéris, 3 autres moururent soit de pyoèmie ou de
suppuration articulaire, l'un d'entre eux d'hémorrhagie consécutive. Le sort du douzième n'est pas connu. Un sujet, opéré par

[1] *Med. Times*, 1861, Auguste, p. 108. — [2] *Gaz. méd.*, 1838, p. 778. — [3] *Compte
rendu du musée de Strasbourg*, 1834. — [4] et [5] Velpeau, *loc. cit.* — [6] *Osservazioni chir.*,
Pisa 1836. — [7] *Essays*, I, p. 222. — [8] et [9] Roux, *Mémoire sur les exostoses. Rev. méd.-
chir.*, févr. 1847. — [10] O. Weber, *loc. cit.*

M. Huguier[1] d'une exostose pédiculée peu volumineuse du petit trochanter eut des fusées purulentes très-graves. L'un des deux malades de M. Hawkins[2] eut des accidents semblables. Les opérateurs qui ont pratiqué les 9 résections restantes sont : A. Cooper[3], Cooper et Machel[4], Stanley[5] 2 fois, M. Lawrence[6], Roux[7] 2 fois, Liston[8] et M. Cock[9].

Les résultats en somme ne sont pas très-encourageants; aussi MM. Velpeau et Huguier donnent le conseil de ne pas entreprendre ces opérations à la légère. M. Velpeau nous dit qu'il a refusé six fois de toucher à des tumeurs de ce genre.

Des *exostoses du tibia* furent opérées par Moreau[10], Cooper[11], Bourquenau[12], MM. Chassaignac[13], Hilton[14], Jæger[15] et Adelmann[16]. Les malades de Moreau et de Jæger moururent, les autres furent guéris.

Au *péroné*, Cooper[17] et M. Malgaigne[18] ont répété la même opération avec succès; seulement le malade de M. Malgaigne garda une raideur de l'articulation tibio-tarsienne. M. Chassaignac[19] a réséqué les trois derniers métatarsiens pour une exostose; il a obtenu une guérison parfaite.

Vingt et une résections d'*exostoses des orteils* par divers opérateurs ont été suivies de guérison.

En résumé, sur 47 opérations d'exostoses des extrémités inférieures, il y eut 40 guérisons, 5 morts, 1 résultat inconnu. Trois des malades guéris ont présenté des accidents sérieux pendant la convalescence; l'un d'eux a gardé de la raideur dans une articulation voisine. Tous les résultats défavorables se sont produits à la suite d'opérations sur des os volumineux; il ne faut donc pas entreprendre ces dernières, à moins d'indications pressantes.

Opération. On met les exostoses à nu par des incisions de formes variées, linéaires, à lambeaux, en croix ou encore par deux inci-

---

[1] *Gaz. hôp.*, 1850, p. 546. — [2] Hawkins, *Vorles.*, *loc. cit.* — [3] et [4] *Œuvres chir.*, trad. par Chassaignac. — [5] *Loc. cit.* — [6] *Loc. cit.* — [7] *Loc. cit.* — [8] *Leçons*, trad. par Behrend. — [9] *Med. Times*, 1857, févr. [10] Velpeau, *loc. cit.* — [11] *Loc. cit.* — [12] *Annales de la Soc. de méd. prat. de Montpellier*, VII, p. 424. — [13] *Gaz. hôpit.*, 1848. — [14] *Med. Times*, 1857, févr. — [15] Ried, *loc. cit.* — [16] *Bericht über die Klinik zu Dorpat*, p. 17. — [17] *Loc. cit.* — [18] *Gaz. hôpit.*, 1848. — [19] *Bulletin de la Soc. de chir. de Paris*, 1853, p. 617.

sions parallèles, selon le volume de la tumeur et les parties molles à ménager. Si la peau est altérée ou trop distendue, on en excise une portion elliptique. On coupe les muscles le plus rarement possible.

La section des os se fait au moyen de la *scie étroite* (Langenbeck), des scies-couteaux ou à dos mobile (Velpeau et Bruns), selon que les tumeurs sont ou spongieuses ou compactes. Les exostoses pédiculées peuvent être coupées avec les cisailles de Liston (Huguier) ou la scie à chaîne (Wutzer). M. Chassaignac s'est servi de la scie à champignon, Regnoli et Moreau du ciseau et du marteau, Emmert et Van der Meer du trépan, Jæger de l'ostéotome.

Les exostoses à base large sont enlevées avec la couche d'os qui les supporte au moyen de l'un des instruments que nous avons cités. On applique la scie à plat, ou l'on donne deux traits de scie qui se rejoignent à angle aigu dans la profondeur, à l'imitation de Cooper et de M. Bruns. Dupuytren et quelques auteurs appliquaient encore le fer rouge sur la plaie, mais cela paraît inutile dans la majorité des cas. Quand les exostoses pénètrent profondément, on peut être obligé d'ouvrir le canal médullaire, en faisant une *résection de toute l'épaisseur d'une paroi osseuse*, ce qui aggrave beaucoup le pronostic. Le cas suivant de M. Langenbeck est un exemple de ce genre :

Une petite fille de sept ans porte sur l'humérus une exostose à base très-large et qui pousse rapidement. On fait une incision longitudinale et l'on enlève la partie proéminente de la tumeur, ce qui ouvre déjà le canal médullaire. Le reste est coupé avec des pinces incisives, de sorte qu'il ne reste plus qu'un pont osseux très-mince. Forte inflammation et suppuration. Élimination d'un séquestre. Guérison en sept semaines avec conservation de tous les mouvements du bras.

La *résection de toute l'épaisseur d'un os* peut être nécessitée par certaines exostoses ou périostoses.

M. Wutzer opéra un homme de dix-neuf ans, qui portait sur le milieu du cubitus une exostose éburnée, formant un renflement fusiforme et augmentant de volume. Il fit une incision longitudinale et réséqua la partie moyenne du cubitus au moyen de la scie à chaîne. Guérison. Trois ans plus tard on constata que tous les mouvements étaient conservés et que la perte de substance de l'os n'était comblée que par du tissu fibreux.

La *résection totale d'une pièce du squelette* n'est nécessaire que si l'exostose siége sur un os court, ou un os long de petit volume ; ainsi sur un métacarpien ou métatarsien, sur une phalange ou un os de la face.

CHAPITRE VI.

OPÉRATION DE LA NÉCROSE.

Des résectious de toute espèce ont été faites à la suite de nécrose, depuis l'enlèvement d'une couche osseuse superficielle, jusqu'à l'extirpation complète d'une pièce du squelette. L'opération de la nécrose, dans un sens plus restreint, est la résection d'une paroi osseuse dans le but de permettre l'extraction d'un séquestre. La première opération de ce genre, à ma connaissance, a été faite par Albucasis, au seizième siècle ; en 1782 David la préconisa également et la mit en pratique ; dans ces derniers temps Bernhard Heine a fait beaucoup pour la répandre.

Dans les cas de *nécrose superficielle*, il vaut mieux ne pas intervenir, pour laisser à l'os sous-jacent le temps de se couvrir de bourgeons charnus. On évite ainsi l'ostéophlébite et la pyoèmie. Des lésions très-graves de ce genre se terminent favorablement par le traitement expectant.

Notre conduite doit être tout autre quand il y a nécrose des couches centrales ou invagination du séquestre. Dans ces cas, il se forme une capsule séquestrale avec une ou plusieurs ouvertures nommées cloaques, qui sur les os longs sont ordinairement disposées en une seule ligne sur le grand axe de l'os. On admet généralement que l'intervention chirurgicale est indiquée quand la mobilité du séquestre a été reconnue.

J'ai émis l'opinion [1] qu'il faut quelquefois recourir à l'opération avant d'avoir pu constater ce signe. Avant moi, M. Maisonneuve [2] avait déjà exprimé cette idée. Un séquestre peut être mobile, sans que nous puissions le constater, et il peut être séparé complète-

---

[1] *Prag. Vierteljahrsschr.*, vol. XXXI, 1856, p. 10. — [2] *Gaz. hôpit.*, 1850, p. 481.

ment des parties saines sans être mobile, parce qu'il est fixé par l'os de nouvelle formation. Dans les deux cas, c'est un corps étranger au centre de l'os et il faut l'extraire pour amener la guérison. Nous n'avons pas de signes certains de la mobilité, mais nous pouvons nous guider par l'analogie et par certains faits bien constatés. Nous savons qu'un séquestre superficiel est éliminé en deux ou trois mois, s'il est mince, en trois ou cinq mois, s'il est plus épais. D'un autre côté, la formation de cloaques par résorption du tissu osseux doit faire supposer que dans la profondeur un travail analogue a amené la séparation des parties mortes. La règle générale sera donc d'entreprendre l'extraction du séquestre après un an de durée, qu'il paraisse mobile ou non. On serait autorisé à intervenir après plusieurs mois déjà, si une suppuration trop abondante, ou l'étroitesse des plaies fistuleuses et la rétention du pus donnait lieu à des accidents. Sous ce dernier rapport, la nécrose centrale tombe dans la même catégorie que les abcès de l'os. En cas que nous ne trouvions pas de séquestre, nous contribuons néanmoins à la guérison en excisant l'une des parois de la cavité purulente et en assurant le libre écoulement du pus.

Nous avons eu très-fréquemment l'occasion de traiter des nécroses à Erlangen [1], et l'observation nous a démontré qu'après neuf mois ou un an de durée on pouvait être sûr de rencontrer une portion d'os mortifiée. Si on ne peut pas l'extraire immédiatement, on en hâte au moins la séparation.

Il ne faut donc pas hésiter à entreprendre l'opération. La cavité de l'os se remplit de bourgeons, qui s'ossifient plus tard. L'opération de la nécrose peut être faite sur toutes les pièces du squelette.

Mon père et moi nous avons opéré à Erlangen 25 cas de nécrose, qui ont tous été suivis d'une guérison prompte, exempte d'accidents. Il s'agissait 16 fois du tibia, 5 fois du fémur, 3 fois de l'humérus, 1 fois du sternum. Pendant mes voyages à Prague, Vienne, Berlin, Paris, Londres, j'ai vu également de nombreuses opéra-

<hr>

[1] M. J. F. Heyfelder père, a professé pendant de longues années avec distinction à la clinique chirurgicale d'Erlangen, il est actuellement à Saint-Pétersbourg, où il remplit l'un des postes les plus élevés de la médecine militaire russe (*Note du traduct.*).

tions de ce genre, presque toutes heureuses. Le *Medical Times and Gazette*, février 1857, contient un relevé de 43 opérations de nécrose, faites en une année dans les hôpitaux de Londres. Elles concernaient 11 fois le tibia, 6 fois le fémur, 7 fois l'humérus, 4 fois le radius, 6 fois le cubitus, 1 fois l'ischion, 2 fois le sternum, 6 fois le maxillaire inférienr.

Sur ces 41 cas, il n'y eut que deux terminaisons fatales. L'un des malades, opéré par M. Hawkins d'une nécrose du fémur, mourut d'infection purulente; l'autre, opéré par M. Fergusson d'une nécrose du sternum, succomba trois mois plus tard à un abcès du médiastin.

Procédé opératoire. L'incision des parties molles se fait d'après les règles générales. Autant que possible elle traverse les ouvertures fistuleuses. Si les bords sont indurés, on les excise. Boyer circonscrivait toujours les fistules par deux incisions elliptiques et enlevait les parties intermédiaires; on ne l'imite plus de nos jours. Le sang est arrêté par des applications froides ou une ligature, puis on écarte les lambeaux avec des crochets mousses et l'on examine le séquestre de plus près au point de vue de sa mobilité, soit avec le doigt, soit avec une sonde. Il s'agit alors d'élargir un cloaque existant, ou de couper un pont d'os entre deux ouvertures voisines ou de morceler le séquestre. Si le pont entre deux cloaques est mince, il peut être coupé avec des pinces incisives, autrement il faut employer une scie à dos mobile ou l'ostéotome. On peut augmenter le diamètre d'une ouverture fistuleuse en y appliquant une couronne de trépan; mais cet instrument n'est pas favorable pour enlever une portion d'os entre deux cloaques, parce qu'il reste une série d'angles saillants entre les différentes couronnes. Le séquestre s'extrait avec une pince appropriée; en cas de besoin on s'aide d'un levier. Est-il par trop volumineux, on le brise en morceaux. L'opération est alors terminée, si toutefois l'on a exploré la cavité osseuse pour s'assurer que toutes les parties malades sont enlevées. On panse la plaie avec de la charpie et des linges ératés; les parties molles sont rapprochées autant que possible. L'application de la chaleur humide sous forme de bain continu, d'irrigations tièdes ou de cataplasmes, favorise la guérison.

Si un os est mortifié dans toute son épaisseur, il faut le séparer des parties molles et du reste du squelette et égaliser les surfaces restantes.

En cas de nécrose d'une extrémité articulaire, avec suppuration de la jointure, il faut procéder à une résection articulaire.

CHAPITRE VII.

OPÉRATIONS NÉCESSITÉES PAR LES ABCÈS INTRA-OSSEUX.

Les *abcès intra-osseux* réclament soit la perforation, soit une véritable résection de l'os. Cette affection diffère aussi bien de la carie que de la nécrose, quoique souvent elle se complique des deux. L'abcès osseux débute avec les symptômes d'une ostéite aiguë, qui précède toujours l'abcès. Sur 12 cas qui sont venus plus particulièrement à ma connaissance, la syphilis en a été 3 fois la cause première, d'autres fois c'étaient des traumatismes. Ce sont principalement les os longs, et surtout ceux des extrémités inférieures, qui sont pris; sur les 12 cas, le tibia l'a été 10 fois. Le siége de prédilection de l'affection est le point de jonction de la diaphyse avec l'épiphyse et particulièrement le tissu spongieux au voisinage du canal médullaire. L'abcès contient du pus de bonne nature ou du pus séreux; ses parois sont couvertes de bourgeons charnus, le tissu osseux environnant n'est pas du tout altéré sauf un peu d'hyperémie, ou il est ramolli, raréfié et considérablement gonflé. L'ostéoporose et l'augmentation de volume s'étendent quelquefois fort loin. Souvent l'abcès reste enkysté pendant des années avec des alternatives de rémission et de recrudescence des symptômes inflammatoires. D'autres fois le tissu osseux se résorbe et le pus se fraie une voie au dehors et donne lieu à des phlegmons plus ou moins graves. La perforation peut se faire vers la cavité médullaire qui se remplit de pus et devient le point de départ d'une nécrose interne, ou elle se fait vers une articulation, d'où suppuration de la jointure, carie et terminaison fatale, à moins qu'on ne pratique l'amputation. Si aucune de ces terminaisons n'arrive, les douleurs et la suppuration prolongée peuvent à elles seules amener le marasme et la mort. Un traitement médicamenteux ne conduit à rien, par contre l'intervention chirurgicale donne les meilleurs résultats. De même qu'on incise les abcès sous-aponévrotiques ou sous-périostiques, de même il faut aussi faire du jour aux abcès intra-osseux.

Opération. Elle consiste à traverser d'abord les parties molles, puis à percer l'os, ou mieux à en réséquer un morceau. Dans ce but, sir Benjamin Brodie [1] se sert de la tréphine; M. Hutton et Hamilton d'un perforateur, et ils élargissent ensuite l'ouverture avec le ciseau.

Il paraît rationnel d'exciser un morceau de la paroi de l'abcès pour donner uu libre écoulement au pus, et c'est avec une petite couronne de tréphine qu'on arrive le plus facilement à ce but.

Dans certains cas, il se fait spontanément une ouverture fistuleuse à l'os; le pus s'écoule, mais incomplétement, et la maladie peut traîner un temps fort long, de dix à dix-huit ans, jusqu'à ce qu'une opération ou la mort vienne y mettre un terme. Pour des lésions de ce genre, que les Allemands nomment *abcès médullaires fistuleux*, il faut enlever largement l'une des parois de l'abcès, à l'exemple de J. L. Petit, de MM. Klose et Stadelmann. J. L. Petit et M. Klose ont employé une ou plusieurs couronnes de trépan, appliquées sur les ouvertures fistuleuses. Je préférerais circonscrire ces dernières avec l'ostéotome.

Si les parois osseuses de l'abcès sont elles-mêmes malades, il faut les attaquer avec un instrument approprié, avec l'ostéotome ou la gouge.

C'est ici que l'évidement, d'après M. Sédillot, me paraît particulièrement indiqué; j'en rapporterai plus bas quelques exemples. — *Note du traducteur.*

L'opération est ordinairement suivie d'une inflammation assez vive qu'on peut modérer par des applications de glace ou des irrigations d'abord froides et puis tièdes. Par contre, en donnant issue au pus, en transformant les parois ulcérées de l'os en une plaie

---

[1] *Dublin med. journ.*, 1856, vol. XXII, p. 17. Hamilton, *On abscess of bones.*

simple, on obtient souvent des guérisons extrêmement rapides. Quelquefois même l'os gonflé, atteint d'ostéoporose, reprend sa consistance et son volume primitif. Il ne faudrait cependant pas s'attendre, avec M. Klose, à ce que ce fût toujours le cas.

L'abcès osseux oblige à une *résection articulaire*, quand il occupe une extrémité de l'os et qu'il menace de perforer dans la jointure, ou que la perforation est déjà effectuée. Le diagnostic d'une lésion pareille se fait au moyen du doigt ou de la sonde soit à travers une fistule existante, soit après une opération préalable. Les symptômes d'un épanchement brusque dans l'article mettent sur la voie. Si l'abcès s'étend très-haut dans la diaphyse, la résection ne sera quelquefois plus possible, surtout aux extrémités inférieures, et il faudra recourir à l'amputation.

J. L. Petit [1] traita un abcès syphilitique du tibia en y appliquant 4 couronnes de trépan et en enlevant les ponts intermédiaires. Il guérit son malade.

M. Jungken excisa un morceau de 8 centimètres de long de la face antérieure du tibia. Il eut un succès complet, ainsi que M. Brodie [2], Macferlane [3] et Maisonneuve [4], qui firent des opérations semblables.

Hamilton [5], dans un cas d'abcès syphilitique du tibia, élargit l'ouverture fistuleuse existante avec le ciseau et obtint une guérison en quinze jours.

Les observations de malades qui ont été conduits à l'amputation ou à la mort, pour n'avoir pas été opérés à temps, sont tout aussi instructives.

Stanley [6] vit un malade qui portait un abcès fistuleux du tibia depuis douze ans. On ne fit pas de résection; mais il survint une fièvre hectique, qui força à amputer.

M. Stadelmann [7] rapporte l'histoire d'une femme de cinquante ans, qui avait depuis neuf ans un abcès intra-osseux du fémur. Quand ce chirurgien la vit, les lésions étaient trop avancées et elle-même trop faible pour permettre une opération quelconque.

La malade mourut; à l'autopsie on trouva la cuisse parcourue par des trajets fistuleux aboutissant à une poche située au-dessus des condyles et qui communiquait elle-même par une ouverture osseuse avec l'abcès du canal médullaire. Celui-ci s'étendait jusqu'au milieu du fémur, était renflé en ampoule et contenait quelques parcelles nécrosées; les parois étaient lisses, couvertes de bourgeons.

---

[1] Gerdy, *Arch., gén. méd.*, 1853. — [2] Hamilton, *loc. cit.* — [3] Gerdy, *loc. cit.* — [4] *Gaz. hôpit.*, 1855, n° 5. — [5] *Loc. cit.* — [6] *Loc. cit.* — [7] *Bemerkungen zu der Lehre von de operat. Behandl. der Nekrose.* Nürnberg 1859.

Hamilton amputa un jeune homme pour une suppuration du genou; en examinant le membre, il trouva dans les tubérosités du tibia un abcès, qui avait percé dans l'article. '

Addition du traducteur. — Les observations de ce genre ne sont pas rares, quoique l'interprétation en soit difficile; car, si la maladie a dépassé la première période et qu'on rencontre quelques points de nécrose, il est presque impossible de décider si celle-ci est primitive ou consécutive à un abcès intra-osseux. En tout cas, l'ostéite est l'affection première et l'abcès ou la nécrose n'en sont que deux modes de terminaison, souvent combinés ensemble. Quel que soit le nom que l'on donne à ces lésions, c'est à elles que s'applique surtout la méthode d'*évidement* de M. Sédillot, et l'on trouvera dans son ouvrage [1] un grand nombre d'observations très-intéressantes, qui ont trait à des abcès médullaires (obs. I, II, III, VII, IX, XII etc.), quoiqu'elles soient mentionnées sous le titre d'ostéite avec fistules et hyperostose. La plupart des malades ont guéri.

Dans un mémoire sur la périostite phlegmoneuse [2], j'ai également rapporté un cas d'abcès aigu du canal médullaire, traité par la trépanation; néanmoins tout le tibia s'est nécrosé et le malade est mort épuisé au bout de quelques mois.

Depuis j'ai eu l'occasion de traiter deux autres cas, que je n'ai pas encore publiés, mais dont je donne ici un résumé succinct, parce qu'ils ont amené tous les deux une perforation dans une grande articulation voisine, en produisant des accidents fort différents.

Une vieille demoiselle, assez chétive, dans la cinquantaine, souffre pendant quatre ans d'une douleur fixe dans le bas de la jambe droite, jusqu'à ce qu'en 1859 il s'ouvre un abcès au-dessus et en arrière de la malléole externe. L'ouverture reste fistuleuse; un os dénudé se sent au fond; un an plus tard je débride et je tombe sur une cavité creusée dans l'épiphyse tibiale inférieure, cavité lisse, recouverte de bourgeons et qui contient un petit séquestre, que je retire. La malade, très-indocile, continue à marcher, se fatigue, ne maintient pas l'ouverture béante. Tout à coup il survient un gonflement érysipélateux du coude-pied, une fièvre vive, une collection fluctuante dans la gaîne des péroniers. L'articulation tibio-tarsienne paraît prise. En *janvier* 1861, j'obtiens, non sans peine, de chloroformer la malade; j'incise largement la fistule et je trouve les parois de la cavité osseuse rongées par la carie; une ouverture laisse pénétrer le doigt dans l'article. Avec le consentement de la sœur de la malade, je me décide, séance tenante, à faire la résection de l'articulation. Mais, n'ayant qu'un seul aide et une scie ordinaire à ma disposition, je suis obligé d'inciser transversalement le coude-pied et de tailler un lambeau quadrilatère à base supérieure.

---

[1] *De l'évidement des os*, par Sédillot. Paris, chez V. Masson, 1860. — [2] *Gaz. méd.* de Strasbg., 1858, p. 21.

Les deux os de la jambe sont dénudés et abattus d'un trait de scie à 3 centimètres au-dessus de la jointure ; la surface de l'astragale est laissée intacte. J'indiquerai plus bas, à propos des résections du coude-pied, le mode de pansement que j'ai suivi. Disons seulement que la malade mourut au bout de deux mois, épuisée par une énorme escarre au sacrum. La plaie était guérie à l'exception de deux fistules et les os commençaient à se consolider.

Dans ce cas, une amputation aurait peut-être donné un résultat moins défavorable que la résection, mais la malade ne voulut y consentir à aucun prix.

Sur un autre sujet que j'ai encore en traitement, un abcès de l'extrémité inférieure du fémur s'est fait jour dans la cavité du genou sans amener des accidents mortels.

C'est un homme, âgé actuellement de cinquante-neuf ans. A treize ans, il lui survint au-dessus du condyle interne du fémur un abcès profond, qui fut incisé par M. Cailliot, alors doyen de la Faculté de médecine de Strasbourg. L'ouverture resta fistuleuse et il en sortit des esquilles à différentes reprises. Cependant les mouvements du genou étaient conservés et le malade pouvait faire d'assez longues courses à pied.

En *décembre* 1861, pendant un séjour à Paris, il est pris d'un phlegmon très-intense de toute la cuisse, provoqué certainement par la perforation de l'abcès dans le genou. Il tombe dans un état de marasme : suppuration très-abondante, fièvre hectique, diarrhée, diphthérite buccale. C'est dans cet état qu'il m'arrive. Le genou est ankylosé presqu'en ligne droite ; la capsule synoviale est atrophiée, mais ses restes se remplissent de temps à autre de pus ; la cuisse est sillonnée par des trajets fistuleux. Par de larges incisions et un traitement tonique, je relève l'état général.

Pour mettre fin aux fusées purulentes qui se renouvellent sans cesse, je me décide le 20 *juin* 1862 à l'opération suivante : j'incise largement une fistule du condyle externe jusque dans la synoviale ; la cavité articulaire est effacée, on ne peut y pénétrer ni avec le doigt, ni avec un stylet ; par contre, je trouve sur la poulie cartilagineuse du fémur un cloaque, qui conduit vers la cavité médullaire. Puis je débride une autre fistule de la face interne, au-dessus du condyle correspondant, et je tombe sur une seconde ouverture de l'os que j'élargis avec la gouge et je pénètre librement avec le doigt dans une vaste excavation creusée dans le tiers et presque la moitié inférieure du fémur. Elle renferme un petit séquestre, très-poreux, gros comme une noix. Ses parois sont dénudées, sèches et en voie de nécrose. Quand on injecte de l'eau par le premier cloaque, elle pénètre dans la cavité et est animée de battements isochromes à ceux du pouls. C'est le malade qui le premier m'a fait remarquer ce phénomène, indiqué par M. Broca [1].

En *septembre* l'état du malade s'est beaucoup amélioré ; il n'y a pas eu de nouveaux abcès, la cavité est en partie remplie par des bourgeons, mais il y a en-

[1] *Gaz. hôpit.*, 1862, p. 323.

core des portions de parois nécrosées et je n'ose guère espérer une réparation complète des délabrements, vu l'âge du sujet.

Dans l'ouvrage de M. Sédillot[1], on trouve un exemple semblable d'un abcès fémoral percé dans le genou, et qui n'a produit que des symptômes peu importants. Après une opération d'évidement, le malade parut marcher d'abord vers la guérison, mais il succomba trois mois plus tard à un érysipèle gangréneux.

J'ai tenu à citer ces exemples pour montrer tout le danger de l'expectation dans les lésions de cette nature. Une résection largement faite, en temps opportun, peut au contraire sauver un membre qui paraissait irrévocablement compromis.

Dans le traitement consécutif, il faut surtout s'astreindre à maintenir béante a plaie des parties molles tant que la cavité de l'os n'est pas comblée. Sinon le pus est retenu et les parois de l'abcès se corrodent à leur tour, ou il survient des fusées purulentes. Quand l'os est superficiel, cette indication n'est pas difficile à remplir; si, par contre, il est entouré de muscles volumineux, on est obligé de recourir aux mèches de charpie ou à l'éponge préparée. Mais l'introduction journalière de ces corps dilatatants est extrêmement pénible pour le malade et ne s'oppose qu'incomplétement au retrait des parties molles. Depuis quelque temps, j'emploie dans ce but des tubes en caoutchouc, gros comme le doigt, à parois épaisses et raides, que j'introduis perpendiculairement jusqu'au fond de la cavité osseuse et que je ne renouvelle que tous les huit, quinze jours. J'en place deux, trois ou plus, les uns à côté des autres, autant que la plaie peut en contenir, et j'en obtiens d'excellents résultats.

CHAPITRE VIII.

RÉSECTIONS INDIQUÉES PAR LE DÉCOLLEMENT DES ÉPIPHYSES.

Le décollement des épiphyses indique quelquefois une résection plus ou moins étendue et ces cas ont des traits de ressemblance soit avec l'abcès osseux, soit avec les fractures non consolidées. Si une lésion pareille ne guérit pas comme une fracture ordinaire, si les extrémités osseuses sont atteintes de nécrose ou de carie, la chirurgie doit intervenir.

On fait une incision autant que possible dans l'axe du membre et l'on enlève les portions d'os malades ou privées de périoste avec

---

[1] *Loc. cit.* p. 128.

un instrument approprié. Le traitement est semblable à celui des fractures compliquées de plaie.

J'ai traité à la clinique d'Erlangen un apprenti de quinze ans atteint de décollement de l'épiphyse supérieure de l'humérus. La consolidation ne se fit pas et il se forma deux ouvertures fistuleuses par lesquelles on arrivait sur l'os dénudé.

Une incision longitudinale le mit à nu et toute la partie dépouillée du périoste fut enlevée avec la gouge et les pinces incisives.

En très-peu de temps on obtint une consolidation et une guérison durable.

M. J. F. Heyfelder opéra en 1858 un décollement de l'épiphyse dans des circonstances toutes particulières. André Petroff, âgé de dix ans, tomba violemment sur le genou, mais put cependant se relever et marcher. Les jours suivants fièvre, inflammation, formation d'un abcès au-dessous de l'articulation. Enfin on se décide à apporter le petit blessé à l'hospice des enfants malades de Saint-Pétersbourg, où M. J. Heyfelder le voit et constate l'état suivant : sur le condyle interne du tibia il existe une large plaie par laquelle on peut s'assurer que le tiers supérieur de l'os est dépouillé du périoste. L'épiphyse est séparée de la diaphyse par un sillon, et cette dernière a exécuté un glissement sur la première et proémine dans la plaie. On ne peut pas produire de crépitation, ni réduire l'os saillant. On se décide donc à isoler tout le tiers supérieur du tibia et à le couper avec une scie à chaîne. Le péroné est sain, les insertions musculaires sont infiltrées de pus. A partir de l'opération, la fièvre et la suppuration diminuent.

Le 12 décembre déjà la reproduction osseuse est faite et la plaie presque fermée. Le petit malade soulève sa jambe, qui a la même forme et le même volume que celle du côté opposé.

CHAPITRE IX.

RÉSECTION DANS LES CAS DE FRACTURES.

Les résections dans les cas de fractures se font dans des conditions très-différentes : 1° pour des fractures récentes compliquées ; 2° pour des fractures anciennes non consolidées, ou consolidées d'une façon vicieuse ; 3° pour des fractures articulaires comminutives ou compliquées.

1° Dans les *fractures récentes*, on a recours à une résection, si les fragments ont perforé les parties molles et que leur réduction soit matériellement impossible ou contre-indiquée par une disposition quelconque. Même en supposant les téguments intacts, on devra entreprendre une résection, si l'extrémité anguleuse de l'un des fragments a pénétré dans un muscle, un vaisseau ou quelque organe important et y produit des accidents. Ce principe est admis depuis longtemps pour le cerveau, mais il devrait aussi être appliqué aux organes de la poitrine et du bassin.

Pendant mon séjour à Paris, j'ai vu mourir à la clinique de M. Nélaton un individu qui aurait peut-être été sauvé par une résection.

Un homme robuste fit une chute d'une certaine hauteur sur le périnée. Il sentit un craquement dans le bassin, mais put se relever et marcher jusqu'à une maison voisine. Du sang s'écoula par l'urèthre. Au bout de quatre semaines, il se fit admettre dans le service de M. Nélaton pour des difficultés dans la miction. Ce clinicien distingué reconnut une fracture de la branche descendante du pubis : le fragment supérieur proéminait en avant dans les parties molles, l'inférieur comprimait l'urètre. Néanmoins il ne jugea pas à propos de pratiquer une résection, mais il fit la ponction de la vessie au-dessus de la symphyse, ce qui amena une péritonite mortelle. En réséquant les deux fragments et y joignant une uréthrotomie externe, on aurait peut-être obtenu une terminaison favorable [1].

Ces résections sont contre-indiquées par l'extension de la fracture au delà des extrémités articulaires, par la destruction des parties molles, par la lésion d'un vaisseau ou nerf principal, enfin par un commencement de gangrène ou de tétanos.

Ce genre de résection est en usage depuis la plus haute antiquité. Hippocrate, Galien, Celse l'ont préconisé; Paré l'a rappelé de l'oubli et les chirurgiens les plus distingués des temps modernes ont continué à le mettre en pratique.

Pour mettre l'opéré dans les meilleures conditions, il faut faire la résection dans les premières heures qui suivent le traumatisme, ou la différer jusqu'à la disparition des symptômes inflammatoires.

Les résultats de ces opérations sont favorables si on les compare aux amputations, surtout si l'on considère qu'en cas de succès ce n'est

[1] Osc. Heyfelder, *Ueber falsche Wege.* Breslau 1854.

pas seulement la vie, mais encore le membre qui est conservé. Par contre, les résections dans la continuité donnent de moins beaux résultats que celles dans la contiguité.

Sur 127 opérés[1], nous trouvons 80 guérisons et succès, et 47 insuccès, soit que les malades aient succombé, qu'on ait été obligé de les amputer consécutivement ou qu'il leur soit resté une pseudarthrose. Le nombre des morts n'est du reste que de 37.

Les succès sont donc aux insuccès dans le rapport de 80 : 47, ou à peu près de 2 : 1, et les cas de guérison à ceux de mort comme 89 : 37 ou comme 5 : 2.

Les résultats les plus favorables ont été obtenus dans les résections du cubitus (8 succès sur 8 cas), de la mâchoire inférieure (3 succès sur 3 cas), du péroné (3 succès sur 4 cas), du radius (4 succès sur 6 cas). Les résections des deux os de l'avant-bras sont trop peu nombreuses pour pouvoir être comptées. Suivent ensuite les résections de l'humérus (25 succès sur 36 cas), du tibia (22 succès sur 39 cas), des deux os de la jambe (3 succès sur 6 cas), du fémur (4 succès sur 7 cas).

Les conséquences fâcheuses de l'opération sont :

1º Le *raccourcissement*, si l'on est obligé d'emporter une portion d'os trop considérable. Il n'a d'importance réelle qu'au membre inférieur, et on le prévient en partie par une position convenable dès le début, et une extension modérée un peu plus tard.

2º Le *développement d'une pseudarthrose*. Celle-ci n'est bien sérieuse qu'aux os qui sont le soutien principal d'un membre ; par exemple au fémur et à l'humérus ; elle l'est déjà moins au tibia, qui est maintenu en partie par le péroné. Au radius, au cubitus, au péroné, aux métacarpiens, une pseudarthrose est presque sans conséquence. On la traite du reste d'après les règles connues.

3º La *nécrose des extrémités réséquées*. C'est un phénomène très-fréquent qui allonge la convalescence.

Elle est le résultat soit des désordres qui ont accompagné le traumatisme, soit de l'état général du malade, soit quelquefois de la

<hr>

[1] Pour les détails voyez la partie spéciale de cet ouvrage, voyez aussi M. Jæger dans le dictionn. de Rust, *loc. cit.* et Schiller, *Disserlat.* Würzbg. 1855.

manipulation trop rude de l'opérateur. Plus on met de soin à sectionner les os, à nettoyer la plaie, à empêcher le contact de l'air, et moins ce résultat est à craindre.

Le procédé opératoire est très-simple: on élargit la plaie existante, au besoin on fait une incision longitudinale. Si les fragments proéminent en dehors de la peau, on les coupe avec une scie ordinaire; dans le cas contraire, on emploie la scie à chaîne ou l'ostéotome. Toutes les parties dépouillées de périoste doivent être enlevées et les esquilles coupées avec des pinces incisives. Autant que possible on ménage le périoste pour avoir plus de chances de régénération.

Les *résections pour des fractures non consolidées ou mal consolidées* sont indiquées : *a*) par la carie des fragments; *b*) par la formation d'une pseudarthrose; *c*) par un cal exubérant; *d*) par le chevauchement, et *e*) par le déplacement angulaire des fragments.

Dans les deux premiers cas, il s'agit de transformer l'extrémité des fragments en des surfaces osseuses fraîches et propres à la réunion. Pour cela il suffit ordinairement d'enlever une couche assez mince. La résection pour carie est sujette aux mêmes considérations que la carie en général.

La résection dans les cas de *pseudarthrose* a été faite d'abord par White et depuis par une série de chirurgiens : 1 fois au maxillaire inférieur (par Dupuytren [1]) avec succès, 16 fois à l'humérus avec 9 succès, 10 fois à l'avant-bras avec 6 succès et 1 résultat incomplet, 18 fois au fémur avec 10 succès et 8 insuccès, 11 fois à la jambe avec 10 succès. En somme 56 opérations, suivies de 36 guérisons complètes, 6 morts, 3 amputations consécutives, 11 résultats nuls ou incomplets. L'opération à la suite de pseudarthrose donne donc une mortalité bien moindre que celle à la suite de fracture récente, puisque dans le premier cas elle est comme 56 : 6 ou 9 : 1, et dans le second comme 5 : 2.

Les guérisons complètes sont, par contre, proportionnellement moins nombreuses, puisqu'elles sont aux insuccès comme 36 : 20, ou comme 3 : 2, tandis que pour les fractures récentes la proportion est de 2 : 1.

[1] *Dictionn. des sciences méd.*, vol. XLV.

La résection à la suite de pseudarthrose n'est pas sans danger ; il n'est donc permis de l'entreprendre que si les fonctions du membre sont grandement gênées ou complétement supprimées et si un autre traitement ne suffit pas pour y remédier.

Le procédé opératoire est le suivant : après avoir mis l'os à découvert, on coupe les liens fibreux et l'on fait saillir l'un des fragments hors la plaie. Il est alors facile de le couper à la hauteur voulue, en enlevant avec soin les parties fibreuses. On procède de même pour le second fragment, quoique à la rigueur on pût s'en passer, à l'imitation de White et de Dupuytren. En tout cas, on fera bien de scarifier au moins la surface articulaire.

Une modification assez importante indiquée par M. Jordan a été préconisée par M. Nélaton[1] et nommée par lui *autoplastie périostique*. M. Jordan et M. Nélaton l'ont exécutée plusieurs fois avec succès, et M. J. F. Heyfelder[2] une fois sans succès. Elle consiste à pénétrer jusqu'à l'os au moyen de deux incisions parallèles, comprenant le périoste, à séparer ce dernier dans l'étendue nécessaire avec le manche du scalpel, puis à sectionner l'os avec la scie à chaîne.

Une *consolidation vicieuse* donne lieu à la résection, soit parce que le cal est exubérant et difforme au point d'abolir les fonctions d'un membre, soit parce qu'il y a un chevauchement assez considérable qu'on ne peut pallier par aucun moyen orthopédique. Cette dernière indication est rare et ne s'applique naturellement qu'au membre inférieur. Il est plus fréquent d'avoir à remédier à un déplacement angulaire, qui, en sus de la difformité, produit encore une gêne fonctionnelle.

Ce genre de résection dans la continuité a été fait presque exclusivement au membre inférieur, à savoir 30 fois sur 31 opérations. Le pronostic en est favorable, puisque, sur 31 cas, on n'a eu à regretter qu'une mort et 1 insuccès.

Déjà Paul d'Égine et Albucasis ont enseigné de sectionner le cal vicieux avec le couteau et la scie. Au commencement du seizième

[1] *Gaz. hôpit.*, 1855, 7 juin. — [2] *Deutsche Klinik*, 1856, p. 396.

siècle, Ignace de Loyola fut opéré par cette méthode, mais sans succès. Wasserfuhr [1] l'exécuta en 1816 au moyen d'une scie ordinaire, en laissant subsister un pont osseux, qu'il brisa ensuite pour redresser le membre.

Riecke [2] indiqua en 1826 un nouveau procédé, qui consiste à séparer le cal pour rendre libre les deux fragments, puis à réséquer ces derniers isolément. Il fit cette opération sur une cuisse offrant un raccourcissement de plus de 10 centimètres et obtint un bon résultat.

En 1834, M. Clémot [3] fit faire un grand progrès à cette opération, en introduisant la *résection cunéiforme* de l'os. Portal employa le même procédé.

M. A. Meyer [4], de Würzbourg, a fait depuis 1839 une série d'opérations de ce genre, leur a donné le nom d'*ostéotomies* et a indiqué les quatre variétés suivantes :

1º L'ostéotomie transversale (pl. VI, fig. 1) ;

2º L'oblique (fig. 2) ;

3º La demi-circulaire (fig. 3) ;

4º La cunéiforme, qu'il sous-divise en partielle (fig. 4) et totale (fig. 5), selon que le coin est pris dans toute l'épaisseur de l'os, ou seulement dans une partie. Il fait la section des os avec l'ostéotome ou avec la scie ordinaire.

M. Langenbeck [5] a établi la méthode de l'ostéotomie sous-cutanée, quoique M. Meyer ait déjà fait antérieurement trois opérations sous-cutanées. MM. Langenbeck et Ross ont employé cette méthode plusieurs fois avec succès. M. Langenbeck fait une ou deux incisions longitudinales, à travers lesquelles il excise un coin de l'os avec sa scie étroite ; il laisse subsister un pont osseux qu'il brise plus tard. Dans certains cas, il perfore préalablement l'os avec un foret, pour introduire sa scie dans le canal.

Dans les cas de déplacements angulaires, la base du coin osseux qu'on excise doit correspondre au sommet de l'angle formé par les

[1] Jæger, *loc. cit.* — [2] Oesterlen, *Ueber das künstl. Wiedererbrechen*, etc., p. 138. — [3] *Gaz. méd. de Paris*, 1836, p. 347. — [4] *Deutsche Klinik*, 1856, nos 11, 13, 16, 19. [5] *Deutsche Klinik*, 1854, nº 30.

fragments. Elle sera d'autant plus large que l'angle est plus aigu. En ménageant avec la scie un pont osseux, qu'on fracture un peu plus tard, on évite la lésion des parties molles et, en conservant la continuité du périoste dans une certaine étendue, l'on assure le maintien des fragments et la réunion par première intention. Après l'enlèvement du coin, le fragment inférieur reprend par la coaptation une direction rectiligne avec le fragment supérieur.

Quand on opère sur une section de membre à deux os parallèles, il suffit ordinairement d'exciser un coin sur l'os le plus volumineux ou le plus fortement incurvé, sauf à faire une section simple sur le second. Cette seconde section se fait à une hauteur différente de la première pour éviter les synostoses.

M. Meyer conseille de seringuer fortement la plaie pour enlever tous les débris de sciure, puis de la fermer avec des sutures et une couche de collodion et de mettre le membre dans un appareil inamovible pour obtenir une réunion immédiate des os et des parties molles. Sur 20 opérations [1], il l'a obtenue 10 fois.

Le traitement consécutif consistera à coucher le malade dans une position convenable, sur un lit à fracture et à maintenir le repos le plus absolu du membre.

Les résultats de l'opération sont extrêmement favorables. Sur 33 opérés, il n'en est mort que 2 ; 3 n'obtinrent qu'une amélioration partielle ; tous les autres furent guéris radicalement. De ces opérations, 1 porta sur l'humérus, 9 portèrent sur le fémur, 15 sur le tibia, 2 sur le péroné seul, 6 sur les deux os de la jambe à la fois.

CHAPITRE X.

RÉSECTIONS ARTICULAIRES OU DANS LA CONTIGUITÉ.

(GELENKRESECTION, RESECTIO ARTICULORUM, AMPUTATIO APOPHYSIUM, EXCISION OF JOINTS.)

Les résections articulaires totales ou partielles ne sont que des degrés l'une de l'autre ; elles ont des indications semblables. Dans

[1] *Verhandl. der phys. medic. Gesellsch. in Würzb.*, vol. IX, p. 108.

la première, on enlève toutes les surfaces articulaires; dans la seconde, on en laisse une partie, qui n'est pas atteinte par la maladie. La forme la plus ordinaire de résection partielle est celle qui
consiste à décapiter une tête osseuse, sans toucher à la cavité glénoïde correspondante.

Historique. Nous sommes tellement habitués à considérer les résections comme une conquête des temps modernes, que nous appre-
nons avec étonnement que les anciens les connaissaient déjà et
qu'en tout cas ils faisaient l'ablation des extrémités articulaires
luxées, proéminant hors d'une plaie. Hippocrate dit dans son *Traité
de articulis*, LXXIX : « Quæcumque vero circa articulos digitorum
«penitus resecantur, ea plerumque innoxia sunt, si non quis in
«ipsa vulneratione ex animi deliquio lædatur. Et curatio vulgaris
«talibus ulceribus sufficit. Sed et quæ non circa articulos, sed
«juxta aliam quandam ossium rectitudinem resecentur, et hæc
«innoxia sunt et adhuc aliis curatu faciliora. Et quæ juxta digitos
«ossa fracta eminent non ad articulum, et hæc si reponenda innoxia
«sunt. At resectiones ossium perfectæ circa articulos, et in pede et
«in manu et in tibia ad malleolos et in cubitu ad juncturam manus,
«plerisque quibus resecantur, innoxiæ sunt, si non statim animi
«deliquium evertat, aut quarta die febris continua accedat. »

Celse va plus loin, il trouve dans les luxations compliquées une
indication aux résections; Paul d'Égine y ajoute même les maladies
organiques des extrémités articulaires.

Paré, Boucher, Thomas (1740) ont fait également des tentatives
de conserver des membres par une résection; mais c'est White qui,
en 1768, par sa fameuse décapitation de l'humérus, fit la première
opération méthodique de ce genre avec un succès complet.

Bent, Orred, et surtout Park, en Angleterre, Lentin et Gœrke en
Allemagne; Moreau et Percy en France, ont imité cette opération,
l'ont étendue à d'autres articulations et l'ont défendue en paroles
et dans leurs écrits. Les deux Moreau et Roux ont plaidé cette
cause devant l'Académie; les chirurgiens français les plus illustres,
tels que Dupuytren, Delpech, ont fait quelques résections; Larrey, Percy, Champion les ont même appliquées sur le champ

de bataille ; ils ne parvinrent cependant pas à les faire accepter par la pratique générale et l'Académie y resta presque indifférente. Ce n'est que dans ces derniers temps qu'elles furent définitivement répandues dans l'enseignement et la pratique, principalement par les efforts de MM. Chassaignac, Maisonneuve, Nélaton et Malgaigne [1]. Ce dernier surtout les a préconisées dans ses cours de médecine opératoire.

En Angleterre, malgré l'exemple de White et les écrits de Jeffray, Crampton et de M. Syme (1827 et 1831), la pratique des résections articulaires tomba complétement en désuétude. Si bien que les auteurs anglais modernes, MM. Butcher, Smith, Jones en particulier, datent l'ère de la rénovation de M. Fergusson et de l'an 1850. Ils oublient qu'à l'époque où l'on avait presque oublié ces opérations en France et en Angleterre, on n'a pas cessé de les cultiver avec soin en Allemagne. Les tableaux annexés à nos différents chapitres montrent que de 1830 à 1850, les résections articulaires ont été faites presque exclusivement par des chirurgiens allemands.

Après Lentin, Gœrke, Palm et Græfe, qui ont contribué à les répandre à la fin du siècle dernier et au commencement de celui-ci, il faut citer dans la période suivante les noms de Jæger et Textor père, et puis ceux de Fricke, Heine, de MM. J. F. Heyfelder, Ried, Langenbeck, A. Meyer, Stromeyer, Textor fils, Esmarch.

Textor père est certainement le chirurgien qui a fait les résections les plus nombreuses et les plus variées ; il obtint en général de bons succès. Jæger et Ried ont le mérite d'avoir publié des traités complets sur la matière. M. J. F. Heyfelder, par son exemple et ses écrits, a contribué à les répandre en Allemagne et en Russie. MM. Stromeyer et Langenbeck les ont appliquées un grand nombre de fois sur le champ de bataille et ce dernier y a introduit des innovations importantes.

Le Hollandais Mulder a été l'un des premiers à préconiser les résections et à faire des expériences à ce sujet. En Italie nous trouvons MM. Regnoli et Larghi ; en Amérique MM. Mott, Rhea Barton,

[1] A ces noms il faut ajouter pour être équitable, ceux de Baudens et de M. Sédillot. (*Note du traduct.*)

Sayre et Louis Bauer, et d'autres qui se sont occupés avec distinction de la matière.

Indications. Elles sont fournies soit par une maladie organique, soit par une lésion traumatique.

Sous le premier chef, nous rangerons : 1° l'*inflammation de l'article*, avec destruction de ses parties constituantes ; 2° la *carie* d'une ou de plusieurs extrémités articulaires ; 3° une *nécrose* qui atteint la jointure ; 4° des *néoplasmes* de la jointure ; 5° l'*ankylose.*

Les traumatismes indiquant la résection sont : 1° les *luxations compliquées* de plaie et d'issue des extrémités articulaires ; 2° les *luxations irréductibles* occasionnant une gêne considérable des fonctions ; 3° les *fractures articulaires* compliquées de plaie, ou de broiement des os ; 4° les *corps étrangers* enclavés dans les extrémités articulaires et qui ne peuvent être ni extraits ni abandonnés [1] ; 5° les *plaies articulaires* qui offrent des conditions particulièrement mauvaises.

Si les parties molles sont détruites dans une grande étendue, de façon à ne plus pouvoir recouvrir les extrémités réséquées, ou si les vaisseaux ou nerfs principaux d'un membre sont lésés, on n'aura plus recours à une résection, mais à une amputation ou désarticulation. C'est pour cette raison qu'on a fait si peu de résections dans les campagnes de Crimée et de la Baltique ; les délabrements énormes des gros projectiles de l'artillerie ont singulièrement rétréci le champ de cette opération.

L'extension de la lésion en elle-même est également une contre-indication aux résections, lorsque la portion d'os qu'il faudrait enlever est tellement considérable qu'on ne pourrait plus espérer la conservation des fonctions du membre. Il est du reste difficile de donner des indications précises à cet égard ; au membre supérieur, par exemple, on peut faire des résections très-étendues sans abolir les fonctions de la main ; à l'extrémité inférieure on compense des pertes de substance de 6 et même de 8 centimètres par l'emploi de moyens prothétiques convenables et d'une extension graduée.

---

[1] Simon (*Ueber Schussverletz.* Giessen 1851), Wernher et d'autres citent des exemples de balles qui sont restées enclavées pendant de longues années dans des extrémités osseuses sans occasionner d'accidents.

Une arthrite chronique avec induration des parties molles, gonflement des os, rugosités des cartilages et vives douleurs, indique la résection même en l'absence de fistules ou de luxations spontanées, si toutefois l'on prévoit qu'un autre mode de traitement serait ou inutile ou fort long. En agissant de cette façon, on sauve souvent la vie ou le membre et l'on fait cesser presque instantanément la douleur; mais on reste toujours dans le doute, si un traitement convenable, sans opération, n'aurait pas conduit au même résultat dans un peu plus de temps. La résection de certaines articulations est peu dangereuse et laisse le membre dans un meilleur état qu'une arthrite traitée par les moyens médicaux; dans ces cas on se décidera plus facilement à l'opération. Cela est vrai pour les jointures de l'extrémité supérieure et pour le coude-pied, moins pour la hanche, moins encore pour le genou.

Du reste la détermination dépend plus encore de l'examen consciencieux de chaque cas individuel et de la manière de voir du chirurgien, que des règles générales que nous pourrions donner ici.

La *carie*, suite de traumatisme, donne un meilleur pronostic que celle née sous l'influence d'une diathèse scrofuleuse ou tuberculeuse. Mais ces dernières ne sont nullement une contre-indication aux résections, et l'on[1] a souvent opéré dans ces conditions avec des résultats assez satisfaisants. Sans doute il y aura plus de chances de récidive, mais on cherchera à les prévenir par un traitement général convenable.

La *nécrose* n'exige guère une résection articulaire; elle réclame plutôt une décapitation de l'épiphyse avec résection de la diaphyse, ou la résection totale de l'os.

Les *néoplasmes* se développent rarement de telle façon qu'on puisse songer à une résection articulaire.

La *fausse ankylose* n'est jamais traitée par la résection, la *vraie* rarement, et seulement dans les cas où il s'agit de rétablir les mouvements d'un membre ou de rectifier une position vicieuse. Pour rétablir les mouvements, on peut se contenter quelquefois d'une

---

[1] Voy. Butcher, *loc. cit.*, et *Med. Times*, Fébr: 1857 etc.

simple ostéotomie, ce qui ne constitue en réalité qu'une section, mais non une résection. S'il s'agit en même temps de rectifier la position, il faut exciser un morceau cunéiforme. Quelquefois ce coin n'est pas pris dans l'articulation ankylosée elle-même, mais un peu plus loin; par exemple lorsqu'on excise un morceau du grand trochanter pour une ankylose de la hanche, ou un morceau du corps de la mâchoire inférieure pour une ankylose de cet os. Une semblable opération n'est plus une résection articulaire.

Les *luxations compliquées* de plaies et d'issue des têtes articulaires indiquent la résection, si la réduction est impossible sans violence, ou si la tête a été exposée longtemps à l'air, ou qu'elle soit altérée. La réduction doit toujours être préférée à la résection, et cette dernière à l'amputation.

Ces propositions ne sont pas encore généralement admises et ont besoin de démonstration. MM. Nélaton[1] et Schintzinger[2] pensent qu'une extrémité articulaire qui dépasse la plaie d'une quantité considérable, de plusieurs centimètres par exemple, doit être réséquée. On peut leur opposer des cas assez nombreux de réduction, qui ont été suivis de guérison dans ces conditions.

M. Curling[3] a vu un malade, atteint de luxation compliquée du coude, chez lequel l'humérus proéminait de 7 centimètres hors la plaie. Réduction. Exfoliation d'un petit séquestre. Guérison avec une mobilité très-restreinte.

Thomas Bryant[4] a rendu compte de trois cas semblables, dont deux concernent le coude et le troisième le coude-pied.

Dans la réduction des extrémités articulaires luxées et herniées, il ne faut jamais employer de violence, mais plutôt débrider la plaie, ou couper, par la méthode sous-cutanée, les tendons qui font obstacle au muscle.

Après quelque temps de durée, la luxation est ordinairement très-difficile à réduire par suite du gonflement des parties molles, et la résection en est d'autant plus indiquée. Des lésions de la tête luxée, telles que fractures, fissures etc., la réclament aussi. Par

---

[1] *Élém. de pathol. chirurg.*, vol. II, p. 303. — [2] *Dic complic. Luxationen* — [3] *Med. Times*, July 1856. — [4] *Med. Times*, Nov. 1858.

contre, des complications sur un autre point du corps, quelque graves qu'elles soient, n'empêchent pas le succès de la réduction.

L'exemple suivant de Butcher [1] en est une preuve. Une jeune fille de dix-neuf ans tombe d'un quatrième étage et se fait une luxation de la main droite; le radius fait saillie à travers une large plaie. En même temps il y a, un peu plus haut, fracture des deux os de l'avant-bras, plaie de tête et fracture compliquée de la cuisse. Réduction, traitement expectant et guérison de toutes ces graves lésions en trois mois, avec conservation de presque tous les mouvements de la main.

Pour certaines jointures, les réductions de luxations compliquées sont plus dangereuses que les résections. Tel est le cas pour les articulations des doigts et des orteils, où les réductions ont été si souvent suivies de tétanos et d'autres accidents graves, qu'Abernethy avait posé en principe qu'il fallait tout de suite amputer; nous dirons qu'il faut réséquer.

Par contre, au genou, où la résection offre des dangers sérieux, on fera plus de tentatives de conservation. Un cas de Parker montre ce qu'on peut attendre des efforts de la nature dans ces circonstances.

Un garçon de quinze ans est renversé par une voiture, dont la roue lui produit une luxation du genou, avec déchirure des ligaments croisés et large plaie cutanée. On réduit et l'on applique un appareil à fracture, en employant un traitement antiphlogistique énergique. L'enfant guérit après différents accidents; le membre jouit de mouvements très-incomplets, mais supporte parfaitement la fatigue du travail.

Dans presque tous les cas de luxations où il faut en venir à la résection, la décapitation de l'une des extrémités articulaires suffit. Le genou fait exception, parce que la résection totale donne des guérisons plus faciles.

Aux luxations compliquées viennent se joindre les luxations avec *fracture*. Elles nécessitent des résections, quand elles sont compliquées de plaie, avec issue des fragments, et broiement de ces derniers. Cependant, si la plaie est nette, de moyenne étendue, et la fracture articulaire simple, elle peut être guérie sans opération. Il en existe de

[1] *Dublin Journ. of med. sciences*, 1854, vol. XVII, p. 20.

nombreux exemples ; je ne citerai que le suivant que j'ai observé à Erlangen [1] :

Un étudiant robuste, âgé de vingt ans, se fracture les deux malléoles comminutivement et supporte un transport en voiture de deux heures. Le membre enfle prodigieusement ; il se produit une plaque gangréneuse, qui laisse une plaie communiquant avec l'articulation et avec le foyer de la fracture. Après des accidents phlegmoneux très-graves et l'élimination de plusieurs séquestres, le malade finit par guérir avec un pied presque ankylosé, mais très-utile néanmoins.

Plusieurs fois, pendant le traitement, on songea à la résection, mais les accidents qui existaient alors empêchèrent d'y recourir. La question de l'amputation fut même posée ; l'âge et les forces du malade nous permirent de la repousser.

C'est ainsi que la constitution du malade, l'état de la jointure, les causes de la fracture et même les moyens de pansement qui sont à notre disposition, doivent entrer dans la balance et décider s'il faut ou non recourir à une résection. Sur le champ de bataille [2] il faut souvent renoncer à conserver des membres et se résigner à faire des amputations, parce qu'on prévoit le manque d'appareils et de soins consécutifs.

Opération. Les incisions des parties molles sont soumises aux règles générales ; on y comprend autant que possible les plaies existantes. Autrefois on employait des incisions multiples ; avec les progrès qu'on a fait faire aux instruments et aux procédés, on en est venu à préférer la simple incision longitudinale, d'après l'exemple de MM. Langenbeck et Chassaignac. Cette incision se fait au côté externe de l'article, soit un peu en avant ou un peu en arrière ; elle est assez longue pour dépasser les parties à enlever. Au besoin on y ajoute une seconde incision parallèle de l'autre côté du membre, ou quelque incision transversale. Les muscles et les tendons qui ne peuvent être réclinés, sont coupés ou séparés de leurs insertions ; les parties molles en général sont détachées des os ; puis on coupe les ligaments et l'on ouvre la jointure en la rendant accessible par des positions variées imprimées au membre. On luxe les extrémités osseuses, on récline et protége les parties molles par l'emploi de compresses, de crochets mousses, de plaques de cuir

---

[1] *Prager Vierteljahressch.*, vol. XXXI, p. 21. — [2] Mac Leod, *Notes on surgery of the war*, London 1858.

ou de carton, et il ne reste plus qu'à scier les os. A la hanche et à la mâchoire inférieure, on sectionne d'abord les os dans la continuité avant de les désarticuler. En cas d'ankylose, cette manière d'agir offre aussi plus de facilité.

La longueur d'os à emporter dépend de l'étendue de l'affection morbide ; mais il faut aussi tenir compte des fonctions subséquentes du membre. Nous avons déjà dit que sous ce rapport l'extrémité supérieure supporte des raccourcissements beaucoup plus considérables que l'extrémité inférieure. Si l'on voit que pour enlever toutes les parties morbides il faut faire une résection d'une telle étendue que le membre ne serait plus d'aucun usage, on pratiquera de préférence une amputation ou une désarticulation. Du reste la section de l'os peut porter sans inconvénient sur des parties congestionnées ou enflammées ; on n'enlève que le tissu tout à fait ramolli ou carié. En cas de luxation ou de fracture compliquée, on peut aussi laisser une portion d'os traversée par une fissure, ou dépouillée de périoste dans une petite étendue. Si la surface de section de la scie présente encore quelque point malade, on l'évide simplement avec la gouge ou l'on enlève une nouvelle lamelle d'os.

La section de l'os se fait avec une scie ordinaire ou une scie à couteau, si l'extrémité osseuse peut se luxer complétement. Dans le cas contraire, on emploie la scie à chaîne ou les pinces incisives, si les os sont peu résistants. La scie à chaîne est aussi très-utile quand il s'agit de couper l'os dans la continuité avant de le désarticuler.

L'opération terminée, il s'agit de donner au membre une position convenable et de coapter les surfaces de section de l'os. A ce moment on rencontre quelquefois des difficultés considérables, qui tiennent soit à la mauvaise direction de la section de l'os, soit à des contractures musculaires et à des brides fibreuses ; on y remédie avec la scie ou le ténotome. La contraction spasmodique des fléchisseurs se voit assez souvent après la section des extenseurs, et empêche de donner au membre la position voulue. On la combat par l'anesthésie chloroformique ou par une dose d'opium. Dans ce dernier cas, il faut attendre pour le pansement que le remède ait produit son effet.

On cherche toujours à obtenir une réunion par première intention de la plus grande partie de la plaie cutanée. Par là les os ont un soutien, la lésion devient presque sous-cutanée et les cicatrices sont moins fortes et moins gênantes. Il faut laisser quelques ouvertures déclives pour l'écoulement du pus, sinon on risque une inflammation très-vive et la gangrène. On a cependant vu chez quelques malades la plaie guérir complétement et définitivement par première intention. La réunion s'obtient par des sutures enchevillées, entrecoupées ou à fils métalliques. Ces dernières ont l'avantage de pouvoir rester en place huit jours et plus, de sorte qu'on n'a pas à déranger le membre pendant les premiers temps pour les enlever. En fait de pansement, on emploie le bain tiède continu, d'après MM. Langenbeck et Fock, ou de simples irrigations tièdes, ou bien l'on couvre la plaie d'un linge cératé et d'un peu de charpie ou d'ouate.

Un des points les plus importants du traitement consiste à bien poser le membre, à le fixer et à lui imprimer des mouvements en temps opportun. Selon qu'on veut obtenir une soudure osseuse ou une pseudarthrose, on se comportera différemment; les détails nécessaires à cet égard se trouveront dans la partie spéciale.

En général le membre opéré doit être assujetti par des bandes et des attelles et couché de telle façon que le pansement en soit facile sans dérangement. Plus l'immobilité sera absolue pendant les premiers temps et plus la convalescence sera prompte. On l'obtient au moyen d'attelles, d'appareils à suspension ou d'appareils inamovibles qu'on a soin de fenêtrer le quatrième ou cinquième jour pour pouvoir panser la plaie. Quand l'inflammation est dissipée et qu'une certaine consolidation a commencé à se faire, ce que le malade reconnaît par lui-même, on commence à imprimer quelques mouvements passifs bien doux et peu étendus, en augmentant petit à petit leur importance. Si la consolidation était déjà trop avancée, on aurait recours à une flexion ou une extension forcée. Quant à une ankylose osseuse, on ne la recherche guère qu'au genou et on l'obtient par une immobilité prolongée.

Je suis d'accord avec MM. Langenbeck et Wilms pour reconnaître la grande utilité du bain tiède continu dans les cas de résection. Le bain rend la guérison plus rapide, préserve de la pyoèmie et maintient la propreté de la plaie sans aucune peine. Il diminue, de plus la douleur et est agréable au malade. Il s'emploie, comme on sait, de la façon suivante : la partie du matelas correspondante à l'extrémité malade est enlevée et remplacée par une caisse en métal. Le membre y est couché commodément sur des sangles et son immobilité est assurée par un appareil inaltérable dans l'eau. On remplit ensuite le tout d'eau tiède, qui se renouvelle aussi souvent que la propreté l'exige. Le bain tiède ne peut être employé ni à la hanche ni à l'épaule ; mais je l'ai vu appliquer au genou, à la clinique de M. Langenbeck.

Addition du traducteur. Les bandages appliqués aux membres réséqués doivent remplir deux conditions difficiles à réunir : d'une part l'immobilité complète des parties, de l'autre le facile accès de la plaie pour les pansements et les soins de propreté. A mon avis, ces conditions s'obtiennent le mieux par des appareils variant selon les articulations, mais se composant essentiellement de deux gouttières, qui embrassent chaque section de membre et qui sont réunies par une ou deux tiges en métal articulées au niveau de la jointure. De cette façon on a de l'espace pour panser la plaie. Telle est la disposition de l'appareil de Billroth pour les résections du genou, et d'un autre que j'ai employé pour la résection du coude-pied (voy. les articles correspondants de la deuxième partie de cet ouvrage). Si, par une raison ou une autre, on ne peut se procurer d'appareils de ce genre, on les remplace le mieux par un appareil inamovible fenêtré.

M. Langenbeck se sert dans ce but de bandages plâtrés. Pour y joindre les avantages du bain continu, il a cherché à rendre ses *appareils en même temps inamovibles et imperméables*. Après beaucoup d'essais dans ce genre, son chef de clinique, M. Mitscherlich [1], a fini par réussir au moyen d'une solution de résine de dammar dans de l'éther, dans les proportions de 1 sur 5 grammes. On commence par appliquer le bandage plâtré comme à l'ordinaire. Au bout de vingt-quatre heures, quand il est sec, on y pratique une fenêtre et on l'imbibe de la solution de résine au moyen d'un pinceau. Au bout de deux heures déjà, on peut plonger tout l'appareil dans l'eau et l'y laisser pendant huit à quinze jours sans crainte de le voir se ramollir. A la clinique de Berlin il a été traité plus de douze résections tant du coude que de la hanche et du genou par l'emploi

----

[1] *Archiv f. klinische Chirurg.*, 1862, vol. II, p. 585.

combiné de ces appareils et du bain continu, ainsi que plusieurs fractures compliquées, et de fort beaux résultats en ont été retirés.

Le *résultat* des résections articulaires est à considérer au point de vue de la vie du malade et des usages du membre. Sous le premier rapport, ces opérations sont moins dangereuses que les amputations ou désarticulations correspondantes, comme nous le prouverons plus tard à propos de chaque articulation. Le danger est moindre dans les résections qui se font loin du tronc que dans celles qui en sont rapprochées, dans celles des extrémités supérieures que dans celles des inférieures. Les causes de la mort sont la suppuration prolongée, la pyoèmie, rarement la gangrène, plus rarement encore des hémorrhagies secondaires. Quelquefois il survient une récidive du mal local, de la carie ou du cancer par exemple, ou bien le malade meurt par généralisation de la dyscrasie cancéreuse ou tuberculeuse.

Sous le rapport des usages du membre, le résultat est parfait, imparfait, ou nul. Il est parfait quand les nouvelles jointures, à l'exception du genou, ont repris tous les mouvements des anciennes. La pseudarthrose se forme d'après le même mécanisme que dans les fractures ou les luxations non réduites : les extrémités osseuses s'arrondissent, prennent du poli, se moulent les unes sur les autres et sont maintenues par des cordes fibreuses, inodulaires, plus ou moins serrées. Une inflammation trop vive laisse une mobilité moindre.

Les résections partielles, à l'exception de la décapitation de l'humérus et du fémur, sont ordinairement suivies d'une inflammation plus considérable et d'une mobilité moindre que les résections totales.

Quand l'ankylose est le but du traitement, on l'obtient par fusion des deux extrémités osseuses avec production de cal comme dans les fractures, ou par la formation de ponts osseux qui vont de l'un des fragments à l'autre. Quelquefois l'ankylose est fausse et il n'y a que des liens fibreux très-puissants et très-serrés.

La mobilité réduite de la jointure réséquée est compensée par une mobilité plus considérable dans les articulations voisines. C'est ainsi que le manque de mouvements de l'épaule est suppléé par les

mouvements de l'omoplate en totalité ; la raideur de la hanche par
la mobilité de la colonne lombaire.

Du reste l'usage du membre ne dépend pas seulement de sa mobilité, mais aussi de sa position et du degré de raccourcissement
produit. Pour chaque articulation, il y a une certaine position qui
est plus favorable que d'autres en cas d'ankylose. Pour les extrémités
supérieures, c'est en général la position moyenne entre la flexion
et l'extension, pour les inférieures l'extension complète. Si le résultat doit être considéré comme favorable, il faut que le raccourcissement du membre inférieur ne dépasse pas un certain degré,
qui peut être corrigé facilement par des appareils prothétiques. Il
faut d'ailleurs se rappeler que chez les jeunes sujets l'excision d'une
épiphyse empêche ou retarde la croissance du membre. Cet inconvénient s'observe surtout chez les sujets faibles, qui ont eu à passer
par une longue convalescence et n'ont recouvré qu'incomplétement
les usages du membre. On le prévient par un exercice régulier et
soutenu, s'il est possible. Jones, Makenzie, Sayre rapportent des
exemples de résection du genou sur des enfants, sans arrêt de développement consécutif. Par contre, MM. J. F. Heyfelder, Fricke et
d'autres ont vu survenir cet accident, qui est du reste à prévoir
d'après les expériences sur les animaux.

La guérison est entravée soit par une *récidive locale de la carie*:
dans ces cas on peut faire une seconde résection[1], à moins que
l'étendue du mal n'exige un traitement plus radical ; ou bien il survient une *nécrose* des extrémités osseuses. Si elle est bornée à quelques points de la surface de section, elle est de peu d'importance;
sinon, l'élimination du séquestre retarde de beaucoup la convalescence.

Enfin, la *formation de masses cicatricielles* irrégulières annihile
le résultat, en gênant les mouvements ou en comprimant quelque
nerf important, qui donne lieu à des douleurs intolérables. Peut-
être que l'excision du nerf au-dessus de la cicatrice pourrait remé-

---

[1] Erichson (*Science and art of surgery*, London 1861, p. 704) a fait avec un succès
complet une troisième résection d'un coude que deux autres chirurgiens avaient déjà
opéré,   (NOTE DU TRADUCT,).

dier à cet accident, qui n'arrive du reste qu'à la suite d'une inflammation et d'une suppuration exagérées.

L'amputation ou la désarticulation deviennent nécessaires à la suite de résections : 1º pour cause de gangrène ; 2º de récidive très-étendue ; 3º d'impotence absolue du membre ; 4º de compression douloureuse d'un nerf par la cicatrice.

DEUXIÈME PARTIE.

Des Résections en particulier.

A. Résections des os des membres.

CHAPITRE XI.

RÉSECTION DE LA HANCHE.

Nous entendons par résection de la hanche l'ablation de la tête fémorale, avec ou sans le col et les trochanters, avec ou sans la cavité cotyloïde. Nous ne séparerons pas ces différentes variétés, parce qu'elles se ressemblent par leurs résultats, et que la véritable difficulté de l'opération siége dans la décapitation du fémur.

Anatomie de l'articulation[1]. L'extrémité supérieure du fémur est constituée par une tête sphéroïdale, supportée par un col aplati d'avant en arrière, et qui se réunit avec le corps de l'os au niveau des deux trochanters. Du côté du bassin nous avons une cavité cotyloïde très-profonde, dont le fond est mince et n'a que 1 1/2 millimètre d'épaisseur ; c'est là que se fait la perforation à la suite de carie. Elle est entourée par le sourcil cotyloïdien, qui est échancré en bas et en dedans et garni d'un bourrelet fibro-cartilagineux. Les moyens d'unions sont le ligament rond ou interarticulaire, qui varie beaucoup d'épaisseur, et la capsule fibreuse avec ses bandes de renforcement et sa membrane synoviale.

Les muscles forment trois couches autour de l'articulation. La

---

[1] Je raccourcis beaucoup la description de l'auteur, qui m'a paru trop détaillée pour un ouvrage de chirurgie, et qui n'occupe pas moins de cinq pages. (NOTE DU TRADUCT.).

plus profonde est constituée par le petit fessier, le pyramidal, l'obturateur interne et externe, les deux jumeaux et le carré crural. Leurs tendons s'insèrent au sommet du grand trochanter, dans la cavité digitale et à la ligne intertrochantérienne.

Le nerf grand sciatique passe sous le bord inférieur du muscle pyramidal et descend au milieu entre le grand trochanter et la tubérosité ischiatique, à 2 centimètres de la première de ses apophyses. Il est assez loin du champ opératoire ; cependant il a été blessé une fois (Maisonneuve) : il faut donc y prendre garde.

Dans la même profondeur et à la partie interne de l'article, on trouve quelques branches de l'artère obturatrice, qui alimentent la capsule et une portion de la tête [a].

La couche moyenne des muscles est formée par le moyen fessier, qui s'insère au grand trochanter, et la couche superficielle par le grand fessier, qui se fixe au tiers supérieur du fémur.

Pour arriver à la capsule, il faut toujours couper une partie du grand ou du moyen fessier et, selon qu'on enlève le col plus ou moins loin de sa base, on sacrifie un plus ou moins grand nombre de muscles profonds. Si le col est séparé très-près de la tête, on n'atteint que le pyramidal.

Si l'os est sectionné immédiatement au-dessus ou au-dessous des trochanters, la surface de la plaie osseuse est de 6 à 6 1/2 centimètres carrés.

Le col est formé par du tissu spongieux, avec une couche corticale de 1 à 3 millimètres ; il peut être coupé à la rigueur avec des pinces incisives. Le corps du fémur a une couche de tissu compact, épaisse de près d'un centimètre, et on ne peut le diviser qu'avec la scie ; mais l'ouverture du canal médullaire est à craindre, à cause de l'ostéomyélite qui pourrait en résulter. La division de l'os entre les deux trochanters donne une plaie osseuse de 20 centimètres carrés d'étendue, formée par du tissu spongieux, avec une couche corticale asssez épaisse.

Sous le cartilage de la cavité cotyloïde, on rencontre du tissu com-

[a] Walbaum, *De arteries artic. eox. Diss.* Lips. 1855.

pact épais de 2 millimètres en moyenne. Le sourcil cotyloïdien est formé tout entier par de la substance osseuse compacte, de 4 à 5 millimètres de hauteur. Malgré la résistance de l'os, les perforations de la cavité cotyloïde dans le bassin ne sont pas rares, surtout chez les sujets au-dessous de vingt à vingt-quatre ans, où elles sont favorisées par l'ossification incomplète au niveau de la jonction des trois pièces de l'os iliaque.

Toute la cavité cotyloïde peut être réséquée ; mais jusqu'à présent on n'a enlevé sur le vivant que le sourcil cotyloïdien en partie ou en totalité. Il est heureux que cette résection se fasse dans l'épaisseur du tissu compact, de façon que les cellules du tissu spongieux ne soient pas exposées à être envahies par la suppuration.

Une circonstance importante pour les maladies et les résections de la hanche, c'est le voisinage de la symphyse pubienne et sacro-iliaque et des articulations des vertèbres lombaires qui, sous l'influence de certains états pathologiques, sont susceptibles d'acquérir des mouvements compensateurs très-étendus.

Chez les jeunes sujets, ces demi-articulations, comme les appelle M. Luschka[1], se transforment en articulations complètes, qui permettent de dissimuler en grande partie les inconvénients d'une ankylose de la hanche ou d'une mobilité restreinte, telle qu'elle reste quelquefois à la suite de résection. Ce résultat sera obtenu d'autant plus sûrement que les symphyses auront été plus longtemps dans un état d'hyperémie active ; il faut naturellement y joindre des exercices appropriés.

HISTORIQUE. Charles White[2] a été le premier à proposer l'opération et Anthony White l'a exécutée, en 1818[3], sur un garçon de quatorze ans affecté de carie. Il enleva 10 centimètres de l'extrémité supérieure du fémur (?) et obtint un succès complet. Une nouvelle articulation s'était formée, et le petit opéré, qui a appris le métier de tailleur, vécut encore cinq ans, selon d'autres huit ans.

Sans vouloir contester le moins du monde la priorité de White, je ferai observer que déjà avant lui on avait extrait avec succès la tête du fémur nécrosée et détachée du reste de l'os. Un chirurgien mentionné par Schlichting[4] fit cette opé-

<hr>

[1] *Die Halbgelenke des menschl. Körpers.* Berlin 1858. — [2] *Cases in surgery*, 1770, p. 57. — [3] *London med. gaz.*, 1832, et *Leçons clin.* de Cooper, recueillies par A. Lee. — [4] *Philosoph. transact.*, 1742.

ration en 1730; elle fut répétée par Vogel[1] et Hoffmann[2], par Ohle[3] en 1845, par Schmaltz[4] en 1846, et dans les temps plus récents par Klingen[5], Harris[6], Ried[7], Batchelder[8], Bowman[9].

En 1820, Carmichaël[10] fit sur une femme la résection de la hanche pour un ostéo-sarcome; elle mourut le second jour.

Hewson[11] réséqua la tête du fémur en 1828; son opéré succomba trois mois plus tard à une suppuration de la cavité pelvienne.

Textor père[12] a fait quatre fois cette opération, de 1838 à 1854, toujours pour carie; trois des patients succombèrent, le quatrième fut parfaitement guéri. C'était un garçon de sept ans, auquel on enleva au moyen de l'ostéotome un morceau du fémur de 7 centimètres, comprenant la tête, le col et les deux trochanters; le sourcil cotyloïdien fut également réséqué. Guérison lente, mais constatée au bout de plusieurs années : raccourcissement considérable, mobilité et marche facile.

En 1845, M. W. Fergusson[13] décapita le fémur sur un garçon de quinze ans atteint de carie : la guérison eut lieu en deux mois; neuf ans plus tard, Jones[14] le vit marcher parfaitement. D'après M. Sayre[15] et Jones, M. Fergusson aurait répété la même opération quatre fois et toujours avec succès.

Note du traducteur. A partir de l'année 1845, les résections de la hanche se multiplient de plus en plus. Pour éviter une énumération fastidieuse, j'ai ajouté au tableau statistique de la fin de cet article une colonne de remarques, qui contient les détails qu'on trouve ici dans le texte de l'auteur.

Les *indications* à l'opération sont fournies par des traumatismes, surtout des lésions par armes à feu et des maladies organiques, à condition que les dégâts se soient bornés à l'extrémité supérieure du fémur. Les maladies organiques sont exclusivement des suppurations articulaires avec ostéite, carie, luxation spontanée. Parmi les opérations citées dans le tableau, il ne s'en trouve qu'une seule, celle de Carmichaël, qui aurait été faite pour une tumeur; mais il est douteux qu'on ait pratiqué dans ce cas une résection, il est plus probable qu'il s'agissait de désarticulation. En tout cas, le cancer et l'enchondrome réclameraient plutôt cette dernière opération.

[1] *Obs. chir.*, 1771. — [2] *Vom Scharbocke*, 1782. — [3] *Schmidt's Jahrb.*, vol. II, p. 116. — [4] Hedenus, *De femor. amp.*, p. 65. — [5] *Handwörterb.* v. Walther, Jæger etc. — [6] *Frorieps Not.*, vol. XII, p. 351. — [7] *Loc. cit.*, p. 388. — [8] *New-York Journ.*, 1855. — [9] *Med. Times*, July 1858. — [10] Oppenh. *in Hamb. Zeitschr.*, vol. I, p. 162. — [11] *Fror. Notizen*, 1832, n° 138. — [12] Karl Textor, *Der zweite Fall von Aussägung des Schenkelkn.* Würzb. 1858. — [13] *London medic. clin. Transactions*, vol. XXVIII, p. 571. — [14] *Med. Times*, 1857, March, p. 309. — [15] Sayre, *New-York Journ.*, Jan. 1855.

Une tumeur bénigne, bien nettement limitée à la tête fémorale, légitimerait la décapitation.

L'époque précise à laquelle il faut intervenir dans les cas de coxalgie suppurée est naturellement subordonnée aux conditions individuelles. Il n'est pas permis de songer à la résection avant que la présence du pus dans l'article soit démontrée. Mais même cette présence n'est pas encore une indication absolue à l'opération, parce que, au moyen de larges débridements, on peut encore arriver à guérir le malade avec un membre plus ou moins raide. Si les incisions ne suffisent pas ou si elles font reconnaître des dégâts trop considérables, elles seront le premier temps de la résection. En attendant que les os du bassin soient cariés, que le corps du fémur soit entamé ou que les parties molles soient sillonnées de fistules, on n'a plus que peu de chances de réussir. L'obligation d'enlever un très-grand morceau du fémur est surtout défavorable à cause du raccourcissement qui en résulte. Néanmoins, le troisième cas de Textor, ceux de MM. Heyfelder, Sayre, Jones prouvent que ni l'épuisement de l'organisme, ni l'extension de la maladie à la cavité cotyloïde ou au corps du fémur ne sont des obstacles à la réussite. De même ni la jeunesse ni un âge avancé ne sont par eux-mêmes des contre-indications. On a opéré jusqu'à présent des enfants de cinq ans et des personnes de cinquante-quatre ans.

Opération. Le malade est couché sur le côté sain et maintenu par un aide dans cette position, ou bien on le couche sur le dos ou même sur le ventre, de façon que la hanche malade dépasse le bord de la table. Si l'extrémité malade est encore mobile, on fléchit légèrement le genou et la cuisse, et on met cette dernière dans l'adduction pour rendre le col plus accessible par sa face postérieure. En cas d'ankylose ou de contracture, on est bien obligé de se passer de cette facilité.

Les auteurs indiquent, pour la division des parties molles, un certain nombre de procédés déduits soit de considérations théoriques, soit de certains cas particuliers. Chaque opérateur choisira le procédé qui lui paraîtra le plus approprié, ou le modifiera selon les besoins du moment. C'est ainsi qu'il faudra prendre garde à la position de la cuisse dans les cas d'ankylose et de luxation, et tâcher de comprendre les fistules ou plaies dans les lignes d'incision.

On peut diviser les procédés en deux classes, selon que les incisions sont *simples* ou *composées*.

1° *Procédés à incision simple*.

White, MM. Langenbeck, Sédillot[1] etc. font une incision rectiligne, qui commence à 5 centimètres au-dessus du grand trochanter et descend par dessus cette éminence parallèlement à l'axe du membre, jusqu'à une distance variant de 8 à 12 centimètres. M. Sayre la place un peu en arrière du trochanter, ce qui a l'avantage de faciliter l'écoulement du pus.

Jæger et Textor font une incision semblable légèrement courbe en avant du trochanter, MM. Chassaignac et Ure en arrière.

Quand on a le choix, je pense que la meilleure direction à donner au couteau est la suivante : commencez votre ligne à 5 centimètres au-dessus et en arrière du grand trochanter, dirigez-vous obliquement vers cet os en restant parallèle aux fibres du grand fessier ; puis contournez-le par une courbe à concavité antérieure, et dirigez-vous de nouveau un peu en bas et en arrière. De cette façon, on tombe assez exactement sur la ligne âpre du fémur entre les insertions du fessier et celles du vaste externe (voy. pl. VI, fig. 6).

M. Roser[2] propose d'inciser selon une ligne transversale, qui couperait le muscle tenseur du fascia, le muscle droit, le couturier et une partie de l'iliaque. Il veut conserver par là les muscles qui se fixent au grand trochanter ; mais il faut que la maladie soit bornée à la tête et au col. MM. Maisonneuve[3] et Esmarch ont employé ce procédé.

2° *Incisions composées*.

M. J. F. Heyfelder fait une incision en T ; Textor trace en avant et en arrière du grand trochanter, deux lignes qui se rejoignent à angle très-aigu au-dessus de cette apophyse ; Jæger et M. Ried rendent l'angle plus obtus.

Le procédé de Jones consiste à former un lambeau arrondi à base

---

[1] Voy. tableau statist., *loc. cit.* — [2] *Handb. der anatom. Chirurg.*, 2ᵉ éd., 1853, p. 630. — [3] *Gaz. hôpit.*, 1847, n° 25.

inférieure ; M. Velpeau en taille un à base supérieure, et Roux et Percy le rendent carré.

. L'incision simple donne bien assez de place et fait une plaie moins vaste ; les incisions composées doivent donc être réservées pour les cas exceptionnels.

Une fois ce premier temps achevé, si l'on reconnaît que l'état des parties ne permet plus la résection, il est facile de transformer la plupart de ces incisions en une désarticulation par la méthode ovalaire.

La *division des os* est généralement facile. Si la tête fémorale est déjà séparée de ses connexions par la suppuration ou par une luxation, on n'a qu'à la faire saillir hors de la plaie par une adduction ou quelquefois une abduction exagérée. Un aide protége les parties molles et, avec une scie à chaîne, à arc ou en couteau, on coupe l'os qu'on fixe de la main gauche. Dans certains cas on peut le diviser avec des cisailles de Liston. Si l'os était déjà brisé, on éloignerait les esquilles et, au besoin, on saisirait la tête restée dans la cavité cotyloïde avec une pince à griffe pour pouvoir la tourner dans différents sens et la désarticuler plus facilement.

Quand les os ont encore leurs rapports normaux, on peut procéder de deux manières pour enlever la tête du fémur. Ou bien l'on commence par diviser le col avec une scie à chaîne ou quelque autre instrument et l'on désarticule ensuite, comme nous venons de l'indiquer ; c'est ce qui convient dans les cas où le lieu de la section peut être déterminé d'avance.

Dans l'autre procédé on commence par désarticuler, pour scier ensuite. En tournant la cuisse dans différents sens, on rend la tête accessible, et l'on coupe la capsule, puis on attaque le ligament rond avec un couteau mousse, enfin on luxe l'os hors de la plaie et on le coupe avec une scie ordinaire. Cette section tombe sur le col, ou entre les deux trochanters, ou même au-dessous du petit trochanter sur la diaphyse fémorale, comme dans le troisième cas de Heyfelder ou dans celui de Hancock. Naturellement il en résulte un fort raccourcissement, et beaucoup de muscles perdent leurs points d'attaches ; mais le succès n'est pas impossible pour cela ; les deux cas cités en sont la preuve.

5

Si la cavité cotyloïde ou quelque autre point de l'os iliaque est malade, il faut l'attaquer à son tour. Jæger et Textor se sont servis de la lime de Heine, MM. Heyfelder, Sayre et Jones de la gouge. M. Sayre a de plus coupé l'épine iliaque antéro-supérieure et ruginé la crête qui était attaquée par la carie.

La *réunion de la plaie* se fait au moyen de sutures et surtout de sutures métalliques, qui peuvent rester très-longtemps en place sans couper les tissus [1]. On ménage une issue au pus en couchant le malade d'une façon convenable et en ne réunissant pas la partie déclive de l'incision.

Pendant les premières semaines ou les premiers mois il s'agit de laisser le membre dans le repos le plus complet pour que l'extrémité fémorale puisse se fixer solidement dans la région de la cavité cotyloïde. Plus tard on cherchera à diminuer le raccourcissement, à rétablir la mobilité et même à provoquer la formation d'une pseudarthrose, en imprimant des mouvements méthodiques au membre et en y appliquant une extension graduée.

D'abord on couche le malade sur un matelas bien uni, dans le décubitus dorsal; on met le membre légèrement dans l'adduction et la flexion et on l'y soutient au moyen de coussinets ou de ceintures qui fixent l'extrémité supérieure contre le bassin, et les deux genoux l'un contre l'autre. Il est souvent très-difficile de maintenir l'extrémité opérée dans cette position; Jones en fait expressément la remarque à propos de son second cas. Tantôt c'est l'agitation du malade ou la nécessité de lui donner le bassin qui la dérangent, tantôt la tendance qu'a le fémur séparé de ses attaches de se renverser en dehors. M. Heath [2], chef de clinique à King's-College-Hospital, a employé un appareil à suspension de Salter, assez grand pour s'étendre à tout le corps et qui permettait de panser facilement le malade et de lui donner le bassin.

Une fois que le fémur s'est réuni au bassin par des liens d'une certaine solidité, on peut faire avec précaution des tentatives d'extension et de mouvements passifs. L'époque à laquelle il convient

---

[1] Un fil de soie fin et bien tordu a les mêmes propriétés.   (Note du traduct.)
[2] *Med. Times*, Aug. 1857.

de faire ces tentatives ne peut être fixée d'une manière générale ;
cela dépend de la constitution du malade, du plus ou moins d'inté-
.grité des parties molles, de l'étendue de la résection. En aucun cas
je ne conseillerais de les entreprendre avant la sixième semaine ;
on ne doit pas suivre l'exemple de M. Sayre, qui a commencé dès le
huitième jour ; il est vrai que chez son malade le raccourcissement
était borné à moins d'un demi-centimètre ; par contre il survint fréquemment des inflammations et des abcès. L'*extension* s'effectue
très-aisément au moyen de l'appareil que M. Wildberger[1] emploie
pour la réduction des luxations congénitales. Il a l'avantage de permettre le redressement du tronc, tout en continuant l'extension.

Le raccourcissement est d'autant plus marqué que la portion d'os
enlevée est plus considérable et le traitement consécutif moins
soigné. On y remédie en partie par un soulier à talon élevé. Le malade guéri par Textor ne s'était soumis à aucun traitement pendant
la seconde moitié de la convalescence ; il garda un raccourcissement
de 7 centimètres, bien autrement considérable que celui du malade
de M. Sayre, cité plus haut. Les opérés de M. Ure et de Jones n'eurent
aussi qu'un raccourcissement insignifiant.

Résultats. Le tableau statistique suivant donne un aperçu général
de 71 cas de résection de la hanche, avec les résultats au point de
vue de la vie des malades et des usages du membre opéré.

[1] L'auteur a donné une planche représentant cet appareil, mais sans explication ; je
n'ai pas cru devoir la reproduire et je renvoie pour la description à l'ouvrage original de
M. Wildberger : *Neue orthopæd. Behandlungsweise veralteter Luxationen*, Leipzig 1856.
((NOTE DU TRADUCT.)

Tableau statistique des résections de la hanche.

Nos	NOM du chirurgien.	DATE de l'opér.	SEXE du malade	AGE du mal.	NATURE de la maladie.	RÉSULTATS AU POINT DE VUE de la vie.	RÉSULTATS AU POINT DE VUE des usages du membre.	REMARQUES.	SOURCES.	Nos
1	A. White.	1818	masc.	14	Carie.	vie	Succès complet.	La date de l'opération est incertaine.	London med. gaz., 1832, et leçons de A. Cooper.	1
2	Carmichaël.	1820	fém.	—	Tumeur cancéreuse.	mort	le 2e jour.	(Cas douteux.)	Oppenh., Hamb. Zeitschr., vol. I, p. 182.	2
3	Hewson.	1828	masc.	—	Carie.	mort	le 3e mois.	—	Froriep's Notizen 1834, nº 138.	3
4	Oppenheim.	1829	masc.	—	Coup de feu.	mort	le 17e jour, de la peste.	Pendant la guerre turco-russe de 1829.	Hamb. Zeitschr., vol. 1, p. 137.	4
5	Seutin.	1832	masc.	—	id.	mort	le 9e jour.	Pendant le siège d'Anvers.	Gaz. méd. Paris, 1833.	5
6	Textor et Jæger.	1834	masc.	71/2	Fracture du col suivie de carie.	mort	le 23e jour.	La mort a été le résultat d'une fracture du bassin suppurée.	Leopold, Diss., Würzb. 1834.	6
7	Guthrie.	—	masc.	—	Coup de feu.	—	—	Résultat inconnu (cas douteux).	Hamb. Zeitschr., vol. XV, p. 574.	7
8	Textor père.	1838	masc.	22	Carie.	mort	le 4e jour.	—	K. Textor, Der zweite Fall v. Ausség. des Schenkelknochen, Würzb. 1858.	8
9	Id.	1839	masc.	54	id.	mort	le 51e jour.	Résection totale.	id.	9
10	Id.	1845	masc.	7	id.	vie	Résultat parfait.	Le fémur avait été coupé au-dessus des trochant. et on a vu marcher le mal. au bout de plus. ann.	id.	10
11	Fergusson.	1845	masc.	5	id.	vie	id.	Le malade marchait au bout de 9 ans.	Lond. med. chir. transactions, v. XXVIII, p. 571.	11
12	Id.	1846	masc.	8	id.	—	—	Les 4 malades ont guéri et marchaient bien d'après le dire de MM. Sayre et Jones.	New-York journ., January 1855.	12
13	Id.	1854	fém.	13	id.	—	—		Med. Times, March 1857, et Lancet.	13
14	Id.	1857	fém.	11	id.	—	—		Voy. Statist. de Focken.	14
15	Id.	—	—	—	id.	—	—	(Cas douteux.)		15
16	Ph. Roux.	1847	masc.	15	Carie et luxation.	mort	le 35e jour.	—	Gaz. hôpit., 1847, nº 28.	16
17	Klnge.	—	—	—	Carie.	mort	le 3e jour.	Cas rapporté par Wagner (douteux).	Encycl. Wörterb. d. med. Wiss., v. IX, p. 188.	17
18	Textor père.	1847	masc.	44	Coup de feu suivi de carie.	mort	le 10e jour.	—	K. Textor, voy. plus haut.	18
19	Heyfelder.	1848	masc.	20	Carie.	vie	Au bout de 2 ans 1/2 récidive, désarticulation de la cuisse, mort.		Resect. u. Amput., p. 154.	19
20	Smith.	1848	masc.	33	id.	—	—	Résultat inconnu.	Lancet, April 1848.	20
21	Simon.	1848	—	—	id.	mort	le 4e jour.	—	id., November 1848.	21
22	Textor fils.	1848	masc.	8	id.	mort	le 23e jour.	—	Loc. cit.	22
23	Cotton.	1849	fém.	12	id.	—	—	Résultat inconnu.	Lond. med. gaz., Dec. 1849.	23
24	Morris.	1850	masc.	18	id.	vie	Succès complet.		Provinc. med. surg. journal, April 1848.	24
25	Buchanan.	1850	masc.	41	id.	mort	le 4e mois, de dysenterie.		Glasgow med. journ., April 1853.	25
26	Hawkins.	1850	fém.	10	id.	mort	le 3e jour.		Lancet, 1859, Febr.	26
27	Jones.	1852	fém.	32	id.	vie	Usage complet du membre		Med. Times, 1852, Nov.	27
28	Heusser.	1852	masc.	27	id.	vie	id.		Schweiz. K. Zeitschr., 1854, II.	28
29	Ried.	1852	masc.	10	id.	vie	Raccourciss. de 5 centim.		Beiträge zur Resect., v. Schillbach. Jena 1858.	29
30	Parkmann.	1853	—	—	Coxalgie.	—	—	Résultat inconnu.	New-York journ., June 1855.	30
31	Bigelow.	1853	—	—	id.	mort	—	—	id.	31
32	Jones.	1853	fém.	26	Carie.	vie	Succès parfait.	Résection du fond de la cavité cotyloïde.	Med. Times, March 1857.	32
33	Textor père.	1854	masc.	23	id.	mort	—	—	Loc. cit.	33
34	Sayre.	1854	fém.	9	id.	vie	Succès complet.	Raccourc. de 1 centim. seulement. L'extension a été employée dès le 8e jour. Guérison en 6 mois.	New-York journ., 1855.	34
35	Baum.	1854	masc.	30	Coup de feu.	mort	en 22 heures.	—	Lohmeyer, Ueber Schusswunden, p. 199.	35
36	Roser.	1855	masc.	10	Carie.	mort	Résultat inconnu.	(Succès complet. Communicat. privée de Fock.)	K. Textor, loc. cit.	36
37	Macleod.	1855	masc.	23		mort	—			37
38	Blenkin.	1855	—	24		mort	Le malade allait bien;	quand, au bout de 3 semaines, il meurt d'une suppuration du genou.		38
39	Cruar.	1855	—	20	Plaies par armes à feu en Crimée.	mort	—	—	Communication de Macleod.	39
40	Hyde.	1855	—	27		mort	—	—	Med. Times, 1856, Sept.	40
41	Combe.	1855	—	25		mort	—	—		41
42	O'Leary.	1855	—	25		vie	Résultat définitif inconnu.	Blessé par éclat de bombe, réséqué le lendemain, se lève la 12e semaine.		42
43	Esmarch.	1855 1854	masc.	23	Arthrite suppur.	mort	3 ans plus tard, de tubercules pulmonaires et de carie du bassin.		Communication privée de l'auteur.	43
44	L. Bauer, de New-York.	1855	masc.	4	Carie.	mort	au bout de 18 mois, de convulsions.		id.	44

Nos	Nom du chirurgien.	Date de l'opér.	Sexe du malade	Age du mal.	NATURE de la maladie.	RÉSULTATS AU POINT DE VUE de la vie.	RÉSULTATS AU POINT DE VUE des usages du membre.	REMARQUES.	SOURCES.	Nos
45	L. Bauer.	1855	masc.	8 1/2	Carie.	vie	Succès satisfaisant.	Raccourc. de 4 centim. Format. d'une pseudarth.	Communication privée à l'auteur.	45
46	Id.	1850	fém.	7	id.	mort	15 mois plus tard, d'épuis.	—	id.	46
47	Id.	1856	masc.	3	id.	mort	de croup au bout d'un an	—	id.	47
48	Shaw.	1856	masc.	17	id.	vie	Résultat satisfaisant.	Fait une lieue à pied.	Med. Times, 1856, p. 442.	48
49	Textor fils.	1856	masc.	10	id.	mort	au bout de 4 ans.	—	K. Textor, loc. cit.	49
50	Kinloch.	1856	masc.	20	id.	mort	en 30 heures.	—	Charleston Journ., May 1857.	50
51	Hancock.	1856	masc.	14	id.	vie	Résultat satisfaisant.	Perforation dans le bassin.	Med. Times, Febr. 1857.	51
52	Morgan.	1856	masc.	17	id.	vie	—	—	id.	52
53	Erichson	1856	masc.	6	id.	vie	—	—	id., April 1857.	53
54	Stanley.	1856	masc.	13	id.	vie	—	—	id.	54
55	Ure.	1856	masc.	5	id.	vie	—	Peu de raccourcissement, bonne mobilité.	id., August 1857.	55
56	L. Bauer.	1856	fém.	9	id.	vie	—	Au bout d'un an la réunion des os est peu solide.	Communication privée à l'auteur.	56
57	Hancock.	1857	masc.	10	id.	vie		Mais on a perdu de vue les opérés au bout de quelques mois.	Med. Times, 1857.	57
58	Price.	1857	masc.	8	id.	vie	Résultat satisfaisant.		id.	58
59	Bowman.	1857	masc.	11	id.	vie			id.	59
60	Kinloch.	1857	masc.	20	id.	mort	au bout de 3 heures.	(Cas douteux, peut-être répétit. du nº 50.)	id.	60
61	Bowman.	1858	masc.	45	id.	vie	Résultats bons.	Les cas n'ont pas été poursuivis.	Med. Times.	61
62	Holmes Coote	1858	masc.	16	id.	vie			id.	62
63	Royal Bercks hospital.	1858	—	—	id.	mort	le 4e jour.	—	Source inconnue.	63
64	C. Tiersch.	1858	—	—	id.	mort	—	—	Communication privée à l'auteur.	64
65	Id.	1858	—	—	id,	vie	Résultat satisfaisant.	—	id.	65
66	Markoe.	1858	masc	9	id.	vie	id.	—	id.	66
67	Holston.	1858	masc.	27	id.	mort	le 7e jour.	—	Med. Times. (?)	67
68	L. Bauer.	1858	masc.	6	id.	mort	le 4e mois.	—	Communication privée à l'auteur.	68
69	Id.	1858	masc.	4 1/2	id.	vie	Résultat satisfaisant.	1 centim. de raccourcissement.	id.	69
70	Nussbaum.	1859 1856	masc.	—	id.	vie	Résultat très-bon.	(Paraît être le nº 106 de Fock. Ærztl. Intell., München 1859.)	id.	70
71	Esmarch.	1859	masc.	21	id.	vie	Bon.	—	id.	71

Additions du traducteur.

Nos	Nom du chirurgien.	Date de l'opér.	Sexe du malade	Age du mal.	NATURE de la maladie.	RÉSULTATS AU POINT DE VUE de la vie.	RÉSULTATS AU POINT DE VUE des usages du membre.	REMARQUES.	SOURCES.	Nos
72	Fock.	1859	fém.	9	Carie.	vie	Résultat bon.	Raccourcissement 2 centimètres.	Article de Fock dans Arch. f. Chirurgie, von Langenbeck, vol. 1, 1860.	72
73	Id.	1859	masc.	14	id.	mort	la 11e semaine.	Atrophie graisseuse des reins.	id.	73
74	Id.	1859	masc.	22	id.	mort	le 2e mois.	Pyoémie.	id.	74
75	Id.	1859	masc.	49	Coxalgie avec fistules.	vie	Résultat très-bon. Raccourc. de 4 centim.	Ostéophytes autour de l'article. Élargissem. de la cavité cotyloïde. Disparition du ligament rond.	id.	75
76	Id.	1860	fém.	13	Coxalgie sans fistules.	vie	Résultat bon (trop récent).	—	id.	76
77	Id.	1860	masc.	13	Carie.	mort	le 14e jour.	Thrombose veineuse.	id.	77
78	Franch.	1848	fém.	10	id.	vie	Incertain.	Espoir de guérison.	Lancet, April, et Fock, 1848.	78
79	Schwartz.	1849	masc.	—	Coup de feu.	mort	le 7e jour, de pyoémie.	—	Esmarch, Ueber Resect., et Fock.	79
80	Erichson.	1853	masc.	14	Carie.	vie	Incertain.	Espoir de guérison après 2 mois.	Lancet, 1854, et Fock.	80
81	Shaw.	1856	fém.	14	id.	vie	Incertain.	Espoir de guérison.	Lancet, 1856, vol. II, et Fock.	81
82	Cooker and Davies.	1857	masc.	12	id.	vie	id.	Id.	Lancet, 1857, et Fock.	82
83	Simon.	1857	masc.	—	id.	mort	de phthisie.	—	id.	83
84	V. Dumreicher.	1857	masc.	21	id.	vie	Marche avec une béquille.	Il reste des fistules.	Allgem. Wiener med. Zeit., 1858, nº 20, et Fock.	84
85	B. Langenbeck.	1857	fém.	6	id.	vie	Inconnu.	—	Fock, loc. cit.	85
86	Id.	1857	fém.	10	id.	mort	le 11e jour.	—	id.	86
87	Hancock.	1858	fém.	26	Carie et ankylose.	mort	le 8e jour, d'érysipèle.	—	Lancet, 1858, et Fock.	87

Nos	NOM du chirurgien.	DATE de l'opér.	SEXE du malade.	AGE du mal.	NATURE de la maladie.	RÉSULTATS AU POINT DE VUE		REMARQUES.	SOURCES.	Nos
						de la vie.	des usages du membre.			
88	Erichson.	1858	fém.	13	Carie.	vie	Incertain.	—	*Lancet*, 1858, et Fock.	88
89	Id.	1858	fém.	10	id.	vie	Incertain.	—	id.	89
90	Hilton.	1858	masc.	54	id.	mort	le 11e jour.	—	id.	90
91	Nussbaum.	?	masc.	10	id.	vie	Incertain.	—	*Ærtsliches Intelligbl.*, von München, et Fock	91
92	Id.	1858	masc.	10	id.	vie	Marche avec des béquilles.	Perforation de la cavité cotyloïde.	id.	92
93	Küchler.	1858	masc.	7	id.	mort	au bout de 8 mois, de	maladie cérébrale.	*Deutsche Klinik*, 1859, et Fock.	93
94	Kühn, de Leip-zig.	1854	masc.	11	id.	mort	le 6e jour.	—	Günther, *Lehre v. d. blutig. Oper.*, 1857, et Fock.	94
95	Walton.	1848	masc.	10	id.	vie	Incertain.	—	*Lancet*, et Fock.	95
96	Stanley.	1852	fém.	10	id.	vie	Incertain.	—	*Lancet*, 1852, et Fock.	96
97	Id.	1852	masc.	8	id.	vie	Incertain.	Presq. guéri. Marche au bout de 18 mois, fistules.	*Lancet*, 1854, et Fock.	97
98	Esmarch.	1800	masc.	27	Coxalgie.	mort	le 16e jour, de pyoémie.	—	Fock. Communication privée.	98
99	B. Langen-beck.	1860	masc.	5	Carie.	mort	le 8e jour, de pyoémie.	—	id.	99
100	Rausche.	1860	masc.	10	Carie et ankylose.	vie	Incertain.	Espoir de guérison prochaine.	id.	100
101	Pagensteger.	1861	masc.	13	Coxalgie suppur.	vie	Satisfaisant.	Le mal. commence à marcher 5 mois plus tard.	*Arch. f. Kl. Chirurg.*, de Langenb., 1861, v. II.	101
102	Id.	1861	masc.	15	Carie.	mort	le 12e jour, d'épuisement.	—	id.	102
103	Husband.	1859	masc.	12	id.	vie	Résultat excellent.	Marche bien.	*Med. Times*, 1860, vol. I, p. 895.	103
104	Hey.	1859	masc.	27	Coxalgie.	vie	Résultat satisfaisant.	—	id.	104
105	Craven.	1859	masc.	10	Carie.	mort	8 mois plus tard.	—	id.	105
106	Bowman.	1860	fém.	6	id.	vie	Guérison.	On ne dit pas comment elle marche.	*Med. Times*, 1860, vol. II, p. 809.	106
107	Fergusson.	1860	masc.	4	id.	vie	Guérison.	Résultats ultérieurs inconnus.	id.	107
108	Folker.	—	—	—	id.	mort	dans la 10e semaine.	—	*Med. Times*, 1861, vol. II, p. 132.	108
109	Humphrey.	1860	masc.	8	id.	mort	9 mois plus tard.	—	*Med. Times*, 1861, vol. I, p. 444.	109
110	Sédillot.	1858	masc.	31	id.	mort	10 mois plus tard.	Section au-dessous du trochanter. Évidement du fémur carié. Mort par suppur. intra-pelvienne.	Sédillot, *Évidement des os*, 1860, p. 199.	110

Note du traducteur. J'ai complété le tableau de M. Heyfelder par la statistique de M. Fock, qui a paru depuis cette époque, et j'y ai ajouté dix nouveaux cas, qui ne sont mentionnés ni par l'un ni par l'autre de ces auteurs. Ceux des lecteurs qui ne peuvent recourir aux sources originales m'en sauront gré. Mais je ne puis tenir compte de ces additions dans les lignes qui vont suivre, j'aurais été obligé d'altérer les conclusions de M. Heyfelder.

Sur 71 cas, nous comptons 5 résultats inconnus, 33 décès et 33 guérisons, parmi lesquelles 1 malade a dû subir trois ans et demi plus tard une opération qui a amené la mort. Les chiffres bruts donnent donc une proportion égale de morts et de guérisons, ce qui revient à peu près à ce que l'on observe après l'amputation de la cuisse; mais il faut ajouter que, avant ces dix dernières années [1], on n'opérait guère que dans les cas désespérés. Par contre les résections de la hanche comptent beaucoup plus de succès que les désarticulations [1]. En y regardant de plus près, on est même en droit d'éliminer 3 cas de mort du tableau, puisque l'opéré d'Oppenheim a succombé à la peste, celui de Textor et Jæger à une fracture du bassin suppurée, et celui de Buchanan à la dysenterie. Il resterait donc 30 décès pour 33 guérisons.

L'utilité du membre réséqué a beaucoup varié. Les trois malades de M. Fergusson, ceux de White, de Textor, de MM. Ure, Heusser, Sayre ont joui de mouvements très-étendus et en tout cas suffisants pour les usages du membre.

Un autre reproche que l'on fait à la résection de la hanche, c'est

---

[1] D'après une statistique de J. F. Heyfelder (*Amput. und Resect.*, p. 187), la mortalité des amputés de cuisse était dans les hôpitaux danois d'après Djörup de 46 p. 100, à New-York d'après Bull de 26,5, chez Fricke et Rust de 46 p. 100, à la Charité de Berlin e 55 p. 100, chez Græfe de 26 p. 100, chez Textor de 49 p. 100, chez Jæger de 43 p. 100, chez Laroche à Lyon de 75 p. 100, à Paris d'après M. Malgaigne de 63 p. 100, à Erlangen chez M. Heyfelder de 50 p. 100, par conséquent en moyenne d'un peu plus de 45 p. 100.

[1] M. Heyfelder (*loc. cit.*) a réuni 66 désarticulations de la cuisse, qui ont fourni 30 guérisons et 36 morts, c'est-à-dire 55 p. 100 de morts.

la longueur de la convalescence. Le malade de Textor pouvait poser le pied à terre au bout de deux mois, mais il ne marcha qu'au bout d'un an. Celui de M. Sayre marcha au bout de six mois avec des béquilles, celui de M. Heyfelder au bout de neuf mois. Par contre, chez le premier opéré de M. Fergusson la plaie était définitivement fermée en deux mois. Le malade de M. Ure marcha appuyé sur des béquilles au bout de six semaines. L'enfant opéré par M. Hancock, dans des conditions très-mauvaises, se promenait au bout de six semaines dans la cour à l'aide de béquilles. MM. Morgan et Heyfelder ont remarqué que la réaction a été très-légère après l'opération, et la convalescence facile. Il paraît donc en résulter que la durée du rétablissement n'est pas plus longue après ces opérations qu'après d'autres de même importance.

La question de savoir si la résection de la hanche est applicable aux blessures par armes à feu est résolue d'une façon défavorable par la statistique. Sur 55 opérations pour carie et coxalgie, dont on connaît les résultats, 23 furent suivies de mort ; par contre 11 opérations à la suite de traumatismes ont donné 10 décès. Mais il faut se rappeler que les amputations et les désarticulations de la cuisse faites sur le champ de bataille donnent des résultats extrêmement défavorables ; la résection de la hanche ne doit donc pas être rejetée. Nous avons dans les appareils inamovibles un moyen précieux pour faciliter le transport jusqu'aux hôpitaux permanents ; c'est là seulement que commencera le traitement définitif.

La résection totale paraît tout aussi avantageuse que la résection partielle, tant pour les résultats immédiats que pour les résulats définitifs. D'après les chiffres restreints que nous avons à notre disposition, ils seraient même plus favorables, puisque 5 cas (2e de Textor, cas de M. Heyfelder, de Jones, de MM. Sayre et Bowman) ont été suivis de 3 guérisons, 1 amélioration et seulement 1 mort.

Appréciation du traducteur. En France la résection de la hanche est loin d'avoir passé dans la pratique usuelle et c'est à peine si nous avons pu inscrire dans notre tableau deux noms français, celui de Roux et celui de M. Sédillot. Cependant les cas de coxalgie ne sont ni plus rares ni moins graves chez nous qu'ailleurs ; à quoi peut donc tenir cette répulsion de nos chirurgiens pour une 'opération si souvent répétée chez nos voisins? Il me semble qu'elle tient à deux causes principales: d'abord on doute des succès de cette opération en général ; puis on a beaucoup de confiance en des traitements moins violents ; et quand une fois il est évident que ces traitements n'aboutissent pas, le malade se trouve dans une situation trop précaire pour qu'on ose encore recourir au couteau. Ce sont à peu près les mêmes raisons qui nous font rejeter l'ovariotomie et la résection du genou.

Quant au premier point, aux résultats mêmes de l'opération, il faut avouer qu'ils ne sont pas très-encourageants: autant de revers que de guérisons. Encore voit-on, en parcourant les observations, qu'il faudrait éliminer de la liste des succès un certain nombre de cas qui auraient pu être guéris à moins de frais et sans résection.

Mais ce n'est pas là l'objection principale, car les mêmes chirurgiens qui refusent de faire des résections de la hanche pratiquent tous les jours des opérations qui ne donnent pas de meilleurs résultats, par exemple des amputations de cuisse, des opérations de hernie ou de cancer, des trachéotomies. Ce qui les retient, c'est l'espoir de guérir le malade sans opération. Bonnet, de Lyon, cet éminent clinicien, a contribué plus que tout autre à fortifier ces idées. Son système de traitement des tumeurs blanches n'est nouveau dans aucune de ses parties; mais jamais, avant lui, on n'avait employé ces moyens avec la même entente, la même persévérance et en les combinant aussi judicieusement ensemble. Par son système on empêche beaucoup de coxalgies d'arriver à la période où il est question de résection, et l'on en guérit quelques-unes qui sont parvenues à ce degré.

Quand l'articulation a passé à suppuration, les chances de guérison diminuent beaucoup, de l'aveu de Bonnet lui-même.

L'immobilisation et la compression, ces deux remèdes si puissants, ne peuvent guère être employés ; la suppuration et les douleurs minent la constitution du malade. Cependant la guérison est possible, et tout récemment encore M. Nélaton [1] disait dans une de ses leçons cliniques qu'un grand nombre de malades affectés de coxalgie avec carie et fistules guérissent avec le temps. Tous les chirurgiens ont vu de ces cas heureux, mais ils ont aussi vu beaucoup de malades périr misérablement à la suite de ces lésions. Il s'agirait donc de savoir si par le traitement sans opération on sauve plus ou moins de malades que par la résection. C'est là le nœud de la question et il ne pourrait être tranché que par une statistique authentique des cas de coxalgie suppurée et de leur terminaison. Ce travail serait difficile à faire, car les malades atteints d'arthrite coxo-fémorale, désespérés de la lenteur du traitement, vont souvent d'un médecin à l'autre, de sorte qu'il est presque impossible de connaître la terminaison positive d'un grand nombre des cas.

[1] *Gaz. hôpit.*, 1862, p. 317.

En attendant ces données, on peut fixer les indications de la résection de la façon suivante : une personne adulte affectée de coxalgie suppurée est presque inévitablement vouée à une terminaison fatale ; il faudra donc intervenir de bonne heure, surtout si l'on a pu s'assurer que les os sont malades et qu'il ne s'agit pas d'une simple suppuration de la synoviale. La résection, si elle est possible, doit toujours être préférée à la désarticulation de la cuisse ; c'est là aussi la doctrine que M. Sédillot défend dans sa *Médecine opératoire* (2e éd. vol. I, p. 545), et je suis heureux de m'appuyer de son autorité.

Chez les enfants la nature opère souvent des cures inespérées, et une carie, même constatée, ne légitime pas par elle-même la résection. Il faut encore que la vie soit prochainement menacée, et cependant que le marasme ne soit pas trop avancé. Ce point est difficile à déterminer d'une manière précise, et c'est au tact et à l'expérience du chirurgien à savoir le reconnaître. Sans doute, dans ces conditions, la résection ne donnera plus les beaux résultats qu'elle a donnés dans les mains des chirurgiens anglais, qui opèrent de bonne heure ; mais chaque malade qu'on guérira aura été arraché à une mort certaine. A chances égales, il faudrait préférer la résection à l'expectation dans les coxalgies suppurées, parce que, à la suite de cette dernière, le membre guérit ordinairement par ankylose et dans une position plus ou moins vicieuse, tandis que la résection produit le redressement et rétablit souvent les mouvements.

CHAPITRE XII.

RÉSECTION DU GRAND TROCHANTER.

La résection du grand trochanter peut se faire : 1° en conservant la continuité du fémur ; 2° en l'interrompant.

§ 1. RÉSECTION DU TROCHANTER SANS SOLUTION DE CONTINUITÉ DU FÉMUR.

Cette opération fut exécutée en 1798 par Tenon[1] sur un homme robuste, âgé de trente-trois ans et affecté de carie du trochanter et de la partie attenante du col du fémur. Il fit une incision à lambeau et enleva les parties malades avec le ciseau, la rugine, le trépan et le fer rouge. La cure dura un an, mais fut parfaite.

M. Velpeau[2] répéta deux fois l'opération. En 1835 il opéra une femme de quarante ans, atteinte de carie, au moyen d'une incision en T et de la scie à champignon de Martin. Une partie des fibres des muscles fessiers fut coupée, les autres

[1] *Mém. de l'Inst. nat. des sciences et arts*, t. I, Paris an VI, p. 208.
[2] Velpeau, *Nouveaux éléments de méd. opér.*, 2e éd., Paris 1839, t. II, p. 679.

muscles ménagés, et en trois mois la malade fut guérie en conservant tous les mouvements de la cuisse.

En 1836 opération semblable sur un jeune homme, guérison en cinq semaines.

M. Textor [1] fils fit en 1843 la résection du grand trochanter sur un homme de vingt-trois ans, par un procédé à lambeau et en employant l'ostéotome. La convalescence se prolongea durant cinq mois, mais fut suivie de guérison.

En 1850 M. J. F. Heyfelder [2] excisa un grand trochanter carié sur un homme de trente et un ans; au moyen de deux couronnes de trépan et de la gouge, il fit une incision en L. Guérison en deux mois, constatée trois ans plus tard ; tous les mouvements sont parfaits.

En 1857 M. Teale enleva un séquestre du grand trochanter sur un jeune homme scrofuleux.

Jusqu'à présent c'est toujours la carie, plus une fois la nécrose, qui ont motivé l'opération. Mais on pourrait aussi y être conduit par des fractures comminutives ou des balles enclavées. L'os est mis à nu par une longue incision parallèle au membre, sur laquelle on fait tomber au besoin une seconde en forme de L, T, V, +. L'excision de l'os se pratique avec la gouge, le trépan ou l'ostéotome. On a soin de ménager le plus possible les insertions musculaires.

Les cas cités prouvent que le résultat est très-favorable pour les usages futurs du membre et la vie du malade.

Note du traducteur. C'est pour ce genre de résection que l'*évidement* est surtout indiqué. On le pratiquera de la façon suivante : au moyen d'une couronne de trépan on fait une perte de substance dans la couche corticale; par cette ouverture on enlève avec la gouge-rugine toute la substance spongieuse malade, en laissant subsister une coque mince de tissu compact avec toutes les attaches musculaires.

§ 2. RÉSECTION DU GRAND TROCHANTER AVEC SOLUTION DE CONTINUITÉ DU FÉMUR.

L'opération de l'ankylose de la hanche, d'après Rhea Barton, rendue sous-cutanée par M. Langenbeck, n'est pas une résection osseuse dans le sens propre du mot; mais elle a tant de points de contact avec les opérations précédentes et avec la méthode de Rodgers, que nous en parlerons ici.

Le procédé de Rhea Barton [3], dans les cas d'ankylose, consiste à

[1] Brandis, *Dissert.*, Würzb. 1847. — [2] *Amput. u. Resect.*, p. 161. — [3] *Froriep's Notizen*, nos 365, 373, 386.

couper le grand trochanter en travers, et à obtenir une pseudarthrose, qui rétablit les fonctions du membre. Il employa une incision cruciale, mais certainement l'une ou l'autre des incisions indiquées pour la résection de la hanche suffirait. Quand la plaie est
refermée et que la consolidation commence, il faut maintenir la
mobilité des fragments par des mouvements actifs et passifs.

Rhea Barton opéra ainsi, en 1826, un matelot de vingt et un ans; mais, au
bout de six ans, l'ankylose se reforma. Dans un second cas, le succès a été,
assure-t-on, plus durable.

La modification de M. Langenbeck[1] consiste à diviser l'os avec la
scie étroite, à travers une plaie transversale de 2 à 3 centimètres;
mais elle n'a été exécutée que sur le cadavre.

La simple section de l'os trouve son application dans les cas d'ankylose avec direction normale du membre, quand il s'agit uniquement de rétablir les mouvements. Mais s'il faut en même temps remédier à une déviation angulaire, la méthode suivante de Rodgers
est indiquée. Après avoir coupé le trochanter en travers, selon la
ligne AB, on fait une seconde section plus bas en CD, qui excise
de la diaphyse un morceau cunéiforme et permet de rétablir la direction normale (N). Il va sans dire que, pour corriger une abduction exagérée, la base du coin doit être du côté interne; pour une
flexion, la base devra être en arrière (voy. pl. VI, fig. 9).

Rodgers[2] lui-même opéra, en 1830, un homme de quarante-sept ans avec un
succès si complet que les mouvements de flexion furent rétablis dans toute leur
étendue.

En 1841, Textor[3] père fit cette opération sur un homme de dix-huit ans, au
moyen de l'ostéotome. Il en résulta une pseudarthrose et, sous ce rapport, ce
fut un succès; mais le malade mourut de phthisie six mois plus tard avant d'avoir
marché.

M. Kearny[4] fit aussi une excision cunéiforme avec succès.

En 1847, M. Maisonneuve[5] pratiqua l'opération, d'après Rhea Barton, sur un
homme de dix-huit ans. Il coupa l'os avec une petite scie, la pince de Liston et
le ciseau, mais blessa le nerf grand sciatique pendant l'opération. Deux ans plus
tard, le malade est présenté à la Société de chirurgie (19 janvier 1849); il n'a

---

[1] *Deutsche Klinik*, 1854, n° de juillet. — [2] Ried, *loc. cit.*, p. 395. — [3] K. Textor, *Der zweite Fall*, *loc. cit.* — [4] *D. Klinik*, 1856, p. 120. — [5] *Gaz. hôpit.*, 1847, p. 98, et 1849, p. 54.

plus la cuisse fixée à angle droit sur le bassin, il peut poser le pied à terre et marcher avec une canne. Mais il ne s'est pas formé de pseudarthrose à l'endroit de la section, et si le malade peut s'asseoir, c'est grâce aux mouvements compensateurs qui se passent dans les symphyses du bassin et les articulations des vertèbres lombaires, comme MM. Michon et Gosselin l'ont constaté. La paralysie du pied, causée par la lésion du nerf sciatique, n'a pas complétement disparu.

Si, dans ce cas, l'on avait communiqué à temps des mouvements passifs au membre, on aurait peut-être obtenu une fausse articulation; cependant le malade a bénéficié de l'opération.

M. C. Ross[1] traita, en 1857, une femme de vingt-trois ans, affectée d'ankylose à la suite d'une arthrite puerpérale. Le fémur était fixé sur le bassin dans une flexion extrême. Le trochanter fut mis à nu par une incision de 8 centimètres et, au moyen de la scie à chaîne, on excisa un coin à base postérieure de la diaphyse fémorale. Par une extension convenable on put ramener l'os à la verticale et mettre les surfaces de section en contact parfait. Guérison en deux mois avec réunion solide des fragments. Raccourcissement de 5 centimètres, compensé par une semelle épaisse.

CHAPITRE XIII.

RÉSECTION DANS LA DIAPHYSE FÉMORALE.

Esquisse anatomique. On compare la cuisse à un cône renversé, qui prendrait, pendant la contraction des muscles, la forme d'une pyramide triangulaire. Le fémur représente l'axe légèrement excentrique de ce cône. C'est l'os le plus volumineux du squelette, et les blessures en sont plus graves que celles des autres os des extrémités. A ses trois faces, l'une antérieure, l'autre interne et la troisième externe, répondent trois bords, dont le postérieur seul est accentué et porte le nom de *ligne âpre*. Le fémur est entouré de muscles très-épais, surtout en arrière et en dedans; c'est par en dehors qu'il faut pénétrer jusqu'à lui, si l'on en a le choix, et surtout le long de l'aponévrose inter-musculaire externe. Les gros vaisseaux sont situés du côté interne, le nerf sciatique sur la face postérieure; du côté externe, on n'a à craindre que des artères de troisième

[1] *Loc. cit.*

rang : les branches de terminaison de la fémorale profonde et leurs anastomes avec la fessière et l'ischiatique d'une part, les articulaires du genou d'autre part. L'aponévrose d'enveloppe a une grande épaisseur sur la face externe ; les collections purulentes situées au-dessous réclament des incisions immédiates. Au-dessus du fascia lata on trouve chez les personnes grasses un tissu cellulaire très-abondant ; la peau est un peu plus épaisse en arrière et du côté externe.

Opération. Il faut distinguer trois catégories de résections : 1° celles d'une couche superficielle ; 2° celles de la paroi dans toute son épaisseur ; 3° celles d'une portion de toute la diaphyse, avec solution de continuité.

1° La *résection d'une couche superficielle* se fait d'après les règles données plus haut, p. 22. Elle est nécessitée par la carie ou la nécrose, ou par l'extirpation de tumeurs siégeant sur l'os, principalement d'exostoses.

Marchettis[1] opéra un homme atteint de carie du fémur à la suite d'un ulcère. Il enleva avec la rugine toutes les parties malades et obtint une guérison rapide.

Castel[2] aurait fait la même chose sur un militaire.

L'opération a été souvent faite pour des nécroses.

L'excision d'une exostose du fémur a été pratiquée deux fois par A. Cooper[3] en 1817, et autant de fois par Roux[4] en 1836 et 1840. Trois fois il survint une réaction fort vive, une fois même la mort. M. Cock[5] a enlevé une exostose de l'extrémité inférieure du fémur sur une fille de seize ans, avec un bon résultat.

2° *Résection de la paroi du fémur dans toute son épaisseur.*

Cette opération a pour effet d'ouvrir le canal médullaire ; aussi n'est-elle pas sans danger. Elle est indiquée par la carie ou la nécrose ou par des tumeurs bénignes.

Dans des cas de nécrose elle a été souvent faite, entre autres par M. Hawkins[6], qui perdit son malade, un garçon de quinze ans, de pyoèmie. Cinq de ses collègues, qui opérèrent la même année, obtinrent d'heureux résultats. Mon père et moi nous avons fait, soit isolément soit ensemble, six opérations de ce genre, pour extraire des séquestres invaginés, et toutes ont été suivies de guérison sans encombre. Dans un cas[7] nous opérâmes sans avoir pu constater la mobilité de la

<hr>

[1] Marchettis, *Obs. méd. chir.*, p. 130, 1665, et Velpeau, *Méd. opér.*, t. II, p. 671. — [2] Velpeau, p. 673, *loc. cit.*, et Champion, *Thèse*, Paris 1815. — [3] Velpeau, *loc. cit.*, vol. III, p. 212. — [4] *Gaz. méd.*, 1842, p. 638. — [5] *Med. Times*, Febr. 1857. — [6] *Med. Times*, Febr. 1857. — [7] O. Heyfelder, *Prag. Vierteljahresschr.*, vol. XXI, p. 10.

partie nécrosée et nous enlevâmes un séquestre de 13 centimètres de long. Nous nous sommes toujours servi de l'ostéotome ou du trépan.

Les pertes de substance les plus étendues sont bien supportées dans l'opération de la nécrose, comme le prouve le cas de David[1], où l'on éloigna un morceau long de 17 centimètres; celui de Viguerie[2], qui enleva un morceau cylindrique de 14 centimètres; et celui de Bousselin[3], qui a retiré presque toute la diaphyse.

En outre, ce genre de résection est encore indiqué par les *abcès osseux.* Elle n'a été pratiquée pour cette raison que par Synn[4].

L'opération se fait d'ailleurs d'après les règles posées plus haut à la p. 22.

3° Résection d'un morceau de la diaphyse dans toute son épaisseur.

Ces opérations sont motivées par des fractures récentes et compliquées, par des pseudarthroses, des cals vicieux, par le raccourcissement du membre du côté opposé ou par des maladies organiques des os.

Fractures compliquées.

Lanquire[5], en 1733, fit une opération de ce genre sur un officier de seize ans, qui s'était cassé les deux cuisses. Le fémur droit était brisé en plusieurs esquilles, avec plaie des téguments. Comme la réunion ne se faisait pas et que la vie était menacée, on réséqua le vingt-huitième jour l'un des fragments atteint de fissure dans l'étendue de 17 centimètres. En sept mois on obtint une guérison complète et, grâce à une extension continue, le raccourcissement se borna à 6 centimètres (?). La marche fut assurée.

En 1795, un chirurgien militaire français[6] fit la résection d'une fracture par arme à feu, située sous les trochanters. Succès partiel. Mort cinq ans plus tard par épuisement.

Moreau fils[7] réséqua dans des conditions semblables et avec succès.

Jæger[8] perdit, en 1829, une malade qu'il avait opérée pour une fracture oblique compliquée d'abcès.

Textor père[9] n'eut pas un meilleur résultat en 1838, malgré une amputation consécutive.

En 1845, M. Velpeau[10] opéra une fille de sept ans, tombée sous une roue de

---

[1] *Obs. sur la nécrose*, p. 13. — [2] *Mém. de l'Acad. de Toulouse*, 1788. — [3] *Obs. sur la nécrose.* — [4] *Froriep's Notizen*, vol. XII, p. 208. — [5] Velpeau, *Méd. opér.*, vol. II, p. 578. — [6] *Mém. de l'Acad. de chir.*, vol. IV, p. 112. — [7] *Rust's Handwörterb.*, vol. VI, p. 543. — [8] *Rust's Handwörterb.*, vol. VI, p. 543. — [9] *Wiedererz. der Knochen*, p. 23. — [10] *Gaz. hôpit.*, 1845, Oct.

voiture et qui avait une fracture du fémur avec issue d'un fragment. La malade guérit.

M. Ross excisa 4 centimètres de la diaphyse du fémur gauche sur un soldat prussien blessé au combat de Düppel. Mort par gangrène.

Pendant la campagne du Schleswig-Holstein, M. Langenbeck fit diverses résections primitives et secondaires, avec des succès partagés.

Les résultats de ces quelques cas ne sont pas très-encourageants puisqu'on compte 4 morts sur 3 guérisons ; mais ils sont encore moins mauvais que ceux des amputations qui, dans la guerre de Crimée, ont de nouveau donné des résultats déplorables. MM. Stromeyer[1], Malgaigne[2], Jobert[3], Heyfelder[4], Esmarch[5], et en général tous les auteurs modernes qui ont écrit sur les blessures par armes à feu, sont d'accord pour déclarer que toutes les opérations immédiates faites sur le fémur dans ces conditions sont extrêmement graves. On fera donc bien de tenter autant que possible la méthode expectante, dont MM. Pritchard[6] et Esmarch rapportent des exemples surprenants.

Pseudarthroses.

Ch. Bell[7], Green[8], Holgant[9], Gable[10], Hewson[11], Cline[12] ont fait sans succès des résections du fémur pour pseudarthroses : cinq des malades moururent, celui de Green dut être amputé. L'opéré de Griff. Rowland[13], les deux de Dupuytren[14], celui de Pezerat[15], de Viguerie[16], de Molt[17], de Harris[18], les deux de Kirkbride[19], celui de Peacock[20] et de Reverdit[21] furent guéris.

Parmi ces 11 cas, il y a un résultat incomplet, de sorte que sur 17 opérations il y a 10 succès, 5 morts, 1 amputation consécutive et 1 demi-succès.

Cals vicieux.

Les méthodes applicables à ces états pathologiques ont été indiquées dans la partie générale.

---

[1] Loc. cit. — [2] Loc. cit. — [3] D. Klinik, 1857. — [4] Bulletin de l'Acad. de méd., 1849. — [5] Ueber Resect. nach Schussw., Kiel 1851. — [6] Cases of compound fractures. — [7] Syst. der oper. Chirurg., trad. de l'anglais, Berlin 1815. — [8] Essai sur l'amput. des membres, Paris 1815. — [9] The London med. Gaz., vol. I, p. 357. — [10] Vallet, Thèse, p. 29. — [11] Arch. gén. de méd., 2e série, vol. X, p. 225. — [12] S. Cooper, vol. I, p. 482. — [13] Med. chir. Transactions, 1817, vol. II, p. 47. — [14] Sabatier, Méd. opér. — [15] Journ. compl., vol. V, p. 111. — [16] S. Cooper, Dict. de chir., vol. I, p. 481. — [17] Velpeau, loc. cit. — [18] Arch. gén., 2e série, vol. X. — [19] Hamb. Zeitschr., vol. III, p. 119. — [20] Rust's Magaz., vol. XVII, p. 306. — [21] Gaz. hôpit., 1852, p. 542.

La division simple au moyen de la scie a été faite avec succès par Wasserfuhr[o], en 1846, sur un enfant de cinq ans. Rieke[2] a fait deux fois la division avec résection des fragments; M. Clémot[3], deux fois aussi la résection cunéiforme du cal, et MM. Portal[4] et Reverdit[5], chacun une fois la même opération; tous ces malades ont guéri.

Incurvation des os.

M. Meyer[o], de Würzbourg, a pratiqué sur le même individu deux résections cunéiformes du fémur pour incurvation rachitique.

Jean Sänger, âgé de vingt ans, apprenti tailleur, rachitique jusqu'à douze ans, a le tronc long de 75 centimètres, les extrémités inférieures longues seulement de 59 centimètres. Les deux fémurs sont incurvés en demi-cercle et tordus autour de leur axe, de façon que le condyle interne regarde en avant, la rotule directement en dehors. Leur tissu est éburné. Les jambes sont incurvées en dehors et en arrière et les crêtes osseuses fortement hypertrophiées. Les deux membres se croisent en forme de X et le malade peut à peine marcher.

Le redressement fut effectué par cinq ostéotomies, et celles concernant le même membre furent exécutées dans la même séance.

On excisa au moyen de l'ostéotome un morceau cunéiforme du tiers inférieur du fémur droit. Le tibia du même côté fut sectionné en demi-cercle; on put alors effectuer le redressement et placer le membre dans une gouttière. Le fémur, dont le dernier tiers intact dut être brisé avec une grande violence, guérit en sept semaines, après l'exfoliation de quelques lamelles; le tibia se consolida au bout de quatre semaines, et reprit une direction rectiligne.

Dans une seconde séance, M. Meyer fit une résection sous-cutanée sur le fémur gauche. A travers deux incisions placées sur les bords du vaste externe et du vaste interne, il glissa la lame étroite d'une scie à arc entre le périoste et l'os et le divisa de cette façon. Guérison en trente jours. Du même côté, le tibia et le péroné furent soumis à l'ostéotomie. Guérison en trente-deux jours.

Sänger quitta la maison de santé au bout de six mois, dans des conditions parfaites, capable de marcher et de se mettre à genou, et avec des extrémités allongées de 5 centimètres.

Longueur inégale des extrémités.

Dans les cas de raccourcissement de l'une des extrémités, par suite de coxalgie ou de fracture, M. A. Meyer a proposé d'enlever un morceau du fémur du côté sain, pour rétablir l'équilibre. Il a été le seul, à ma connaissance, à mettre ce précepte en pratique.

[1] *Rust's Handwört. der Chir.*, vol. XVII, p. 543. — [2] OEsterlen, *Das künstl. Wiederbr.* etc., p. 138. — [3] *Gaz. méd.*, 1836, p. 347. — [4] *Gaz. méd.*, sept. 1841. — [5] *Gaz. hôpit.*, 1852, p. 542. — [o] *D. Klinik*, 1856, p. 169-170.

Une petite paysanne de neuf ans, avait, par suite de luxation congénitale du fémur gauche, un raccourcissement de 5 centimètres. M. Meyer fit une incision sur le bord du muscle vaste externe et excisa du tiers inférieur du fémur droit un morceau de dimension appropriée. Il survint une inflammation très-vive, et une tendance des os à chevaucher, ce qui nécessita l'emploi de la pointe de Malgaigne. Au bout de cinq semaines, une lamelle nécrosée se détacha ; mais, en deux mois, la guérison fut complète. Au bout de six mois, l'enfant marchait d'un pas assuré.

M. Meyer a fait une seconde opération dans des circonstances semblables sur un enfant de huit ans.

Certains auteurs rangent encore ici la résection de l'extrémité osseuse d'un moignon ; c'est une opération extrêmement simple, mais elle ne peut compter parmi les résections proprement dites.

Note du traducteur. A ceux des lecteurs français qui seraient tentés de douter de l'authenticité des faits de M. Meyer, je dirai que j'ai vu à Würzbourg, dans le cabinet de ce chirurgien, les moules et les dessins pris sur ses malades avant et après l'opération. Des médecins très-dignes de foi, le vénérable docteur Eisenmann entre autres, m'ont d'ailleurs affirmé qu'ils ont vu à la Société de médecine de cette ville bon nombre de ses opérés parfaitement guéris.

On ne saurait donc douter de la réalité des succès de M. Meyer ; mais ce n'est point une raison suffisante pour l'imiter. Sa manière de rétablir l'égalité de longueur des membres inférieurs par la résection du fémur sain me paraît tout à fait condamnable. Par contre, on est obligé d'admirer sa hardiesse et son bonheur dans le cas de ce malheureux rachitique ; mais cinq ostéotomies de cette importance font courir bien des chances de mort.

Maladies organiques. Une carie, une nécrose ou quelque néoplasme borné à une petite étendue de la diaphyse fémorale pourrait indiquer cette résection ; mais elle n'a été mise qu'une fois en pratique pour une carie, et cela avec succès. Moreau fils, Jæger et M. Blasius la rejettent complétement. Cette conclusion paraîtra trop absolue si l'on songe à l'analogie de ces résections avec celles des fractures compliquées.

Le cas dont j'ai parlé plus haut appartient à mon ancien maître, le professeur Fleischmann. En 1831, il réséqua sur une jeune fille un morceau de 7 centimètres de l'extrémité inférieure de la diaphyse fémorale, qui s'était cariée et avait percé les téguments après s'être séparée de l'épiphyse. Il obtint une guérison parfaite, avec un raccourcissement modéré.

L'opération se pratique d'après les règles que nous avons posées. On a fait plusieurs fois de ces résections pour des nécroses ; mais nous ne savons pas si c'étaient là des résections proprement dites de la diaphyse ou de simples extractions de séquestres.

A côté des cas de David, de Viguerie, de Bousselin, déjà cités plus haut (p. 82), nous rappellerons encore l'observation de Champion[1], qui enleva de la cuisse d'un malade un morceau nécrosé long de 10 centimètres. Il survint un raccourcissement assez considérable, mais qui n'empêcha point la marche.

En somme on a donc publié 39 résections de la diaphyse fémorale dans toute son épaisseur. Sur ce nombre, il est survenu 9 décès; 27 fois il y eut un succès complet, 2 fois un succès partiel et 1 fois il fallut amputer. Les cas de mort sont donc aux succès :: 1 : 3.

Les plus mauvais résultats ont été fournis par les fractures compliquées, où les décès se sont élevés à plus de la moitié des cas; puis viennent les pseudarthroses avec 5 morts sur 27 cas; enfin les résections faites dans un but orthopédique ont donné 10 guérisons sur 10 opérations.

CHAPITRE XIV.

RÉSECTION TOTALE DU GENOU.

Sous ce nom nous comprenons l'excision des surfaces articulaires du tibia et du fémur, avec ou sans ablation de la rotule.

Remarques anatomiques De toutes les jointures, celle du genou possède les surfaces articulaires les plus étendues et l'appareil ligamenteux le plus compliqué. Elle est formée par les deux condyles du fémur, les cavités glénoïdes correspondantes du tibia et par la rotule. La surface des cartilages articulaires de ces différents os équivaut à 93 centimètres carrés.

Il faut encore y ajouter les cartilages inter-articulaires. A ces vastes surfaces cartilagineuses correspond une synoviale énorme; non-seulement elle revêt les extrémités osseuses, les cartilages inter-articulaires et les ligaments croisés, mais elle s'étend à une hauteur de 5 centimètres sous le tendon du triceps. (De plus, elle envoie des prolongements sous le muscle poplité et le tendon du demi-membraneux. *Note du traducteur*.) En fait de ligaments nous trouvons les ligaments

[1] *Thèses de Paris*, 1815, no 11.

latéraux, antérieur, postérieur et croisés. Ces derniers sont très-forts ; ils naissent de l'échancrure inter-condylienne et sont en quelque sorte situés dans l'intérieur de l'articulation, quoiqu'en réalité ils soient en dehors de la synoviale, qui les revêt comme un mésentère ; le ligament postérieur, au contraire, n'est qu'une partie renforcée de la capsule fibreuse, et l'antérieur n'est autre chose que le prolongement du tendon des extenseurs.

La cavité du genou communique si souvent avec l'articulation péronéo-tibiale supérieure, que M. Malgaigne et d'autres auteurs font rentrer cette articulation dans celle du genou. En tout cas, cette communication a une grande importance dans les résections de l'un et de l'autre os.

La face antérieure du genou n'est recouverte, outre le ligament mentionné, que par la peau, un tissu cellulaire mince et une aponévrose assez forte sur les côtés.

Les nerfs sciatiques poplités, l'artère et la veine du même nom sont directement en arrière de l'article. Les terminaisons des muscles sont réparties sur les côtés ou en arrière.

Le genou est fort souvent le siége d'inflammations, qui se terminent d'une manière fâcheuse, soit par suppuration, soit par carie ou ankylose. Ces lésions donnent plus souvent lieu à la résection que les traumatismes.

HISTORIQUE. Filkin[1], de Norwich, fit cette opération en 1762. Son malade vivait encore vingt ans plus tard et marchait sans difficulté. Cependant Filkin ne publia son observation qu'après que Park[2], de Liverpool, eut publié la sienne en 1782. L'opéré de Park, un jeune homme, s'engagea plus tard comme matelot, fit deux fois naufrage et périt dans le second. Il paraît donc qu'il se servait parfaitement de son membre.

En 1789, Park[3] répéta l'opération, mais son malade mourut quatre mois plus tard.

Si Filkin a opéré le premier, Park a le mérite d'avoir élevé la résection du genou à l'état d'opération réglée.

Moreau le père[4] réséqua le genou en 1792. En trois mois et demi, la plaie était

---

[1] *Letter of M*^r^ *Filkin to M*^r^ *Park, Brit. and for. Review*, n° 40, p. 309. — [2] *Letter of M*^r^ *Park to M*^r^ *Pott*, 1782, et Alenson, *Chir. Werke*, t. II, p. 129. — [3] *London med. Journ.*, vol. XI, et Butscher, *loc. cit.* — [4] *Loc. cit.*

guérie et l'articulation avait assez de solidité, quand son malade mourut d'une dysenterie épidémique. Il opéra une seconde fois, mais sans succès.

Mulder[1], à Gröningen, opéra en 1809 une femme enceinte, qui mourut cinq mois plus tard de tétanos pendant l'accouchement.

Quoique M. Butcher rapporte le tétanos à l'accouchement, je rangerai cependant ce cas parmi les terminaisons défavorables, puisque l'opération a pu prédisposer à cette maladie.

En 1844, Moreau le fils[2] fit une résection heureuse; Roux[2], au contraire, perdit sa malade en 1846.

Parmi les chirurgiens ceux qui ont pratiqué le plus souvent la résection du genou sont : Textor père, 4 opérations, 4 succès; M. Textor fils, 3 opérations, 4 succès; M. Fergusson, jusqu'en 1857, 12 opérations avec 6 succès; Jones, de Jersey, 10 opérations avec 7 succès; M. Heusser, 13 opérations avec 7 succès; M. Page, 3 opérations avec 3 succès; M. Humphrey, 13 opérations avec 8 succès, 4 amputations consécutives, 1 mort; M. Price, 4 opérations avec 1 seule mort; M. Esmarch, 7 fois avec 2 morts seulement. Enfin., M. Langenbeck a opéré souvent, sans que je connaisse exactement les résultats.

En tout, j'ai pu rassembler 175 observatious, quoiqu'on en ait fait probablement un nombre beaucoup plus considérable,

Les auteurs qui ont principalement contribué à répandre l'opération par leurs écrits, sont : les deux Moreau, en France; M. Butcher et Smith, en Angleterre; M. Heusser, Ried, Adelmann, Textor père et fils, en Allemagne; ces deux derniers surtout par une série de thèses publiées sous leurs auspices.

Indications. La résection du genou trouve son application à tous les âges, à l'exception des extrêmes les plus avancés. Elle a été surtout pratiquée sur des jeunes gens, et c'est chez les enfants qu'elle a donné les plus beaux résultats. Mais il ne faut pas oublier que chez les enfants la résection arrête quelquefois le développement du membre (on l'a constaté 3 fois sur 32 résections pratiquées sur des enfants au-dessous de douze ans). Quelques auteurs sont partis de là pour proscrire complétement cette opération chez les enfants. On peut objecter à cela que l'arrêt de développement s'observe aussi chez eux après des arthrites suppurées et des ankyloses, de sorte qu'il n'en résulte pas une contre-indication valable.

---

[1] Wachter, *Diss. de art. exstirp.*, Groning. 1810. — [2] *Loc. cit.* — [3] *Rev. méd.*, 1830, p. 16.

La *carie* est la cause la plus fréquente de résection, surtout une carie primitive de l'os avec destruction des ligaments et danger pour la vie. Une carie superficielle, au contraire, étendue secondairement à l'os par suite d'une maladie des parties molles, peut encore guérir sans résection par un traitement énergique.

A la polyclinique de Würzbourg[1] on traita un malade qui s'était refusé absolument à l'opération et qui guérit néanmoins, malgré la suppuration de l'articulation du genou.

J'ai vu guérir un autre cas à la clinique de M. Larrey, par des cautérisations superficielles au fer rouge, et l'on pourrait citer un certain nombre d'observations semblables.

La *nécrose* des extrémités osseuses, si elle pénètre jusque dans l'article et si elle donne lieu à une suppuration de mauvaise nature, justifie la résection du genou. On transforme par là une surface suppurante très-étendue et sinueuse, en une plaie plus petite et mieux disposée à la guérison.

Les *néoplasmes* de bonne nature bornés aux têtes articulaires pourraient à la rigueur provoquer cette opération.

En fait de lésions traumatiques, nous avons principalement les *blessures par armes à feu* qui indiquent la résection, si toutefois la diaphyse de l'os ainsi que les vaisseaux et nerfs principaux sont conservés.

Les *fractures comminutives* et compliquées de l'article, ainsi que des luxations compliquées d'issues des condyles donnent aussi lieu à la résection du genou.

Opération. La préparation à l'opération se fait comme à l'ordinaire; le malade est couché dans le décubitus dorsal sur une table suffisamment élevée.

I. DIVISION DES PARTIES MOLLES.

1º Une *simple incision longitudinale* a été essayée par Park sur le côté interne, et proposée par M. Chassaignac sur le côté externe, mais elle est insuffisante, vu la largeur de l'article.

Dans ces derniers temps M. Langenbeck[2] a repris ce procédé; il fait une incision sur la ligne médiane, qui commence à 5 centi-

---

[1] Fuchs, *Dissert.*, Würzb. 1852. — [2] Billroth, *D. Klinik*, 1859, p. 331-334.

mètres au-dessus de la rotule et se termine un peu au-dessous de la tubérosité du tibia. Puis il excise la rotule, le ligament rotulien et la partie antérieure de la capsule; enfin il fléchit le membre et coupe les ligaments latéraux et croisés ainsi que la partie postérieure de la capsule.

Je me suis assuré sur le cadavre que ce procédé est assez facile. A un point de vue théorique, il a l'avantage de produire une plaie de moindre étendue et de donner plus de soutien aux os après la résection; mais l'incision est mal placée pour l'écoulement du pus.

Cependant M. Langenbeck affirme qu'il a opéré plusieurs fois d'après ce procédé, sans fusées purulentes.

Note du traducteur. Dans le troisième volume de ses *Archives* (1862), M. Langenbeck recommande un autre procédé: c'est une incision curviligne qui commence à deux travers de doigt au-dessus de la rotule, un peu en dedans de la ligne médiane, et qui descend ensuite sur le bord interne du ligament rotulien jusqu'à son attache. Ce procédé est destiné à ménager la rotule et son tendon dans tous les cas où cela est possible.

2° *L'incision transversale* au-dessous de la rotule donne beaucoup plus d'espace. Sanson et Bégin la font en ligne droite, Textor la recourbe légèrement. Dans ces derniers temps, M. Fergusson se sert exclusivement de cette incision.

3° Une *double incision longitudinale*, l'une au côté interne, l'autre au côté externe du membre (procédé de Jeffray et de M. Sédillot), permet de réséquer les os après la dissection des parties molles. Ce procédé est surtout indiqué quand la rotule et le tendon des extenseurs peuvent être conservés.

4° L'incision à un seul *lambeau*, dont la convexité est au-dessous de la rotule, est une modification du procédé de Textor. C'est la manière d'opérer de Guepratte et de M. Erichson. M. Syme fait deux incisions semi-elliptiques au-dessus et au-dessous de la rotule et enlève cet os avec le lambeau de peau.

5° Le *procédé à deux lambeaux*, procédé de Moreau, employé aussi par MM. Fergusson, Langenbeck et la plupart des opérateurs, consiste à faire une incision longitudinale de chaque côté de la jointure, et à les réunir par une incision transversale au-dessous de la

rotule. C'est une incision en H qui produit deux lambeaux quadrilatères.

Jæger faisait d'abord l'incision transversale, ouvrait la jointure
et y ajoutait, selon les besoins, des incisions longitudinales plus
ou moins longues, M. Humphrey fait l'incision transversale au-
dessus de la rotule.

6° Sur le cadavre j'ai pratiqué le procédé suivant : une incision,
partant du côté supérieur externe de la jointure, passe obliquement
sur la partie inférieure de la rotule pour se terminer sur le côté
inférieur et interne. Ce procédé donne plus de jour que la simple
incision transversale, et, si elle se trouvait insuffisante, on ferait
partir à angle aigu des deux extrémités deux petites incisions longitudinales. On obtiendrait ainsi une plaie en forme de ⋈ , qui
donnerait deux lambeaux comme l'incision en H, sans présenter
l'inconvénient des deux angles se réunissant en un seul point.

II. DIVISION DES OS.

D'ordinaire on ouvre immédiatement l'article par l'une ou l'autre
de ces incisions, puis on coupe les ligaments, on fléchit le genou,
on sépare les parties molles du côté du creux poplité et l'on s'assure
exactement de l'étendue de la lésion osseuse. Ordinairement la
rotule est éloignée d'abord, puis on coupe les condyles du fémur,
et l'on finit par décapiter le tibia avec ou sans le péroné. M. Chassaignac, qui ne fait qu'une incision latérale externe, commence par
le péroné, puis il coupe le fémur, ensuite le tibia et en dernier
lieu la rotule.

Il se sert de la scie à chaîne ; la plupart des opérateurs emploient
la scie ordinaire ou celle à lame. La rotule est extirpée avec le bistouri ou les ciseaux.

Après la résection du genou, il ne s'agit pas d'obtenir une pseudarthrose avec mobilité, mais une ankylose ; la rotule est donc inutile
et il vaut mieux l'enlever, ce qu'on fait ordinairement. Dans les cas
où elle est parfaitement saine, il est permis de la respecter ; c'est ainsi
qu'agissent les chirurgiens anglais et en particulier MM. Price, Fatum,

Fergusson, Stanley. Mais on ne peut que blâmer la conduite de MM. Square, Birkett, Jones, qui ont laissé une rotule cariée, en se bornant à ruginer sa face interne ou à la réséquer en partie. Du reste les partisans de la conservation de la rotule perdent du terrain et M. Fergusson, lors de sa dernière opération, s'est prononcé formellement contre cette manière d'agir.

Les extrémités articulaires doivent être sciées perpendiculairement à l'axe de l'os, sinon la coaptation devient impossible. Il n'y a d'exception que pour les condyles du fémur; comme le condyle interne descend plus bas que l'externe, on en enlève une plus grande hauteur par une section perpendiculaire à l'os, et il en résulte après coup une déviation du genou en dehors. Il faut donc que la section des condyles soit parallèle au plan de leur surface libre.

Il est important d'exciser le moins possible des extrémités articulaires, d'abord pour avoir un raccourcissement moindre, ensuite pour que les surfaces de section soient plus larges et se réunissent plus solidement; en dernier lieu pour ne pas ouvrir la cavité médullaire. Quand les parties molles s'opposent à la coaptation, il est blâmable d'enlever une seconde et une troisième rondelle d'os pour la faciliter; on n'arrive pas plus facilement au but, j'ai eu l'occasion de le voir plusieurs fois, et l'on empire la position du malade.

On ne peut pas indiquer en chiffres quelle est la longueur d'os qu'il est permis d'exciser; mais 10 centimètres me semblent le maximum. Moreau fils est le seul qui ait enlevé davantage; il réséqua 10 centimètres du fémur, plus encore l'extrémité articulaire du tibia.

M. Billroth [1] a proposé de scier les os obliquement dans certains cas, de façon que les surfaces de section AB et A'B' soient parallèles et se correspondent (voy. pl. VI, fig. 7).

Théoriquement ce procédé paraît applicable, et je me suis assuré sur le cadavre qu'il n'est pas très-difficile à exécuter. Il a son importance quand une lésion s'étend beaucoup plus loin sur l'une des faces de l'os que sur l'autre. On peut par exemple exciser sur la

[1] *D. Klinik*, 1859, *loc. cit.*

face antérieure jusqu'en A, et en arrière seulement jusqu'en B. Par là on évite des pertes de substance inutiles et on rend même possibles des résections, qui ne le seraient plus par la section transversale ; car en sciant transversalement le fémur en A et le tibia en B', on constituerait un raccourcissement trop énorme.

Je dois ajouter du reste que M. Pelikan, de Saint-Pétersbourg, emploie depuis quelques années des coupes obliques dans la résection du coude-pied.

III. TRAITEMENT CONSÉCUTIF.

L'opéré ne doit être transporté dans son lit qu'après la réunion de la plaie et l'application d'un bandage approprié sur le membre. La plaie est réunie par des points de suture et recouverte par un simple linge trempé dans l'eau froide, ou par un pansement au cérat et à la charpie.

La coaptation des os ne réussit pas toujours, même quand ils ont été sciés dans une bonne direction ; cela arrive surtout quand une ankylose angulaire, fausse ou vraie, a subsisté pendant longtemps. L'obstacle résulte soit d'une contraction exagérée des fléchisseurs, par manque d'antagonistes, soit plutôt d'une rétraction ancienne des tendons et de la formation de cordes fibreuses et inodulaires. Dans le premier cas on a facilement raison de l'obstacle par l'anesthésie combinée avec une traction modérée, mais soutenue; dans le second, ces moyens ne suffisent plus; il faut couper les tendons fléchisseurs et les cordes fibreuses, ou se contenter, avec Textor, Duck, M. Syme, de laisser la jambe dans la flexion et de ne l'étendre que progressivement. Autant que possible il faut faire immédiatement l'extension, pour pouvoir appliquer un pansement définitif; le malade en est moins inquiété et la guérison plus prompte. De plus c'est le seul moyen d'obtenir une réunion par première intention, et ne dût-elle réussir qu'en partie, ce serait déjà important.

Quand l'extension de la jambe a réussi, on applique une série de bandelettes de Scultet depuis les orteils jusqu'à l'aine, puis on couche l'extrémité dans une gouttière de bois bien matelassée, ou bien on la fixe avec quelque appareil à fracture. S'agit-il d'un transport, on applique immédiatement un appareil inamovible. M. Langenbeck fixe l'extrémité sur une attelle de fer garnie de cuir et la plonge dans le bain permanent. Je recommande ce bain surtout pour les cas où l'on n'a pas pu faire la coaptation et la réunion.

A la suite des résections du genou on cherche à obtenir une ankylose osseuse, et il faut maintenir le membre aussi immobile que possible jusqu'à ce que la consolidation soit faite. Ce n'est qu'alors qu'on permet aux malades de se lever et de marcher avec des béquilles, après leur avoir appliqué un appareil inamovible.

Pour arriver à l'immobilité et en même temps s'opposer à la saillie du bout supérieur, qui se produit souvent, M. Roser[1] recommande l'emploi de la pointe de M. Malgaigne.

M. Billroth[2] a adapté cette pointe à une gouttière articulée, semblable à celle qui est en usage en Angleterre (voy. pl. V, fig. 1). Les gouttières A et B, destinées à recevoir la cuisse et la jambe, sont garnies de petits matelas faciles à renouveler. Elles sont réunies par deux tiges C, recourbées en dehors et articulées, et peuvent être fixées dans toutes les positions par la vis D. C'est aux tiges qu'est fixé l'étrier avec la pointe de Malgaigne E. Enfin la semelle mobile F, destinée à soutenir le pied, peut être éloignée ou rapprochée au moyen des coulants G.

M. Esmarch[3] emploie un autre appareil (voy. pl. V, fig. 2). Deux supports, hauts de 50 centimètres (A et B), sont fixés sur une planche longue de 1 mètre, large de 40 centimètres et épaisse de 3. Ces supports soutiennent une tige de fer de 50 centimètres de long (C), qui est placée juste au-dessus du membre réséqué et parallèlement à lui. Trois gouttières à deux valves articulées (D, D, D) sont fixées le long de cette tige et logent le membre opéré. Enfin une petite semelle en bois (E), portée par une tige en métal de 30 centimètres et munie d'une articulation à noix, est destinée au pied et peut prendre toutes les positions. Les valves des gouttières

---

[1] *Ueber Resect. bei Gelenkvereit.*, *Vierordt's Archiv*, 12e année, p. 278. — [2] *D. Klinik*, 1859, p. 333. — [3] *Beiträge zur prakt. Chirurgie*, Kiel 1859.

peuvent être séparées, et la gouttière supérieure a une tige courbe pour s'adapter plus facilement aux différentes positions de la cuisse. Toutes les parties de l'appareil sont garnies de coussinets. Le membre lui-même est entouré de bandelettes de Scultet et le pied est fixé sur la semelle par une bande roulée.

M. Esmarch fait remarquer que la planche qui sert de support doit être placée un peu plus bas que le corps du malade. A cet effet il est bon que le matelas soit divisé en trois pièces et que l'on enlève la moitié de la pièce inférieure pour loger la planche.

Il est très-facile avec cet appareil de procéder au pansement de la plaie et de remplacer les pièces de linge salies. On peut enlever et remettre successivement chacune des gouttières sans déranger la position du membre. Enfin l'appareil est facile à démonter et à transporter et peut être adapté à toute espèce de résection, même à celle du coude.

On pourrait aussi utiliser pour les résections du genou un appareil semblable à celui que j'indiquerai plus loin pour les résections du coude-pied et qui m'a donné de bons résultats.

Les premiers essais de marche se font d'ordinaire de la huitième à la dixième semaine, malgré les plaies ou les fistules qui pourraient encore exister. Dans quelques cas, les malades se sont déjà appuyés sur l'extrémité dès la troisième semaine. Mais en moyenne la guérison complète avec libre usage du membre ne survient que dans le quatrième ou le cinquième mois ; exceptionnellement on l'a vu arriver dans le milieu du troisième, quelquefois seulement au bout d'une année. Il est souvent nécessaire d'envoyer le malade à la campagne et de lui faire subir un traitement par l'huile de morue etc.

Les adversaires de la résection du genou ont reproché à cette opération la longueur de la convalescence ; mais elle est bien compensée par la conservation du membre. Cependant il est vrai de dire que des individus épuisés, dyscrasiques, ne résistent pas à un séjour prolongé au lit ; aussi ne faut-il pas entreprendre cette résection sur des sujets scrofuleux, tuberculeux ou scorbutiques.

L'opération en elle-même n'est ni dangereuse ni difficile ; l'articulation est très-accessible, la section des os facile et l'on n'arrive à proximité d'aucun vaisseau ou nerf important. Elle constitue une lésion moins grave que l'amputation de la cuisse, parce que la perte de substance est bien moindre. La moitié des opérés meurent à la suite d'amputation de la cuisse; à la suite de résection du genou, ce n'est que le tiers ou même le quart, si nous déduisons six morts accidentelles. Mais il faut aussi tenir compte des résultats au point de vue de l'usage consécutif du membre. Le succès est réel si, après l'opération, le fémur ne peut se mouvoir sur le tibia. Cette union est produite par soudure des surfaces de section, ou par des ostéophytes en forme de pont qui vont d'un os à l'autre, ou par du tissu fibreux très-épais et très-résistant. Une union des os avec mobilité détruit l'effet de l'opération. Dans les cas légers on peut obvier aux inconvénients par des appareils inamovibles ou par ceux de Brœnner et d'Ivoy; quand la mobilité est très-étendue, il faut faire l'opération de la pseudarthrose[1], ou amputer. Des observations récentes sur des malades de MM. Scymanowski et Fergusson ont d'ailleurs prouvé qu'une légère mobilité antéro-postérieure, à l'exclusion de toute mobilité latérale, est plutôt favorable que défavorable à la marche et surtout à la marche ascendante.

Note du traducteur. Depuis quelques années, M. Langenbeck cherche même à conserver une certaine mobilité dans tous les cas où il a pu ménager l'attache du ligament rotulien, d'après son nouveau procédé.

Du reste, il ne faut pas perdre l'espoir de la consolidation avant six mois, un an et plus; car on l'a obtenue à ces périodes par un changement de régime, d'air ou de traitement.

Outre la formation d'une pseudarthrose, c'est la récidive de la carie qui donne lieu à l'amputation consécutive de la cuisse ou à la désarticulation du genou. Ces opérations consécutives ont été suivies jusqu'ici de résultats surprenants; sur 17 de ces opérés, il n'en est mort que 2; les 15 autres furent rapidement et complétement rétablis. Si ce n'est pas pour carie qu'on opère, on fera la désarticulation du génou de préférence à l'amputation de la cuisse, parce qu'on est plus éloigné du tronc et qu'on n'est plus obligé de toucher à l'os.

---

[1] M. Heusser a fait 8 fois une seconde résection des extrémités osseuses, 1 fois avec succès, 1 fois il fallut amputer, 1 fois le malade mourut.

Tableau des résections totales du genou.

N°s	NOM du chirurgien.	DATE de l'opér.	SEXE du malade	AGE du mal.	NATURE de la maladie.	RÉSULTATS AU POINT DE VUE de la vie	RÉSULTATS AU POINT DE VUE des usages du membre.	REMARQUES.	SOURCES.	N°s
1	Filkin.	1762	masc.	21	Carie.	vie	Parfait.	—	Loc. cit.	1
2	Park.	1782	masc.	33	id.	vie	Parfait.	—	id.	2
3	Id.	1780	masc.	30	id.	mort	au bout de 4 mois.	—	id.	3
4	Moreau père	1792	masc.	20	id.	mort	Le malade guéri marchait	bien; il meurt 4 mois 1/2 plus tard, de dysent.	id.	4
5	Id.	1792	—	—	—	mort		—	id.	5
6	Mulder.	1809	fém.	34	Carie.	mort	La malade a succombé à	mois plus tard pendant un accouchem. de jumeaux.	id.	6
7	Moreau fils.	1811	masc.	31	id.	vie	Bon. Guérison lente. 4-5	ans plus tard on constate la durée de ces résult.	id.	7
8	Roux.	1816	masc.	32	id.	mort	le 19e jour.	—	id.	8
9	Crampton.	1823	masc.	23	id.	vie	Médiocre, consolidation	imparfaite. Meurt 5 ans plus tard.	Dublin Hosp. reports, v. IV, et Butcher, loc. cit.	9
10	Id.	1823	fém.	20	id.	vie	Bon.	Racc. de 10 centim.; mort 3 ans 1/2 plus tard.	id.	10
11	Syme.	1829	masc.	8	id.	vie	Parfait.	—	Edinb. journ., 1880, et	11
12	Id.	1829	fém.	7	id.	mort	le 11e jour.	—	Butcher, loc. cit.	12
13	Jæger.	1830	masc.	28	Gonarthrocace.	vie	Parfait.	Résult. constat. 11 ans plus tard par J. F. Heyfelder.	Ried, loc. cit., et Velpeau.	13
14	Textor père.	1832	fém.	26	Carie.	mort	—	—	Fuchs, Dissert., Würzb. 1834.	14
15	Fricke.	1832	fém.	8	id.	vie	Bon.	Le membre se développe moins que l'autre; raccourcissement de 5 centim.	id.	15
16	Id.	1832	—	—	id.	mort	Pyoémie.	—	id.	16
17	Id.	1832	—	—	id.	mort	Fièvre hectique.	—	id.	17
18	Id.	1836	fém.	18	id.	vie	Bon. La malade marche	avec une machine au bout de 2 ans.	id.	18
19	Demme.	1835	masc.	36	id.	vie	Bon.	Guérison en 4 mois.	Heyf., Amput. u. Res., loc. cit.	19
20	Textor fils.	1839	fém.	32	id.	mort	Épuisement au bout de 4	mois.	Fuchs, Diss., loc. cit.	20
21	Lang.	1840	masc.	24	id.	mort	Pyoémie au bout de 2	mois.	O. Heyf., source non citée.	21
22	Textor père.	1842	fém.	28	Carie et ankylose.	vie	Parfait.	—	Fuchs, loc. cit.	22
23	Demme.	1842	—	—	Carie.	mort	Pyoémie.	—	Heyf., Amput. u. Resect.	23
24	Id.	1842	—	—	id.	mort	Pyoémie.	—	id.	24
25	Textor père.	1845	fém.	44	Carie et nécrose.	vie	Pseudarthrose. Amputa	tion consécutive.	Fuchs, loc. cit.	25
26	Id.	1846	masc.	20	Carie.	mort	Pyoémie au bout de 6 se	maines.	id.	26
27	Heuser.	1848	masc.	20	Gonarthrocace.	vie	Guérison en 4 mois 1/2.	—	K. Textor, loc. cit.	27
28	Id.	1849	masc.	32	Abcès médullaire.	vie	Pseudarthrose au comm.	Consolid. plus tard. Meurt phthis. au bout de 2 ans.	id.	28
29	Id.	1849	masc.	6	Gonarthrocace.	vie	Parfait.	—	id.	29
30	Heyfelder.	1849	masc.	21	Carie.	mort	Pyoémie.	—	Amput. u. Resect., loc. cit.	30
31	Textor fils.	1849	fém.	29	Carie. Lux. spont.	mort	Épuisement le 13e jour.	—	loc. cit.	31
32	Maisonneuve.	1849	masc.	18	Carie.	vie	Bon.	—	Gaz. hôpit., 1849, p. 340.	32
33	Fergusson.	1850	masc.	21	id.	mort	Pyoémie le 19e jour.	—	Med. Times and Gaz.	33
34	Heuser.	1850	masc.	26	Gonarthrocace.	vie	Parfait.	—	K. Textor, loc. cit.	34
35	Id.	1850	fém.	24	id.	mort	au bout de 9 mois de	phthisie. La guérison paraissait se faire.	id.	35
36	Id.	1850	fém.	18	id.	mort	Amputation 4 jours après	la résection. Mort 8 mois plus tard.	id.	36
37	Jones.	1851	fém.	25	Carie.	vie	Bon.	Appareil contentif.	Butcher, loc. cit.	37
38	Id.	1851	masc.	11	id.	vie	Parfait.	—	id.	38
39	Id.	1851	fém.	30	id.	mort	Dysenterie le 14e jour.	—	id.	39
40	Id.	1852	masc.	7	id.	vie	Parfait.	—	id.	40
41	Id.	1852	masc.	20	id.	vie	Parfait.	—	id.	41
42	Fergusson.	1852	fém.	21	id.	vie	Parfait.	—	Med. Times.	42
43	Ried.	1852	masc.	33	Gonarthrocace.	vie	Amputation immédiate.	Mort un an plus tard de la maladie de Bright.	Heyfelder, Amp. u. Resec.	43
44	Paget.	1852	masc.	14	Carie.	vie	Parfait.	—	Med. Times	44
45	Mackenzie.	1852	masc.	42	id.	vie	Parfait.	—	Edinb. assoc. med. journ. et Butcher.	45
46	Roser.	1852	masc.	—	id.	mort	Pyoémie.	—	Heyf., Amput. u. Resect.	46
47	Id.	1852	—	—	id.	vie	Amputation pour suppura	tion profuse.	id.	47
48	Heuser.	1852	masc.	20	Gonarthrocace.	mort	—	par pyoémie.	K. Textor, loc. cit.	48
49	Id.	1852	masc.	30	id.	vie	Parfait.	—	id.	49
50	Id.	1852	fém.	10	id.	mort	—	par épuisement. Seconde résection au bout de 4 mois. Mort 8 mois plus tard.	id.	50

N°s	NOM du chirurgien.	DATE de l'opér.	SEXE du malade	AGE du mal.	NATURE de la maladie.	de la vie.	des usages du membre.	REMARQUES.	SOURCES.	N°s
51	Heusser.	1853	fém.	26	Carie.	vie	parfait.	Synostose en 26 semaines.	K. Textor, *loc. cit.*	51
52	Id.	1853	masc.	20	Carie et ankylose.	vie	id.	Résection de 15 centim. de long.	id.	52
53	Id.	1853	masc.	18	Carie.	mort	—	par phthisie.	id.	53
54	Id.	1853	fém.	26	id.	mort	—	par phthisie. Guéris. de la plaie cutanée en 6 sem.	id.	54
55	Bruns.	1853	masc.	49	id.	mort	—	Pyoémie.	J. F. Heyf., *Amp. und Resect.*	55
56	Textor fils.	1853	fém.	23	Gonarth. chron.	vie	parfait.	—	K. Textor, *loc. cit.*	56
57	Pritchard.	1853	masc.	20	Carie.	vie	id.	—	O. Heyf., source non citée.	57
58	Thomas.	1853	masc.	12	id.	vie	id.	—	Butcher, *loc. cit.*	58
59	Fergusson.	1853	fém.	28	id.	mort	—	Pyoémie.	*Med. Times.*	59
60	Jones.	1853	masc.	9	id.	vie	parfait.	—	Butcher, *loc. cit.*	60
61	Mackenzie.	1853	masc.	28	id.	vie	id.	—	id.	61
62	Colton.	1853	masc.	0	id.	vie	id.	—	id.	62
63	Gore.	1853	masc.	18	id.	vie	id.	—	id.	63
64	Thomas.	1853	masc.	16	id.	vie	id.	—	id.	64
65	Keith.	1853	masc.	9	id.	vie	id.	—	id.	65
66	Mackenzie.	1853	masc.	18	id.	vie	id.	—	id.	66
67	Knorre.	1853	—	—	id.	vie	id.	—	O. Heyf., source non citée.	67
68	Id.	1853	—	—	id.	vie	id.	—	id.	68
69	Adelmann.	1853	masc.	16	id.	mort	—	Pyoémie le 10e jour.	*Dissert.*, Dorpat 1854.	69
70	Piorry.	1854	masc.	10	id.	vie	amputation.	—	Butcher.	70
71	Brotherthon.	1854	masc.	10	id.	vie	—	—	O. Heyf., source non citée.	71
72	Fergusson.	1854	masc.	10	id.	mort	parfait.	—	*Med. Times.*	72
73	Landsdown.	1854	fém.	12	id.	vie	id.	—	Butcher.	73
74	Humphrey.	1854	fém.	20	id.	vie	id.	—	id.	74
75	Pirrie.	1854	masc.	14	id.	vie	amputation.	—	id.	75
76	Huges.	1854	fém.	27	id.	vie	parfait.	—	O. Heyf., source non citée.	76
77	Fergusson.	1854	masc.	8	id.	vie	id.	—	*Med. Times.*	77
78	Holt.	1854	masc.	8	id.	vie	bon.	—	id.	78
79	Stoward.	1854	—	—	id.	vie	id.	Résultats ultérieurs inconnus.	Butcher.	79
80	Butcher.	1854	masc.	28	id.	vie	parfait.	—	id.	80
81	Erichson.	1854	masc.	7	id.	vie	id.	—	id.	81
82	Pemberton.	1854	masc.	12	id.	vie	bon.	—	id.	82
83	Mackenzie.	1854	masc.	12	id.	mort	—	Phthisie.	id.	83
84	Keith.	1854	masc.	24	id.	vie	parfait.	—	id.	84
85	Jones.	1854	fém.	18	id.	vie	amputation.	pour carie et nécrose.	id.	85
86	Fergusson.	1854	enf.	—	id.	vie	parfait.	—	*Med. Times.*	86
87	Statham.	1854	—	—	id.	vie	bon.	—	Butcher.	87
88	Smith.	1854	masc.	6	id.	vie	id.	—	id.	88
89	Erichson.	1854	—	—	id.	vie	id.	—	id.	89
90	Brotherthon.	1855	masc.	11	id.	vie	parfait.	—	id.	90
91	Ried.	1855	masc.	23	id.	vie	id.	—	Ried, *loc. cit.*	91
92	Keith.	1855	masc.	33	id.	vie	amputation.	—	Butcher.	92
93	Tatam.	1855	masc.	18	id.	mort	—	Pyoémie.	id.	93
94	Humphrey.	1855	masc.	47	id.	vie	bon.	—	id.	94
95	Macleod.	1855	masc.	—	Plaie d'arme à feu.	mort	—	en Crimée ; pyoémie.	*Med. Times.*	95
96	Birkett.	1855	masc.	35	Carie.	vie	amputation.	—	O. Heyf., source non citée.	96
97	Jones.	1855	fém.	9	id.	vie	bon.	—	Butcher.	97
98	Holt.	1855	fém.	47	id.	mort	—	Complications.	id.	98
99	Heusser.	1855	masc.	26	id.	vie	pseudarthrose.	amputation.	K. Textor, *loc. cit.*	99
100	Langenbeck.	1855	fém.	34	id.	vie	point de cal.	—	Communication particulière.	100
101	Ried.	1855	masc.	33	id.	mort	—	Pyoémie le 17e jour.	Schillbach, *Resect.*	101
102	Fergusson.	1856	masc.	18	id.	vie	parfait.	—	*Med. Times.*	102
103	Erichson.	1856	masc.	22	id.	vie	bon.	—	Butcher.	103
104	Cœ.	1856	masc.	6	id.	vie	id.	—	Source non citée.	104
105	Fergusson.	1856	fém.	20	id.	vie	id.	Revue en 1858 ; marche bien malgré une légère mobilité antéro-postérieure.	Butcher.	105

Nos	NOM du chirurgien.	DATE de l'opér.	SEXE du malade	AGE du mal.	NATURE de la maladie.	RÉSULTATS AU POINT DE VUE de la vie.	RÉSULTATS AU POINT DE VUE des usages du membre.	REMARQUES.	SOURCES.	Nos
106	Stanley.	1856	fém.	15	Carie.	vie	amputation.	—	Butcher.	106
107	Bowman.	1856	fém.	30	Id.	mort	—	le 5e mois d'une maladie organique.	Med. Times.	107
108	Marott.	1856	fém.	19	Id.	vie	bon.	Incision semi-lunaire.	Butcher.	108
109	Price.	1856	fém.	15	Gonarthrocace.	vie	id.	Rotule enlevée. Incision en H.	id.	109
110	Moore.	1856	masc.	24	Carie et luxat.	mort	—	le 4e jour, d'hémorrh. second. Rotule conservée.	id.	110
111	Fergusson.	1856	fém.	20	Carie.	mort	—	Phlébite.	Med. Times.	111
112	Windsor.	1856	masc.	18	Gonarthrocace.	mort	amputation.	Incision en H.	—	112
113	Jones.	1856	fém.	23	Id.	vie	Guérison probable.	Deux érysipèles.	Butcher.	113
114	Erichson.	1856	masc.	9	Carie.	vie	parfait.	Incision semi-lunaire.	id.	114
115	Humphrey.	1356	masc.	20	id.	vie	id.	Incision en H.	id.	115
116	Price.	1856	masc.	9	id.	vie	bon, en traitement.	id.	id.	116
117	Cœ.	1856	masc.	4 1/2	id.	vie	bon.	—	id.	117
118	Partridge.	1856	masc.	23	id.	vie	bon, en traitement.	id.	id.	118
119	South.	1856	fém.	40	id.	vie	id.	Incision semi-lunaire.	id.	119
120	Brace.	1856	masc.	27	id.	mort	—	Mort brusque après la guérison.	id.	120
121	Humphrey.	1856	masc.	12	Carie et ankylose.	vie	parfait.	—	id.	121
122	Square.	1856	masc.	11	Carie.	vie	bon, en traitement.	—	id.	122
123	Thompson.	1856	masc.	37	Luxat. et ankylose.	mort	—	ces deux cas, qui étaient en bonne voie, sont notés comme succès par Butcher ; le Med. Times nous annonce qu'ils se sont term. par la mort plus tard.	—	123
124	Fergusson	1856	fém.	27	Carie.	mort	—		—	124
125	Page.	1856	fém.	12	id.	vie	bon	—	Med. Times.	125
126	Price.	1856	fém.	26	id.	vie	id. } encore en traitement.	—	id.	126
127	Page.	1856	fém.	10	id.	vie	id.	—	id.	127
128	Bowman.	1856	fém.	16	id.	vie	bon.	—	id.	128
129	Jones.	1856	masc.	7	id.	vie	amputation.	—	id.	129
130	Humphrey.	1856	masc.	20	id.	vie	id.	—	id.	130
131	Bowman.	1856	fém.	16	id.	vie	Incertain.	—	id.	131
132	Hey.	1856	fém.	11	Gonarthrocace.	vie	bon, en traitement.	—	id.	132
133	Id.	1856	fém.	36	Carie.	vie	id.	—	id.	133
134	Quain.	1856	masc.	26	Gonarthrocace.	mort	—	le 18e jour, délire.	id.	134
135	Nichols.	1856	fém.	19	Carie.	vie	bon, en traitement.	—	id.	135
136	Langenbeck.	1856	fém.	4 1/2	Gonarthrocace.	—	—	—	Opérée en ma présence à Berlin.	136
137	Id.	1856	fém.	6	Carie.	—	—	—	id.	137
138	Tatum.	1856	masc.	19	Id.	mort	—	Pyoémie.	Med. Times.	138
139	Partridge.	1856	masc.	30	Id.	vie	médiocre.	se porte bien 4 mois plus tard.	id.	139
140	Wilms.	1856	masc.	35	Carie traumat.	vie	parfait.	Guéri au bout de 6 mois.	Communication privée.	140
141	Id.	1856	masc.	17	Id.	mort	—	le 13e jour.	id.	141
142	Fergusson.	1856	masc.	—	Carie.	vie	parfait.	La rotule conservée est restée mobile, quoique le ligam. rotul. ait été divisé.	Med. Times.	142
143	Bruns.	1857	masc.	18	Carie et nécrose.	mort	—	Épuisement au bout de 2 mois.	Heyf., Amp. u. Resect.	143
144	Id.	1857	masc.	18	Carie.	vie	amputation.	Désartic. du genou au bout de 40 jours.	id.	144
145	Ferry.	1857	fém.	25	id.	vie	bon.	Incision semi-lunaire. Rotule enlevée.	Med. Times.	145
146	Reading? Roy. Berks. hosp.	1857	masc.	29	Gonarthrocace.	vie	amputation au bout de 6	semaines.	id.	146
147	Humphrey.	1857	masc.	20	Id.	vie	amputation.	—	id.	147
148	Id.	1857	masc.	29	Carie.	vie	bon.	Incision en croix.	id.	148
149	Hey.	1857	fém.	36	Gonarthrocace.	vie	id.	—	id.	149
150	Fergusson.	1857	fém.	50	Carie.	mort	—	Épuisement, en quelques jours.	id.	150
151	Id.	1857	fém.	6	Gonarthrocace.	mort	—	Hémorrh. la nuit de l'opération.	id.	151
152	Price.	1857	masc.	19	Ankylose vraie.	mort	—	Pleuro-pneumonie le 30e jour, jusque-là convalescence parfaite.	id.	152
153	Cooper Forster.	1857	masc.	17	Carie.	vie	amputation au bout de 6	semaines pour saillie des bouts d'os, non réunion.	id.	153
154	Fergusson.	1857	masc.	22	Nécrose et luxation.	vie	bon, en traitement.	—	id.	154
155	Crampton.	1857	masc.	22	Carie.	vie	bon.	Rotule conservée.	id.	155
156	Id	1857	fém.	22	Id.	vie	parfait.	Rotule enlevée.	id.	156

Nos	NOM du chirurgien.	DATE de l'opér.	SEXE du malade	AGE du mal.	NATURE de la maladie.	RÉSULTATS AU POINT DE VUE		REMARQUES.	SOURCES.	Nos
						de la vie.	des usages du membre.			
157	South.	1857	fém.	20	Nécrose.	vie	avec le membre fléchi.	—	Med. Times.	157
158	Id.	1857	masc.	20	Carie.	vie	bon.	Rotule conservée, mais ruginée.	id.	158
159	Humphrey.	1857	fém.	2	Supp. aiguë de l'artic.	mort	—	—	id.	159
160	Id.	1857	—	—	Carie.	vie	parfait.	—	id.	160
161	Id.	1857	—	—	id.	vie	id.	—	id.	161
162	Id.	1858	masc.	25	id.	vie	amputation.	—	id.	162
163	Id.	1858	fém.	5	id.	vie	parfait.	—	id.	163
164	Id.	1858	masc.	25	id.	vie	bon.	—	id.	164
165	Id.	1858	masc.	10	id.	vie	id.	—	id.	165
166	Bowman.	1858	masc.	14	id.	vie	id.	se lève au bout de 6 semaines.	id.	166
167	Mouin.	1858	—	—	id.	mort	—	Épuisement le 19e jour.	id.	167
168	Fergusson.	1858	masc.	21	Ankyl. et ostéoph.	vie	bon.	Encore en traitement. Opération difficile.	id.	168
169	Id.	1858	masc.	50	Carie.	vie	id.	Encore en traitement.	id.	169
170	Read.	1858	masc.	10	id.	mort	—	Pyoémie le 18e jour.	id.	170
171	Macfern.	1858	masc.	37	id.	mort	—	Épuisement le 21e jour.	id.	171
172	C. Tiersch.	1858	—	—	id.	vie	—	—	Communication privée.	172
173	Id.	1858	—	—	id.	vie	—	—	id.	173
174	Nussbaum.	1858	masc.	30	id.	vie	bon.	—	id.	174
175	Stromeyer.	1858	masc.	22	id.	vie	id.	—	id.	175
176	Esmarch.	1858	fém.	28	Gonarthrocace.	mort	—	en 5 semaines par marasme.	id.	176
177	Id.	1858	masc.	68	Id.	mort	—	de tubercule miliaire en 6 jours.	id.	177
178	Id.	1858	masc.	15	Tumeur blanche.	vie	bon.	encore en traitement.	id.	178
179	Id.	1859	—	—	—	vie	id.	id.	id.	179
180	Id.	1859	—	—	—	vie	id.	id.	id.	180
181	Id.	1859	—	—	—	vie	id.	id.	id.	181
182	Id.	1859	—	—	—	vie	id.	id.	id.	182
183	Heyfelder.	1859	masc.	43	—	mort	—	le 4e jour, pyoémie.	id.	183

NOTE DU TRADUCTEUR. Il serait facile d'ajouter à ce tableau de M. Heyfelder une quarantaine de résections faites dans ces dernières années tant en Allemagne qu'en Angleterre, mais cela n'augmenterait que peu la valeur des chiffres de ce tableau, qui sont déjà assez considérables par eux-mêmes.

Sur 183 cas[1] de résection du genou, parvenus à ma connaissance, l'issue et le résultat de l'opération se trouvent indiqués chez 179. 125 opérés sont restés en vie, 54 sont morts. Parmi ces derniers, il y en a 6 dont le décès ne doit pas être mis sur le compte de l'opération, d'après les auteurs. Ce sont d'abord les opérés de Moreau fils (n° 8) et de Jones (n° 39) qui ont été enlevés par des épidémies de dysenterie, alors que la plaie était guérie et la consolidation presque achevée. M. Esmarch (n° 177) perdit un malade de tuberculisation aiguë le sixième jour. Ces trois décès ne sont évidemment pas en rapport avec l'opération. Il en est probable-

ment de même dans le cas de Mulder (n° 6), dont la malade est morte de tétanos, pendant un accouchement de jumeaux, quatre mois après l'opération. M. Holt (n° 98) dit que son opérée est morte de complications étrangères à la résection, et M. Bowman (n° 107) que la sienne a succombé à une maladie organique, cinq mois après l'opération.

Les autres décès ont été causés : 4 fois par le choc de l'opération, 2 fois par hémorrhagie, 1 fois par pneumonie, 1 fois par *delirium tremens*, 4 fois par tuberculisation et 19 fois par pyoémie; plus, quelques causes inconnues. La pyoémie est donc la cause la plus fréquente de décès, puisqu'on lui attribue le tiers des morts.

Des 179 opérés, 125, c'est-à-dire beaucoup plus des 2/3, restèrent en vie; sans doute que dans un bon nombre de cas le traite-

[1] M. Adelmann (*loc. cit.*) a fait une statistique de 163 cas, y compris les résections partielles et celles d'ankylose angulaire. Si je voulais réunir ces deux catégories, j'arriverais à un total de 218 cas.

ment n'était pas tout à fait terminé ; mais, d'après la marche de la convalescence, on pouvait admettre la guérison comme certaine[1]. De toute façon nous ne nous tromperons pas en assurant que les 2/3 des opérés sont restés en vie ; mais il y a dans le nombre des cas d'insuccès. Chez 16 d'entre eux il n'y eut pas de synostose ; 3 purent marcher au moyen d'un appareil ; mais 13 furent amputés pour manque de réunion et impossibilité de se servir du membre.

Aux 54 décès viennent se joindre 16 insuccès de différentes natures, de sorte que la proportion des succès aux insuccès est :: 108 : 70 ou 3/5 : 2/5.

17 fois l'on fut obligé d'amputer, 15 fois pour manque de consolidation, 1 fois pour récidive et 1 fois immédiatement (n° 43), parce qu'on reconnut la résection contre-indiquée ; sur ce nombre il y eut 2 morts. En outre on a fait 3 fois une seconde résection des extrémités osseuses, dont 1 fois avec succès (voy. note de la p. 95).

Le raccourcissement est quelquefois moindre que la longueur d'os excisée. Il est compensé par une obliquité involontaire du bassin et un soulier à semelle élevée.

M. Butcher a le mérite d'avoir constaté par ses recherches infatigables sur des malades opérés depuis quatre à cinq ans par Jones, Brotherton, Keith et Page, que la résection n'entrave pas nécessairement la croissance du membre. Chez les enfants, M. Mackenzie a fait la même remarque.

Par contre, j'ai vu à la clinique d'Erlangen et à celle de M. Larrey, que chez de jeunes sujets l'enlèvement d'une épiphyse du membre inférieur retardait l'allongement du membre. Du reste la physiologie nous indique ce résultat comme probable, et Fricke[2] l'a effectivement observé sur une petite fille de huit ans, qu'il avait soumise à la résection du genou.

Quant à la persistance des heureux résultats de la résection du genou, elle a été constatée par différents chirurgiens : par Moreau

[1] J'ai pu rectifier sous ce rapport la plupart des cas indéterminés de M. Butcher, au moyen des statistiques fournies plus tard par les journaux anglais. Il ne me reste en définitive que 16 cas dont l'issue heureuse est *fort probable*, mais non tout à fait sûre et cela ne saurait influer notablement sur mes résultats.

[2] Gernet, *Bemerk. in Zeitschr. f. ges. Medic.*, 1836, vol. III.

fils, dans un cas, au bout de cinq ans; par M. Butcher, sur ses propres opérés et sur beaucoup de ceux de ses collègues, au bout de deux, trois et même sept ans; par M. J. F. Heyfelder, sur un opéré de Jæger, au bout de treize ans. Beaucoup de ces malades étaient capables de faire des marches très-longues et de se livrer à des occupations fatigantes. Quelques médecins anglais ont même poussé les essais jusqu'à faire sauter les malades du haut d'une chaise sur leur membre opéré. L'expérience leur a réussi, mais elle n'est guère à conseiller.

Des 179 résections du genou, 114 ont été faites par des Anglais, 59 par des Allemands, 5 par des Français, et 1 par un Hollandais. Les chirurgiens anglais, qui l'ont pratiquée le plus souvent, ont aussi obtenu les meilleurs résultats; ils n'ont eu qu'une mortalité de 1/5, tandis que pour les opérations des chirurgiens allemands elle monte à près de 1/2.

Cette différence si considérable est probablement l'effet de causes variées. D'abord les Anglais, par leur prédilection pour cette résection, l'entreprennent plus tôt, par conséquent dans de meilleures conditions, et l'on pourrait même leur reprocher quelquefois de l'entreprendre trop tôt. D'un autre côté, ayant une grande expérience du traitement consécutif, ils savent peut-être mieux le diriger, d'autant plus que le plus grand nombre de leurs opérations tombe dans les dix dernières années, c'est-à-dire à une époque où les principes de ce traitement ont commencé à être bien établis. Enfin, il n'est pas impossible que le climat plus égal de l'Angleterre et le tempérament des habitants n'aient une certaine influence sur les résultat des opérations en général.

Les résections du genou se partagent, sur les différentes années, de la façon suivante :

1762 — 1	1816 — 1	1836 — 1	1848 — 1	1854 — 20
1782 — 1	1823 — 2	1839 — 1	1849 — 4	1855 — 12
1789 — 1	1829 — 2	1840 — 1	1850 — 4	1856 — 41
1792 — 1	1830 — 1	1842 — 1	1851 — 3	1857 — 19
1809 — 1	1832 — 1	1844 — 1	1852 — 11	1858 — 16
1811 — 1	1835 — 1	1845 — 2	1853 — 19	1859 — 5

Il y a donc un siècle qu'on a entrepris la première opération de ce genre, et cependant cette méthode opératoire ne s'est répandue que dans les dix dernières années.

La résection du genou doit trouver sa place dans la chirurgie moderne; nous nous basons, pour l'affirmer, sur les chiffres énoncés plus haut et sur la pratique de tant de médecins illustres. Il serait à désirer qu'elle pût aussi trouver son emploi sur le champ de bataille; MM. Esmarch et Billroth se prononcent d'emblée dans ce sens; M. Adelmann la rejette absolument dans ces conditions. Comme le repos du membre opéré et des soins consécutifs minutieux sont la principale garantie de succès, il me semble qu'elle n'est pas applicable partout, et qu'il ne faudra y recourir que dans des circonstances spéciales, quand le petit nombre de blessés et la proximité d'une grande ville et d'un hôpital permanent permettront d'offrir aux malades toutes les chances de guérison.

Note du traducteur. Pour expliquer la défaveur dont est frappée la résection du genou chez les chirurgiens français, je pourrais répéter en grande partie ce que j'ai dit plus haut à propos des résections coxo-fémorales. Il est certain qu'en France on ampute des malades auxquels on aurait pu conserver un membre utile par la résection. Mais à l'étranger, on a fait des résections sans nécessité, surtout chez des enfants. On a obtenu chez eux de beaux résultats; mais il faut songer qu'ils supportent mieux que les adultes les suppurations articulaires, et que le redressement du genou est presque toujours possible après l'extinction de l'inflammation. D'ailleurs, dans l'enfance, cette résection a quelquefois des conséquences graves, parce qu'elle peut empêcher la croissance du membre.

CHAPITRE XV.

RÉSECTIONS PARTIELLES DU GENOU.

§ 1. RÉSECTION DES CONDYLES DU FÉMUR.

HISTORIQUE. Jauson[1], en 1821, réséqua les condyles du fémur chez un jeune homme qui s'était fait une large plaie avec luxation de l'article en tombant sur une faux. Le malade mourut le trentième jour, épuisé par la suppuration.

Textor père[2], en 1847, et M. Fahle[3], en 1851, firent la même opération pour fracture par arme à feu. Mort par pyoémie dans les deux cas.

[1] *Compte rendu de l'Hôtel-Dieu de Lyon*, 1822, p. 77. — [2] Fuchs, *Dissert.*, 1854. — [3] Esmarch, *Resect. nach Schusswunden.*

M. Textor fils[1] réséqua les condyles pour une fracture comminutive et compliquée. Le malade mourut de gangrène. Les quatre opérés étaient des jeunes gens de vingt à trente-sept ans.

M. Statham[2], en 1855, refit cette opération sur une petite fille de cinq ans, atteinte de carie du fémur. La rotule et le tibia furent simplement ruginés. La malade guérit, mais il resta de la tuméfaction et des fistules.

M. Cuttler[3], en 1856, opéra de la même manière et pour les mêmes causes un garçon de quinze ans, qui mourut au bout de trois mois dans le marasme.

On voit par ces exemples que cette résection a été généralement faite pour des lésions traumatiques des condyles et qu'elle donne des résultats bien plus défavorables que la résection totale. Sur 6 opérés, un seul a eu la vie sauve et n'a été guéri qu'incomplétement; les 5 autres sont morts des suites de l'opération.

La résection partielle met le malade dans de mauvaises conditions pour la guérison, parce qu'elle laisse subsister une partie de l'articulation et que le cartilage articulaire rend la réunion plus difficile.

D'après l'expérience actuelle, la résection totale doit être préférée.

§ 2. OPÉRATION DE L'ANKYLOSE DU GENOU.

Remarques anatomiques. Cette opération agit sur une articulation du genou profondément modifiée. La peau et le tissu cellulaire sont d'ordinaire peu mobiles et soudés aux parties sous-jacentes par les suppurations qui ont précédé l'ankylose. Les muscles, les tendons, les ligaments sont fondus ensemble par des masses fibreuses, muscles fléchisseurs fortement rétractés et souvent graisseux.

L'articulation se trouve dans un état de flexion permanente, la capsule synoviale est oblitérée ou a disparu. Ordinairement le tibia est un peu luxé en arrière et en dehors, le fémur dans la rotation en dedans, de façon que le condyle externe proémine en avant. La rotule est déplacée sur ce même condyle. Les trois surfaces articulaires sont soudées par synostose, par production d'ostéophytes ou de tissu fibreux.

Les os eux-mêmes sont modifiés dans leur forme; une partie de leur tissu a disparu par carie ou résorption; d'autre part, des masses

<hr>

[1] J. Schmidt, *Dissert.*, 1854. — [2] Butcher, *loc. cit.*, p. 17. — [3] Butcher.

d'ostéophytes augmentent encore la difformité de l'article et la solidité de l'ankylose.

HISTORIQUE. Rhea Barton [1] le premier a décrit et exécuté cette opération, par
analogie de ce qu'il avait fait à la hanche. En 1835, il opéra un médecin d'âge
mûr ; en cinq mois et demi le malade fut guéri et put reprendre ses courses,
tant à pied qu'à cheval.

Gibson, Gordon, Buck, Ried répétèrent cette résection (voy. *Table statistique*,
p. 112).

Elle est indiquée par une ankylose angulaire du genou, avec flexion
assez considérable pour empêcher les fonctions du membre.

Opération. Elle diffère beaucoup de la résection du genou ordinaire et est en général beaucoup plus difficile. Il s'agit d'exciser un
coin à base antérieure, pris autant que possible sur les condyles du
fémur.

La *division des parties molles* doit se faire largement pour donner
assez de jour. Rhea Barton a taillé un lambeau triangulaire à base
externe. M. Schillbach a proposé un lambeau semi-lunaire à convexité inférieure. M. Ried préfère l'incision en H ; la branche transversale passe au-dessus de la rotule et pénètre immédiatement
jusqu'à l'os ; on y ajoute sur les côtés deux petites branches verticales de 5 centimètres de long. Une seule incision longitudinale
serait tout à fait insuffisante, vu que l'ankylose empêcherait de faire
saillir les extrémités osseuses. Les lambeaux sont disséqués au ras
de l'os ; puis on isole celui-ci dans sa circonférence postérieure.
Après s'être assuré aussi bien que possible des rapports des os, on
procède à l'*excision du coin.*

Celle-ci a pour but de diminuer la longueur de la face antérieure
du membre, qui est allongée, et de la mettre en proportion avec la
postérieure raccourcie. Si les parties molles avaient conservé toute
leur élasticité, l'excision d'un coin de forme triangulaire (A, B, C)
suffirait pour remettre la jambe dans une direction rectiligne avec
la cuisse. Mais comme les fléchisseurs sont raccourcis, il faut que
l'os le soit en proportion ; et au lieu d'un coin à sommet tranchant,
on excisera un morceau de forme trapézoïde A, B, B', C'. Comme

[1] *Gaz. méd. de Paris*, 1842, p. 392 (?).

l'épaisseur du coin est difficile à calculer d'avance, on enlèvera, en cas de besoin, une seconde lame d'os. Pour préserver les vaisseaux et les parties molles du creux poplité de l'action de la scie, on laisse subsister en arrière une lamelle osseuse, qu'on brise par un mouvement de flexion ou d'extension (Barton); ou bien l'on sectionne ce dernier pont avec la scie à chaîne (Schillbach).

On ne touche pas à la rotule si elle ne se présente pas dans le champ de l'opération; si elle est soudée au coin à réséquer, on emporte la partie soudée. Si elle était mobile et à découvert dans l'incision cutanée, on l'enlèverait tout à fait.

Après la résection de l'os on essaie d'étendre le membre; mais cette opération ne réussit pas toujours. D'après les conseils unanimes de MM. Textor, Ried et Schillbach, on n'a qu'à attendre quelques jours et l'extension se fait pour ainsi dire spontanément. D'autres chirurgiens couchent d'emblée le membre sur un double plan incliné et ne commencent le redressement qu'à l'époque de la formation du cal. Le reste du traitement ressemble à celui de la résection du genou.

Les résultats de l'opération sont extrêmement favorables. Sur 11 cas il n'y a eu que 2 décès, et les 9 autres malades ont guéri en recouvrant l'usage complet du membre. Deux fois seulement on observa quelques accidents qui prolongèrent la convalescence.

§ 3. RÉSECTION DE L'EXTRÉMITÉ SUPÉRIEURE DES OS DE LA JAMBE.

On a réséqué soit l'extrémité supérieure du tibia ou du péroné isolément, soit les deux os en même temps.

Les condyles du tibia peuvent être enlevés seuls, si la maladie ne s'étend pas au delà de 2 centimètres de hauteur.

Champion [1] fit cette opération pour une carie résultant du passage d'une balle, et Textor [2] père pour une blessure par instrument piquant avec arthrite suppurée; mais il fut obligé d'amputer pour sauver la vie à son malade.

M. Erichson [3] enleva la surface articulaire du tibia et toute la rotule sur un garçon de six ans.

[1] Velpeau, *Méd. opér.* — [2] Schmidt, Fuchs, *Dissert.* — [3] *Dublin med. Journ.*, 1855, p. 20.

En cas de lésion de la tête du péroné, on l'emporte en même temps.

Textor père [1] a opéré deux fois de cette façon, une première fois en 1837 pour carie sur un homme de quarante-huit ans, qui mourut de pyoèmie; une seconde fois pour nécrose sur un garçon de huit ans avec un succès complet.

On exécute l'opération de la même manière que la résection totale, mais elle n'est pas plus à conseiller que la résection partielle des condyles fémoraux et pour les mêmes raisons.

Quand la tête du péroné est seule malade, on l'enlève isolément au moyen d'une simple incision longitudinale et sans ouvrir la capsule du genou, à moins de communication des deux synoviales articulaires. On coupe d'abord l'os vers sa diaphyse avec une scie ordinaire, ou mieux avec la scie à chaîne, et puis on le désarticule en tâchant d'éviter le nerf sciatique poplité externe.

Scultet [2] a fait cette résection pour une carie, Béclard [3] pour un fongus hématode, les deux avec succès; M. Malgaigne [4] l'a pratiquée également sans indiquer le résultat.

D'après ce que nous venons de voir, les résections partielles du genou, à l'exception de celles de la tête du péroné et de celles pour ankylose, sont complétement à rejeter.

§ 4. RÉSECTION DE LA ROTULE.

Les résections de la rotule sont totales (extirpations), ou partielles. Par ces dernières on enlève un morceau de toute l'épaisseur de l'os, ou une simple couche superficielle.

Si l'affection ne réside que dans les couches superficielles externes de la rotule, il suffit de les enlever avec la gouge ou l'ostéotome. On fait une incision en T ou en + sans ouvrir l'articulation, et l'opération n'est pas dangereuse.

Vigarous [5] fit l'opération avec un succès parfait pour un ostéosarcome siégeant sur la rotule. Il employa une petite scie ordinaire.

M. J. F. Heyfelder emporta le bord interne de la rotule sur une femme de trente et un ans, atteinte de carie par cause traumatique. Il survient un phleg-

---

[1] Schmidt, *Diss.* — [2] *Armament. chir.*, obs. 81. — [3] Velpeau, *Méd. opér.* — [4] Malgaigne, *Méd. opér* 5e éd., p. 228. — [5] Velpeau, *Méd. opér.*

mon diffus et la malade mourut en quarante-huit heures. L'opération avait été moins superficielle que la précédente, sans atteindre toute l'épaisseur de l'os.

L'excision de la couche superficielle interne de l'os a été faite par MM. Statham, Cutler, Jones, Fergusson à l'occasion de résections du genou. A l'exception d'un cas de résection partielle, ce procédé a réussi et a permis de conserver la rotule.

On ne peut pas enlever la rotule dans toute son épaisseur, sans ouvrir l'articulation du genou. Mais alors la terminaison la plus favorable qu'on puisse espérer est l'ankylose, et plus souvent encore il surviendra une inflammation mortelle ou exigeant l'amputation. Sur 11 cas que j'ai consignés dans le tableau de la p. 112, il y eut 2 morts, 3 malades furent amputés et guérirent, les 6 autres gardèrent leur membre, mais 4 d'entre eux avec ankylose.

Si pendant l'opération on peut conserver une couche osseuse, quelque mince qu'elle soit, du côté de l'article, le pronostic est bien moins grave. Chez les jeunes sujets la rotule ne s'ossifie complétement que vers la vingtième année, et sur eux ce projet serait peut-être plus facile à exécuter.

En cas de suppuration grave du genou, on aurait recours à la résection, de préférence à l'amputation.

Theden, Percy et Laurent ont enlevé plusieurs fois des rotules brisées par des balles avec des succès divers. La même opération a été faite dans des cas de carie (voy. tabl. p. 112).

Annotation du traducteur. J'ajouterai une observation très-instructive, due à mon collègue, M. Held [1]. Un ouvrier robuste, âgé de seize ans, reçoit un coup de pied de cheval sur la rotule gauche en 1852. Quinze jours plus tard il fait une chute sur le même genou, qui se gonfle énormément et devient le siége d'une inflammation phlegmoneuse intense. Le médecin traitant fait plusieurs incisions profondes, qui arrivent jusque sur la rotule nécrosée. De plus on sent un large fragment détaché du condyle interne du tibia. Au bout de trois semaines M. Held est appelé pour pratiquer l'amputation de la cuisse. En présence des refus du malade, il tente la conservation du membre. Il extrait la rotule tout entière et, chose remarquable, sur la face profonde de cet os il trouve des exsudations, *qui permettent de l'enlever sans ouvrir l'articulation.* Le malade guérit en deux mois; quatre mois plus tard il reprend ses occupations

[1] Putz, *De la résect. du genou. Thèses de Strasbourg*, 1860, n° 517.

fatigantes et peut imprimer à son genou des mouvements très-étendus; mais le fragment du tibia est resté très-mobile.

Au conseil de révision de 1855 on fut sur le point de prendre ce jeune homme pour le service militaire. Sept ans plus tard cet opéré fit une chute et se déchira la cicatrice, qui se referma du reste en quelques jours. A cette occasion,

Il entra à la clinique de Strasbourg, où plusieurs professeurs purent constater la réalité de la guérison.

Cette observation prouve que la présence d'exsudats inflammatoires modifie du tout au tout les conditions de l'ablation totale de la rotule, qui peut se faire alors, et alors seulement, sans ouverture de la synoviale.

Tableau des résections partielles du genou.

N°s	Nom du chirurgien.	Date de l'opér.	Sexe du malade	Âge du mal.	Nature de la maladie.	Résultats — de la vie.	Résultats — des usages du membre.	Remarques.	Sources.	N°s
Résections des condyles du fémur.										
1	Jauson.	1821	masc.	25	Luxat. et plaie osseuse	mort	—	Épuisement.	Compte-rendu de l'Hôtel-Dieu de Lyon, 1852.	1
2	Textor père.	1847	masc.	37	Coup de feu.	mort	—	Pyoémie.	Fuchs, Dissert., 1854.	2
3	Fahle.	1851	masc.	—	id.	mort	—	Id.	Esmarch, Ueber Resect. nach Schussverletz.	3
4	Textor fils.	1852	masc.	20	Fracture commin. et compliquée.	mort	—	Id.	Schmidt, Dissert., 1854.	4
5	Statham.	1853	fém.	5	Carie.	vie	Succès incomplet.	—	Butcher, loc. cit.	5
6	Cutler.	1856	masc.	15	id.	mort	—	Épuisement au bout de 3 mois.	Id.	5
	Meade.	1857	fém.	17	Gonarthroc.	vie	Bon.	—	Med. Times.	
Résections pour ankylose du genou.										
1	Rhea Barton.	1835	masc	40	Ankylose	vie	Parfait	—	Gas. méd. Paris, 1842, p. 382 (?).	1
2	Gibson.	1841	masc.	17	id.	vie	id.	Marche au bout de 5 mois sans béquilles.	Gas. méd. Paris, 1843, p. 9.	2
3	Buck.	1844	masc.	22	id.	vie	id.	Après guérison le malade se casse la partie réséquée, mais il guérit de nouveau.	Journal de chirurg. de Malg., 1843, p. 278.	3
4	Muetter.	1844	masc.	16	id.	vie	id.	—	Steinert, Dissert., Iena, 1852.	4
5	Bruns.	1850	masc.	22	id.	vie	id.	—	Adelmann, Prag. Vierteljahrschr., 1858, v. III.	5
6	Langenbeck.	—	—	—	id.	vie	id.	—		6
7	Henser.	1851	masc.	42	id.	vie	id.	—	Adelmann, loc. cit.	7
8	Ried.	1851	masc.	38	id.	vie	id.	—	Id.	8
9	Id.	1855	masc.	57	id.	vie	id.	—	Schillbach, Beitr. z. Resect.	9
10	Id.	1857	masc.	30	id.	mort	—	le 20e jour, d'épuisement.	Id.	10
11	Bruns.	1857	masc.	36	id.	mort	—	le 7e jour, de pyoémie.	Adelmann, loc. cit.	11
	Roser.	—	—	—	id.	vie	Parfait.	—	Beck, in Arch. f. klin. Chirurg., v. II, 3e fasc., p. 563.	
	Funck.	—	—	—	id.	vie	id.	—	Id.	
	Beck.	1861	masc.	22	id.	vie	id.	Extension graduelle en 5 sem. Guér. en 2 mois. Raccourcissement de 10 centim.	Id.	
Résections de l'extrémité supérieure des os de la jambe										
1	Champion.	—	—	—	Carie. Suite de coup de feu.	—	—	Résection du tibia seul.	Velpeau, Méd. op.	1
2	Textor père.	1840	masc.	30	Bless. du condyle.	vie	Amputation.	Id.	Schmidt, Dissert, loc. cit.	2
3	Id.	1837	masc.	8	Carie.	mort	par pyoémie.	Résection du tibia et du péroné.	Id.	3
4	Id.	1844	masc.	8	Nécrose.	vie	Résultat parfait.	Id.	Id.	4
5	Erichson.	1854	—	—	Carie.	—	—	Id.	Dublin. med. Journ., 1855.	5

* Les cas sans numéro ont été ajoutés par le traducteur (NOTE DU TRADUCT.).

Résections de la rotule.

Nos	Nom du chirurgien.	Date de l'opér.	Sexe du malade.	Age du mal.	Nature de la maladie.	Résultats au point de vue de la vie.	Résultats au point de vue des usages du membre.	Remarques.	Sources.	Nos
1	Golée.	—	—	—	Fracture suppur.	vie	Ankylose.	Résect. partielle, on enlève l'un des fragments.	*Journal de méd. mil.*, p. Dehorne, v. III, p. 502.	1
2	Theden.	—	—	—	Coup de feu.	mort	—	par gangrène. Résect. totale.	*Neue Bemerk. u. Erfahr.*, vol. II.	2
3	Percy.	—	—	—	id.	vie	bon.	Résection totale.	—	3
4	Laurent.	—	—	—	id.	vie	id.	Id.		4
5	Thirion.	1831	masc.	16	Carie.	vie	Ankylose.	Id.	*Magaz. d. ausländ. med. Litter.*, 1830, p. 849.	5
6	Ried.	—	masc.	12	id.	vie	Amput. au bout de 2 ans.	Id.	Ried, *loc. cit.*	6
7	Condyon.	1845	fém.	38	Fracture.	vie	bon.	Résection partielle, presque totale.	*Lancet*, April 1845.	7
8	Textor fils.	1848	masc.	33	Carie.	mort	—	Résection totale.	Schmidt, *Dissert.*, *loc. cit.*	8
9	Heyf. père.	1851	masc.	15	id.	vie	Amputation	Id.	*Resect. u. Ampul.*, *loc. cit.*	9
10	Textor fils.	1853	masc.	36	Fracture.	vie	Mouvements conservés.	Résect. part. des bords de la rotule brisée en éclats.	Schmidt, etc.	10
11	Heyf. père.	1853	fém.	14	Carie.	vie	Amputation.	Résection totale.	*Loc. cit.*	11
	Held.	1852	masc.	16	Nécrose, traumatisme	vie	Parfait.	Résection totale. Guérison en 2 mois.	Putz, Thèse, Strasbg. 1860.	

NOTE. Les observations non numérotées sont ajoutées par le traducteur et ne sont pas comprises dans les calculs qui vont suivre.

En récapitulant les résections particlles du genou, moins les opérations d'ankylose et les décapitations du péroné, qui ne rentrent pas strictement dans cette classe, nous arrivons aux chiffres suivants :

RÉSECTIONS PARTIELLES DU GENOU.	Nombre des résections.	Résultats connus.	Conservation de la vie.	Succès.	Amputations.	Morts.	Somme des insuccès.
Résections des condyles du fémur.	7	7	2	2	,	5	5
Résections des condyles du tibia, avec ou sans le péroné	5	3	2	1	1	1	2
Extirpation de la rotule	8	8	6	3	3	2	5
Total.	20	18	10	6	4	8	12

On voit que près de la moitié des opérés (8 sur 18) sont morts et que les deux tiers des opérations (12 sur 18) ont donné des insuccès ; ce sont en apparence des résultats moins favorables que ceux de l'amputation de la cuisse. Mais en réalité il n'en est pas ainsi, puisque la proportion des décès est égale dans les deux catégories et que nous comptons ici les cas d'amputation, avec conservation de la vie au nombre des insuccès. D'un autre côté, les malades que nous rangeons dans la catégorie des succès ont conservé un membre utile. Toute chose égale d'ailleurs, il faut encore préférer la résection partielle du genou à l'amputation de la cuisse.

CHAPITRE XVI.

RÉSECTION DES OS DE LA JAMBE.

Remarques anatomiques. Toute la face interne du tibia et le quart inférieur du péroné sont placés directement sous la peau. Sur les autres faces, au contraire, de fortes couches musculaires protègent les os.

On attaque ordinairement le tibia par son bord antérieur et sa face interne ; il en résulte que la cicatrice est exposée aux frottements et aux ulcérations. Il vaut mieux, quand les circonstances le permettent, faire les incisions le long du bord interne de l'os, ou tailler un lambeau à convexité postérieure.

Quant au péroné, il est facile de le mettre à nu dans sa portion sous-cutanée ; dans le reste de son étendue il faut y arriver par l'interstice entre les muscles péroniers latéraux et extenseurs communs des orteils, mais en ménageant le nerf musculo-cutané.

Des deux os qui forment le squelette de la jambe, le tibia s'articule seul avec le fémur et presque exclusivement avec l'astragale. Il forme donc le soutien principal du membre et ne peut être enlevé en totalité. Le péroné ne forme en quelque sorte qu'un arc-boutant du côté externe et on l'a déjà extirpé dans toute sa longueur.

Le tibia, par sa position superficielle, est très-exposé aux traumatismes et aux maladies organiques. De tous les os du squelette il est le plus fréquemment atteint de nécrose ou de fracture. Celles-ci s'accompagnent souvent de perforation des téguments, à cause des bords tranchants de l'os. Aussi est-on souvent dans le cas d'entreprendre la résection de la diaphyse du tibia.

Les deux os de la jambe s'articulent ensemble par leurs deux extrémités et sont unis par le ligament inter-osseux et par des ligaments particuliers à chaque articulation. La synoviale de la jointure supérieure communique souvent avec celle du genou (une fois sur dix, Lenoir); la synoviale inférieure est toujours en rapport avec l'articulation tibio-tarsienne.

§ 1. RÉSECTION D'UNE COUCHE SUPERFICIELLE.

On fait cette résection pour des caries ou des nécroses superficielles, pour des ostéophytes, des exostoses ou d'autres tumeurs bénignes. L'opération est encore possible quand la maladie siége sur les extrémités articulaires, parce qu'on peut l'exécuter sans toucher à la synoviale. On emploie les mêmes instruments que sur le fémur.

Ces résections ont été pratiquées souvent, et d'ordinaire avec un plein succès. Les quelques observations qui vont suivre en sont une preuve :

Liston [1] emporta une carie de la tubérosité du tibia, en appliquant deux couronnes de trépan et en emportant le pont intermédiaire avec ses cisailles et la gouge; il creusa une large cavité, qui n'était séparée du genou que par le cartilage articulaire (? !), mais guérit néanmoins son malade.

M. Velpeau [2] fit trois opérations semblables, en se servant de la gouge, du

---

[1] *Edinb. med. and surg. Journ.*, 1821. — [2] *Méd. opér.*

trépan et de la scie de Martin. Deux des malades furent rétablis, le troisième dut être amputé au bout de deux ans.

M. Lowdell[1] perdit une malade après une résection de ce genre, et sur 5 autres malades, opérés par des chirurgiens anglais, 3 guérirent, 1 fut amputé et 1 mourut.

Theden[2] et M. Velpeau[3] firent deux résections dans l'épaisseur de la malléole interne et M. Pétrequin[4] une autre de la malléole externe. L'opéré de Theden mourut. M. Velpeau avait taillé sur la malléole un lambeau à base postérieure.

Addition du traducteur. Toutes ces opérations ont plus ou moins d'analogie avec le procédé d'évidement de M. Sédillot, que ce professeur a appliqué plusieurs fois avec succès sur le tibia et en particulier sur la malléole interne (voy. obs. IX, X, XII, XIII de son *Traité de l'évidement*, Paris 1860).

J'ai eu de mon côté l'occasion, en 1859, d'évider la malléole péronière sur un homme de cinquante ans, atteint d'ostéite hypertrophique. La malléole avait triplé de volume et déjetait le pied en dedans. Incision en T renversé, évidement de l'os avec la gouge-rugine. Application du cautère actuel. Au bout de quatorze jours, le malade est pris de tétanos et meurt, la plaie granulait bien. (Observation inédite.)

Sur un malade portant un cal exubérant du tibia avec ulcération des parties molles, M. Adelmann réséqua l'angle saillant de l'os; son malade guérit.

Des extirpations d'exostoses du tibia ont été pratiquées par Moreau[5] père avec la gouge et le maillet, par Bourqueneau[6] avec une scie ordinaire, par Cooper[7] au moyen de deux traits de scie se rejoignant à angle aigu, par M. Adelmann[8] au moyen de l'ostéotome. Les quatre opérations ont réussi.

§ 2. RÉSECTION DE TOUTE L'ÉPAISSEUR DE LA PAROI DU TIBIA.

Les indications à une opération pareille sont fournies par la carie, une nécrose invaginée, un abcès médullaire, une tumeur développée profondément dans l'os.

Ce genre de résection du tibia a été pratiqué fort souvent, surtout pour des abcès médullaires, ou pour l'extraction de séquestres (voy. p. 33). Parmi les chirurgiens qui l'ont pratiquée nous citerons: Petit[9], en 1723; Desgranges[10], en 1775; Anglade[11], en 1789; Michel, Faure, MM. Jungken, Brodie, Macferlane, Heyfelder, Maisonneuve. M. Teale[12] ouvrit avec une couronne de trépan

---

[1] *Med. Times*, March 1857. — [2] *Neue Bemerk.*, loc. cit. — [3] *Loc. cit.* — [4] *Gaz. méd.*, 1837, n° 3. — [5] et [6] Velpeau, *Méd, opér.* — [7] *Chir. Beob. und Vers.* — [8] *Bericht der chir. Klinik, zu Dorpat.* — [9] Voy. p. 33, de cet ouvrage. — [10] Pétrequin, *loc. cit.* — [11] Pétrequin, *loc. cit.* — [12] *Med. Times*, 1845.

un abcès médullaire de l'extrémité inférieure du tibia et enleva les parois cariées avec la gouge. Son malade se remit. Jæger[1] et B. Heine enlevèrent des ostéophytes, qui entretenaient un ulcère de la jambe, mais l'ouverture du canal médullaire donna lieu à une pyoèmie mortelle. M. J. F. Heyfelder opéra en 1859 un ouvrier russe, atteint d'ulcère avec carie du tibia droit. Il enleva 10 centimètres de la paroi osseuse; la pourriture d'hôpital se mit dans la plaie et força à l'amputation; le malade se rétablit.

§ 3. RÉSECTION DES OS DE LA JAMBE DANS TOUTE LEUR ÉPAISSEUR.

L'opération se fait à la jambe pour les mêmes lésions et d'après les mêmes procédés qu'à la cuisse; mais elle est moins dangereuse dans le premier cas que dans le second, parce que les os sont plus superficiels et plus éloignés du tronc.

L'incision ne doit pas être placée directement en avant, mais autant que possible sur les côtés, et il faut avoir soin de protéger la cicatrice contre les frottements.

Fractures compliquées. MM. Jæger[2] et Velpeau[3] relatent un grand nombre de cas puisés dans les auteurs anciens.

Dans des temps plus récents, la résection du tibia fracturé a été faite 13 fois par MM. Textor père[4] et fils, avec 8 résultats heureux, 4 terminaisons fatales; 1 fois on fut obligé d'amputer et l'on sauva la vie du malade. La même opération a été faite avec succès par M. Metz[5], Lorinser[6], Neufville (2 fois)[7], Schindler (3 fois)[8], Suma[9], B. Cooper[10], Edwards[11], Ricord[12], Paul[13], Kneip[14], Robert[15], Adelmann[16] (2 fois), Heyfelder[17]; dans la campagne de Schleswig-Holstein on l'a pratiquée 3 fois avec succès, 1 fois elle entraîna la mort.

Ont été suivies de mort ou d'insuccès les opérations de Jæger[18] (2 fois), de MM. Langenbeck[19] (2 fois), Adelmann, Blasius[20], Ross[21], Beck[22]; Klose[23], Heyfelder (2 fois). M. Krais[24] dut amputer son malade au bout de plusieurs années pour ulcération de la cicatrice. Dans un dernier cas, M. Adelmann n'obtint qu'un résultat incomplet.

[1] Ried, *loc. cit.* — [2] *Rust's Handwörterb.* — [3] *Méd. opér.* — [4] Scheller, *Dissert.*, Würzb. 1855. — [5] *Deutsche Klinik*, Sept. 1851. — [6] *Œsterr. med. Jahrb.*, Decb. 1848. — [7] *Med. Wochenschr. v. Wunderlich etc.*, 1849, p. 122. — [8] *Schmid's Jahrb.*, juillet 1848. — [9] *Œsterr. med. Jahrb.*, 1845. — [10] *Gaz. méd. de Paris*, août 1837. — [11] *Lancet*, Oct. 1847. — [12] *Gaz. méd. de Paris*, 1842, p. 639. — [13] *Conserv. Chirurg.*, Breslau 1859, p. 137. — [14] *Loc. cit.* — [15] Kirchner, *Dissert.*, Leipzig 1846. — [16] Stebut, *Dissert.*, Dorpat 1848. — [17] *Amput. u. Resect.* — [18] Ried, *loc. cit.* — [19] Ross, *Militärärztl. aus dem Schlesw. Holst. Feldz.*, Altona 1850. — [20] *Beitr. z. prakt. Chir.* — [21] Ross, *loc. cit.* — [22] Scheller, *Diss.*, Würzb. 1855. — [23] Paul, *loc. cit.* — [24] Paul, *loc. cit.*

Les observations suivantes de M. J. F. Heyfelder sont encore inédites :

Eliseus Lebedoff, âgé de quarante-six ans, est renversé par une voiture, qui lui passe sur la jambe droite. Fracture avec esquilles, plaie, issue des fragments et chevauchement. Impossibilité de réduire. Résection. Mort par diarrhée cholériforme au bout de quarante-huit heures, avec gangrène de la plaie.

Gerassin Saweljeff, terrassier robuste, âgé de vingt-sept ans, est atteint par une pierre qui lui fracture deux côtes et la jambe droite dans son tiers supérieur. A ce niveau il se fait une plaque gangréneuse qui dénude les fragments. Quelques mois plus tard, M. Heyfelder trouve les fragments nécrosés, avec fusée purulentes dans les parties molles. Il fait la résection. Cinq semaines plus tard le malade meurt de pyoèmie.

La résection du *péroné* fracturé a été faite avec succès par Scultet[1], en 1642 ; Selavyn[2] guérit un malade âgé de soixante ans, malgré un *delirium tremens* intercurrent. Dans la campagne du Schleswig, M. Kuhn[3] réséqua 7 centimètres du péroné, et M. Langenbeck[4] 15 centimètres pour des fractures par armes à feu. Le malade du premier guérit en deux mois ; celui du second eut des hémorrhagies, fut amputé et mourut. Un troisième cas[5] encore se termina par le rétablissement.

La résection des *deux os de la jambe* à la fois a été faite avec succès par Rossius[6] en 1580, par Bilguer[7], Percy[8], MM. Neufville[9], Kneip[10] et deux chirurgiens[11] des armées du Schleswig-Holstein ; avec insuccès, 2 fois par Textor père, 1 fois par Langenbeck et 1 fois dans la campagne du Schleswig.

Du reste, ces résections ont été pratiquées depuis les temps les plus reculés, et les cas que nous avons rassemblés ne sont probablement qu'une faible partie de celles qui ont été entreprises.

Pour les 49 résections du tibia seul, nous trouvons 14 morts, 32 guérisons parfaites, 3 imparfaites : à peu près 2/3 de succès pour 1/3 de morts. Pour les résections du péroné il n'y a eu qu'une mort sur 5 opérés, 4 guérisons complètes.

Les résections des deux os de la jambe ont donné 3 décès sur 11 opérations, 7 succès complets, 1 incomplet.

En somme, les résections des os de la jambe faites pour fracture ont donné 1/4 de décès, 3/4 de guérisons avec conservation de la vie, et 2/3 seulement de guérisons parfaites avec conservation des usages du membre.

[1] *Assembl. de chir. tr. fr.*, 1762, p. 104. — [2] *Lancet*, 1837. — [3] Ross, *loc. cit.* — [4] Ross, *loc. cit.* — [5] Esmarch, *loc. cit.* — [6] *Consult. et obs. salut.*, 1608. — [7] *Loc. cit.* — [8] *Obs. commun.*, par Percy et Champion. — [9] *Loc. cit.* — [10] Bernsen, *Dissert.*, Greifswalde 1842. — [11] Esmarch, *loc. cit.*

Pseudarthroses. Les pseudarthroses du péroné ne nécessitent pas la résection, tant que le tibia est intact. C'est ce dernier os qui a été soumis fréquemment à l'opération. Elle se fait d'après les règles posées dans la partie générale, et aucun des cas connus ne s'est terminé fatalement.

Les observations sont dues à White[1], Viguerie[2], Kirkbride[3], Wickham[4], Dupuytren[5], Düsterburg (2 fois)[6], Textor[7], MM. Langenbeck[8], Jackson[9] etc. M. Heyfelder[10] fut obligé d'amputer son malade, pour lui sauver la vie.

Par conséquent, 11 opérations, point de décès, 1 insuccès.

Cals vicieux. Les fractures de la jambe, consolidées avec une déviation angulaire, sont opérées de la même façon que celles de la cuisse; ordinairement on ne touche qu'au tibia et on laisse le péroné intact ou on le brise.

Key[11] opéra sur le tibia en divisant simplement le cal avec la scie; M. Lemercier[12] fit la résection des deux fragments du même os. M. Josse[13] et Müller[14] réséquèrent à la fois les deux os de la jambe. M. Meyer[15] avait à traiter une luxation du pied, datant de trois mois, avec déviation angulaire du péroné. Par une ostéotomie oblique de cet os il parvint à réduire cette luxation, qui avait résisté aux mouffles, combinées avec l'anesthésie et les sections tendineuses.

L'ostéotomie cunéiforme a été faite par Warren[16], Portal[17], Kutchenberger[18], Wattmann[19], MM. Mayer[20], Ross[21], Kearny[22], Reich[23], Bettinger[24], Klose[25], Fergusson[26] etc. Tous ces cas ont été suivis de succès, à l'exception de celui de M. Fergusson, dont le malade guérit par une amputation, et de l'opéré de M. Klose, qui succomba à la pyoèmie.

En résumé, 16 opérations, 14 succès complets, 1 insuccès, 1 mort.

Incurvation des os.

Dans des cas d'incurvation rachitique, M. Langenbeck[27] a fait 2 fois l'ostéotomie sous-cutanée du tibia. M. Meyer[28] a entrepris 7 fois des ostéotomies de

---

[1] *Cases in surgery*, London 1770. — [2] Larrey, *Mémoires*, vol. III, p. 132. — [3] *Americ. Journ.*, Nov. 1855. — [4] *London med. and phys. Journ.*, t. 57. — [5] Bérard, *Des causes etc.*, Paris. — [6] *Caspers Wochenschr.*, 1835. — [7] *Wiedererz. der Knochen.* — [8] Kleinhaar, *Dissert.*, Berlin 1855. — [9] *Med. Times*, March 1857. — [10] *D. Klinik*, 1856, p. 397. — [11] Laugier, *Du cal difforme.* — [12] Laugier, *Du cal difforme.* — [13] *Gaz. méd.*, 1846, p. 689. — [14] *Hamb. Zeitschr.*, vol. XXII. — [15] *D. Klinik*, 1856. — [16] Laugier, *loc. cit.* — [17] *Gaz. méd.*, sept. 1844. — [18] *Hamb. Zeitschr.*, vol. XXI. — [19] *Med. Jahrb.*, Mai 1845. — [20] *D. Klinik*, 1856. — [21] Ross, *loc. cit.* — [22] Paul, *loc. cit.* — [23,24,25] Paul, *loc. cit.* — [26] *Lancet*, 1858, vol. II, p. 277. — [27] Kleinhans, *Dissert., loc. cit.* — [28] *D. Klinik*, 1856.

formes diverses sur le même os et 2 fois sur les deux os de la jambe. Ces 44 opérations ont été toutes suivies de résultats favorables, et ont même quelquefois guéri par première intention.

Maladies organiques des os. Les procédés opératoires applicables à ces cas sont indiqués dans la partie générale.

Au tibia on a souvent fait des résections pour des caries ou des nécroses; quelquefois même on a enlevé toute la diaphyse.

En 1787, Smith et Noble[1] réséquèrent 7 centimètres de la diaphyse tibiale. Le malade mourut six semaines plus tard d'une autre maladie.

Une opération semblable de Moreau père[2], en 1793, se termina par une pseudarthrose; mais le malade put marcher avec une canne. Percy et Laurent[3], Siebold[4], Hey[5], MM. Velpeau[6] Wilms[7], Adelmann[8] enlevèrent des morceaux plus ou moins considérables du tibia. Le cas de M. J. F. Heyfelder, décrit au chapitre du *Décollement des épiphyses*, doit aussi trouver sa place ici.

Une nouvelle observation de M. J. F. Heyfelder est la suivante :

Michael Andreef, âgé de trente-deux ans, matelot, porte depuis sa jeunesse, au devant du tibia droit, un large ulcère à bords calleux, qui laisse voir l'os dénudé et carié au fond. Le 3 juillet 1858 on excise les chairs malades et l'on enlève 13 centimètres de la diaphyse tibiale avec la scie à chaîne.

Le malade se remet après des accidents très-graves d'érysipèle avec menace de pyoèmie et après l'extraction d'nn séquestre. En décembre il demande à sortir de l'hôpital de Helsingfors; la plaie est réduite à des dimensions très-petites, et le malade marche avec une canne.

M. Esmarch[9] réséqua presque toute la diaphyse du tibia nécrosée. Inférieurement elle s'était détachée spontanément de l'épiphyse; supérieurement on coupa l'os avec une scie à chaîne à 6 centimètres du genou. Le morceau enlevé avait 17 centimètres de long; guérison en cinq semaines; régénération de l'os; raccourcissement de 1 1/2 centimètre.

MM. Pétrequin[10] (1842), Rklitzky[11] et Wilms[12] enlevèrent toute la diaphyse tibiale avec succès. Les deux derniers opérèrent pour nécrose sur des hommes de trente-huit et dix-huit ans, et obtinrent une régénération osseuse complète en trois ou quatre mois. Dans les deux cas on fit une longue incision longitudinale sur l'os, qui fut facile à séparer du périoste.

Un cas semblable fut opéré récemment par mon père et par moi.

Nassili Sergeieff, âgé de trente-sept ans, entra le 6 juin 1859, à l'hôpital des ouvriers de Saint-Pétersbourg, pour une plaie sur le tibia droit, résultant d'un

---

[1] Jæger, *Consp. resect.* — [2] *Thèse de Paris*, 1803. — [3] *Dict. des sciences méd.*, t. 47. — [4] Chiron, vol. I, p. 456. — [5] et [6] Velpeau, *Méd. opér.* — [7] *D. Klinik*, 1857. — [8] *Loc. cit* — [9] Commun. particul — [10] *Anat. topogr.* — [11] *Gaz. méd.*, 1840. — [12] *Loc. cit.*

coup de pied de cheval. Le malade était scorbutique, et, malgré le traitement, la nécrose continua à s'étendre, de sorte qu'on procéda le 21 juillet à l'opération. Une longue incision permit de reconnaître que toute la diaphyse était enflammée et facile à isoler du périoste. On sectionna l'os avec la scie à chaîne des deux côtés près des épiphyses. La plaie marcha d'abord vers la guérison; au bout d'un mois elle devint pâle, de mauvaise nature. On amputa; mais le malade mourut au milieu de septembre.

Quant au *péroné*, MM. Guersant[1], Robert[2], Hey[3], Adelmann[4], Béclard[5] en ont enlevé des morceaux plus ou moins considérables; MM. Seutin[6] et Wilms[7] ont réséqué toute la diaphyse, et toutes ces opérations ont été suivies de succès. Après la dernière, l'os ne se reproduisit que dans la moitié supérieure, mais les fonctions du membre n'en furent pas gênées.

La résection d'un morceau de toute l'épaisseur de la diaphyse à la suite de maladie organique a donc été faite 17 fois sur le tibia et 7 fois sur le péroné. Les 15 opérations sur le tibia ont donné 12 guérisons parfaites, 2 morts et 1 pseudarthrose; les 7 sur le péroné ont toutes réussi.

En réunissant toutes les résections des os de la jambe, nous avons le tableau suivant :

CAUSES de la résection.	Nombre des cas.	Conservés en vie.	Succès complets.	Résultats incomplets.	Morts.
Fractures	65	47	43	4	18
Pseudarthroses . .	11	11	10	1	0
Cals difformes. . .	16	15	14	1	1
Incurvations . . .	11	11	11	0	0
Maladies organiques.	22	20	19	1	2
Total. . .	125	104	97	7	21

Les résections des os de la jambe avec solution de continuité ont donné en général 3/4 de succès complet, 1/4 de guérisons imparfaites (manque de réunion, amputation etc.). Les 5/6 des opérés ont gardé la vie.

[1] Velpeau, *Méd. opér.* — [2] Kirchner, *Dissert.*, Marburg 1846. — [3] Velpeau. — [4] *Prag. Vierteljahrschr.*, 1858, vol. III. — [5] *Soc. des sc. méd. et nat. de Brux.*, déc. 1829. — [6] Velpeau, *loc. cit.* — [7] *D. Klinik*, 1857.

Ces résections sont donc bien plus favorables que les amputations de la jambe, dont 1/3 se terminent fatalement[1]. Pour les amputations immédiates, la proportion des décès s'élève même à la moitié.

Les résultats les plus favorables ont été fournis par les incurvations rachitiques et les pseudarthroses. Les résections pour fracture ont donné 1/4 de décès et 1/3 d'insuccès ; c'est toujours moins mauvais que les amputations de la jambe.

§ 4. EXTIRPATION DES OS DE LA JAMBE.

L'extirpation du péroné est seule possible et n'est même pas difficile à exécuter. Le procédé opératoire est à peu près le même que pour la résection de toute la diaphyse ; mais il est difficile d'éviter le nerf musculo-cutané, ce qui produit une paralysie, au moins momentanée, des extenseurs. On est aussi exposé à ouvrir l'articulation du genou, en cas de communication anormale, et la jointure tibio-tarsienne est nécessairement ouverte ; de là des suppurations et des raideurs articulaires très-fâcheuses.

La résection totale du péroné n'est donc nullement sans péril, et elle doit trouver rarement son application. Percy[2] est le seul qui l'ait exécutée pour une carie avec ulcération des parties molles. Il obtint un succès complet, ce qui prouve au moins la possibilité[3] de cette opération.

CHAPITRE XVII.

RÉSECTION DU COUDE-PIED.

Remarques anatomiques. L'articulation tibio-tarsienne est constituée d'une part par l'astragale, de l'autre par le tibia et le péroné qui emboîtent la poulie astragalienne dans une mortaise quadrangulaire. Les mouvements de latéralité sont impossibles, ceux de flexion et d'extension au contraire très-étendus. Les moyens d'union

---

[1] Voy. les statistiques de MM. Heyfelder, Malgaigne, Buel, Novis, Jæger, Textor. — [2] *Dict. des sc. méd.*, t. XLVIt, p. 566. — [3] Le cas de Seutin a été compté quelquefois, mais à tort, au nombre des extirpations complètes, parce que ce chirurgien a laissé l'extrémité supérieure de l'os.

sont deux ligaments latéraux, un ligament antérieur et un postérieur, ces derniers partant tous les deux de la malléole externe. Les tendons, les vaisseaux et les nerfs principaux passent soit sur la face antérieure, soit sur la face postérieure de l'article. La peau est très-lâche, le tissu cellulaire pauvre en graisse. L'articulation est souvent le siége de fractures ou de luxations, ces dernières ordinairement accompagnées de fracture des malléoles; les maladies organiques qui s'y voient sont aussi pour la plupart d'origine traumatique.

§ 1er. RÉSECTION TOTALE DU COUDE-PIED.

Sous ce nom nous comprenons l'excision des extrémités articulaires des os de la jambe et celle d'une couche de la poulie astragalienne ou de l'astragale en totalité.

L'extirpation de l'astragale en totalité avec décapitation de l'un des os de la jambe n'est à la rigueur qu'une résection partielle, mais elle a tant d'analogie avec la résectiou totale que nous la ferons rentrer dans ce paragraphe.

HISTORIQUE. L'excision des extrémités articulaires du coude-pied a été faite de tout temps dans les cas de luxation ou de fracture compliquées de plaie. La résection totale a été pratiquée le plus souvent pour carie.

Les chirurgiens qui ont pratiqué cette opération pour lésion traumatique sont : Rumsey en 1792; Read en 1819; M. Weber en 1821; M. Rothmund en 1828; M. Heuser en 1845; M. Sédillot en 1857, tous avec succès.

La résection a été faite pour carie, par Moreau père en 1792, Moreau fils en 1796, Champion en 1813 et 1830, Roux en 1832 etc. (voy. tableau statistique).

La résection du coude-pied est *indiquée* par des caries, des nécroses, des tumeurs blanches, des luxations ou des fractures. Les lésions traumatiques ne concernent d'ordinaire que l'un ou l'autre des os composant l'article, et donnent par conséquent souvent lieu à des résections partielles. Ces résections sont ou *primitives* ou *secondaires*; la primitive se fait quand les os luxés à travers une plaie sont irréductibles ou quand leur conservation paraît impossible. La résection consécutive a lieu plus tard, si les désordres se montrent irréparables ou si les os lésés sont atteints de carie ou de nécrose.

Opération. Le malade est dans le décubitus dorsal; s'il est faible ou anémique, un aide est chargé de la compression de l'artère crurale.

L'*incision des parties molles* se fait d'après l'un des procédés suivants :

Une simple incision longitudinale du côté externe de la jointure a été proposée par M. Chassaignac, mais elle est insuffisante sur le vivant et n'a jamais été mise en usage.

La *double incision* de chaque côté de l'article est proposée par la plupart des auteurs avec différentes modifications. M. Bourgerie fait sur le tibia et le péroné des incisions longitudinales de 7 à 9 centimètres, dépassant un peu les malléoles. Moreau y a ajouté deux petites incisions transversales qui donnent à la plaie la forme d'un double L. Jæger fait les incisions transversales un peu plus longues et donne au besoin à la plaie la forme d'un T. MM. Velpeau et Guepratte taillent deux petits lambeaux semi-lunaires à convexité postérieure et inférieure, représentant un L à angle arrondi. Toutes ces méthodes, qui ménagent le dos du pied, rendent la dissection des os plus difficile, mais offrent l'avantage de respecter l'artère tibiale antérieure et les tendons extenseurs. La conservation de ces derniers est importante pour entretenir les mouvements des orteils et de l'avant-pied.

Une *incision transversale antérieure* passant sur le coude-pied a été employée par MM. J. F. Heyfelder, Sédillot ; une autre variante consiste à tailler un lambeau semi-lunaire (M. Hussey) ou quadrilatère (M. Bœckel) à base supérieure. Ces procédés donnent un large accès dans la jointure et permettent d'abattre les deux os de la jambe d'un seul trait avec une scie ordinaire. La surface de section est rendue plus égale. Les chirurgiens que nous venons de citer ont coupé les tendons extenseurs ; mais cela n'est pas nécessairement lié au procédé. On peut faire l'incision transversale de telle façon qu'elle n'intéresse que la peau, et écarter ensuite les tendons en un seul paquet (procédé de M. Hancock). Quand il s'agit de terminer rapidement l'opération et de lui donner une grande extension, l'incision transversale me paraît préférable ; sinon, je choisirais le procédé de MM. Velpeau ou Jæger.

Une *incision transversale postérieure* allant en demi-lune d'une malléole à l'autre, en divisant le tendon d'Achille, fut employée par MM. Wakley et Textor fils. Ils pénétrèrent facilement dans la jointure et obtinrent de bons résultats. Les deux opérés de Textor regagnèrent toute la mobilité de l'articulation réséquée.

Division des os. Si l'on a eu recours à la double incision longitudinale, on commence par enlever le péroné. Le pied est couché sur le côté interne, puis on ouvre la gaîne des péroniers et on récline leurs tendons. D'après Jæger on pénétrerait directement dans l'article en séparant le péroné de bas en haut, puis on le scierait avec un instrument quelconque au niveau de la partie saine. On couche alors le pied sur son bord externe, on isole le tibia et on le fait saillir par la plaie interne pour le scier également. Moreau et d'autres commencent par scier le péroné pour le désarticuler ensuite, ce qui est plus facile.

MM. Heyfelder, Sédillot etc. enlèvent les deux extrémités articulaires en même temps avec une scie à amputation ordinaire, comme dans la désarticulation tibio-tarsienne. On peut aussi abattre les deux os d'un même trait de scie à travers les deux incisions latérales, si l'on a soin de bien écarter et protéger les parties molles au moyen d'une lame de corne, d'une languette etc. et d'employer la scie à chaîne ou la scie de Larrey (procédé de Bourgerie).

Il reste alors à enlever les portions malades de l'astragale avec une scie appropriée à l'incision des parties molles. Si la carie est très-superficielle, on l'attaque avec la gouge. L'os est-il malade dans toute son étendue, il faut le désarticuler d'avec le calcanéum, et à cet effet il est bon de le saisir avec la pince de Langenbeck. M. Textor fils le morcelle pour en faciliter l'extraction.

M. E. Pelikan emploie depuis plusieurs années un procédé différent. Il scie les os obliquement, comme M. Billroth le fait au genou. Si la carie s'étend plus haut en avant qu'en arrière, il coupe les os de la jambe dans la direction de A B, l'astragale dans celle de C D. Dans le cas contraire on coupe le tibia et le péroné dans la direction de E F et l'on sectionne l'astragale parallèlement ou on le désarticule. La surface supérieure du calcanéum correspond assez bien à la ligne E F (voy. pl. VII, fig. 3).

Enfin je propose une coupe d'os, qu'à la vérité je n'ai expérimentée que sur le cadavre. Elle consiste à scier le tibia et le péroné selon une ligne anguleuse ou courbe, mais parallèle à leur mortaise naturelle. La section oblique des malléoles peut être exécutée avec une scie ordinaire, la partie horizontale, au contraire, n'est abordable qu'avec la scie à chaîne ou celle de Langenbeck. Ce dernier instrument permet aussi d'achever d'un trait toute la section.

Pansement et *traitement consécutif*. Avant tout il s'agit de nettoyer la plaie de tous les débris qui pourraient y être restés. Puis on met les surfaces osseuses en contact et l'on réunit les incisions avec quelques points de suture, à l'exception des angles les plus déclives, qui servent à l'écoulement du pus. Pour maintenir le pied dans sa direction, on emploie des attelles de carton (M. Heyfelder, Textor), la boîte de Baudens (M. Sédillot), ou un appareil inamovible. M. Günther met le membre dans un appareil à suspension. En outre on fait bien d'employer le bain tiède continu, ou de coucher alternativement le malade sur l'un et l'autre côté et sur le dos. Une machine qui fixerait la jambe et le pied rendrait de grands services. On ne doit entreprendre les exercices et les mouvements qu'après le commencement de la consolidation.

Note du traducteur. Dans le cas cité à la p. 36 j'ai appliqué à la résection du coude-pied un appareil tel que le désire M. O. Heyfelder.

Cet appareil se compose (voy. pl. V, fig. 3) d'une gouttière matelassée (A) établie sur une planchette et destinée à loger les 2/3 ou les 3/4 supérieurs de la jambe. Le pied est supporté par une semelle en zinc (B), munie d'un petit rebord pour arrêter le talon. La semelle est fixée par deux pivots à vis (C) dans la coulisse d'un montant en acier, susceptible lui-même de prendre toute espèce d'inclinaison, grâce à une articulation à noix (D) qui le retient dans la planchette. Enfin tout ce système peut être éloigné ou rapproché de la gouttière par une vis sans fin. C'est tout simplement l'appareil de M. Stœss pour les pieds-bots, augmenté d'une gouttière; il permet de maintenir le pied dans une position quelconque vis-à-vis de la jambe, tout en laissant le coude-pied libre pour les pansements. Si on voulait s'en servir uniquement pour la résection tibio-tarsienne, on pourrait le simplifier et ne laisser qu'un mécanisme pour hausser et baisser la semelle.

Les résultats de l'opération sont très-favorables : sur 22 opérés il n'en est mort que 3, l'un de pyoèmie, le second de phthisie et le troisième d'une récidive. Des 19 malades restés en vie, 2 furent amputés consécutivement. Le malade de Moreau fils paraît n'avoir pas très-bien marché. Tous les autres se sont servis parfaitement de leur membre; le raccourcissement a varié entre 2 et 4 centimètres et a pu être compensé par une semelle élevée. Dans 4 cas il survint une ankylose, qui ne gêna en rien les fonctions du pied, puis qu'elle fut compensée par une mobilité exagérée des articulations tarsiennes. Dans 5 cas il est expressément dit que la flexion et l'extension se sont rétablies. Dans un seul cas il y eut au début un peu de tendance à la déviation en dehors, mais elle ne dura pas.

L'opéré de M. Sédillot garda une sensibilité exagérée des orteils et du talon, tandis que le milieu de la plante supportait parfaitement le poids du corps. On le munit d'une semelle bombée.

M. Günther a eu l'occasion d'examiner un pied soumis à cette résection cinq mois auparavant. Les surfaces osseuses s'étaient arrondies, le tibia était devenu convexe et l'astragale concave.

Jusqu'à présent on n'a pas fait la résection cunéiforme de l'articulation tibio-tarsienne ankylosée. Elle ne serait du reste indiquée qu'en cas d'ankylose à angle très-obtus, empêchant absolument la marche.

Si l'on a commencé une résection du coude-pied et que l'on trouve le mal trop avancé, on peut transformer l'opération en une désarticulation tibio-tarsienne, d'après le procédé de Syme ou celui de Pirogoff. Ou bien on enlève outre l'astragale encore le calcanéum et même les surfaces articulaires de la rangée moyenne du tarse; ces sortes d'extirpation ont été faites avec succès par Liston, M. Weber et d'autres.

§ 2. RÉSECTION PARTIELLE DU COUDE-PIED.

1° La *décapitation des deux os de la jambe* est indiquée par des luxations ou des fractures compliquées. Si l'un des os est intact, on le laisse, car même le péroné peut servir d'attelle et empêcher le raccourcissement du pied. Les os du tarse, et en particulier l'astragale, sont rarement intacts dans les cas de carie.

Par contre la nécrose pénétrant jusqu'à l'article reste ordinairement bornée à l'un des os.

Les procédés opératoires applicables à la résection partielle sont semblables à ceux de la résection totale.

L'opération a déjà été pratiquée par Hippocrate pour des fractures ou des luxations compliquées. Au siècle dernier elle a été exécutée par W. Hey[1] en 1766, bientôt après par G. Cooper[2], Kirkland[3], par Moreau[4] le père, en 1782. Dix-neuf jours après une luxation compliquée du pied il scia l'extrémité articulaire du tibia et du péroné en ne laissant subsister que la malléole interne. Le malade guérit et il se forma une nouvelle articulation très-parfaite. Josse et Codent[5] traitèrent une jeune fille de seize ans, atteinte d'une double luxation compliquée des deux articulations tibia-tarsiennes. Ils réséquèrent 5 centimètres du tibia droit et 4 du tibia et du péroné gauche. Au bout de quatre mois l'opérée marcha sans canne presque sans boiter; elle pouvait danser, sauter etc. A gauche il était survenu une ankylose, compensée par l'articulation médio-tarsienne; à droite les mouvements s'étaient maintenus entre le tibia et l'astragale. La guérison fut constatée par la Faculté de Paris.

En tout on connaît 26 opérations pareilles (voy. tableau statistique), toutes suivies de succès, à l'exception de 5 morts et d'une amputation consécutive.

2o *Décapitation de l'un des os de la jambe isolément.* M. Lienhard, dans son *Traité de médecine opératoire*, rejette complétement la résection isolée de l'extrémité inférieure du tibia; il pense que le péroné ne constitue pas un soutien suffisant du membre. Mais l'expérience a complétement contredit ce précepte.

L'opération a été souvent faite sur le tibia à la suite de luxations compliquées et avec un succès complet. Si l'on opère pour carie, le résultat est fort douteux, parce qu'il est exceptionnel de trouver une seule extrémité articulaire malade.

Moreau fils[6] et M. J. F. Heyfelder ont opéré pour carie. L'observation de ce dernier concerne un garçon de seize ans, Leonid Iwanoff, atteint de carie du tibia gauche. On lui réséqua la moitié inférieure de cet os, en le coupant préalablement avec la scie à chaîne pour le désarticuler ensuite. Il mourut d'épuisement deux mois plus tard. L'autopsie montra que les os du tarse étaient aussi cariés.

M. Hutchinson[7] opéra pour une nécrose articulaire avec ankylose entre le tibia et l'astragale et obtint une guérison parfaite.

[1] *Chir. Beobacht. aus d. Engl.*, Weimar 1823. — [2] Gooch, *loc. cit.* — [3] *Bem. über Pathol. allgem. Anm. von Beinbrüchen*, Altenb. 1771. — [4] Jæger, *loc. cit.* — [5] Gerdy, *De la résect.*, et Bullet, *De la Soc. de la Faculté*, 1819. — [7] *Beobacht., loc. cit.* — [6] *Med. Times*, June 1857.

Les opérations à la suite de traumatisme sont nombreuses; j'en ai rassemblé 35 cas (voy. tableau) dont un seul s'est terminé par la mort; les autres malades ont bien guéri en gardant un membre très-utile, ce qui réfute suffisamment les doutes de MM. Velpeau et Lienhard sur l'utilité de cette opération.

La *résection de l'extrémité inférieure du péroné* est une opération bien moins grave encore que celle du tibia et se termine même rarement par une raideur articulaire. Elle a été faite assez souvent pour carie, quelquefois pour des luxations ou fractures compliquées.

Un cas inédit de M. J. F. Heyfelder est le suivant: Michael Lakowleff, âgé de quatorze ans, se donna une entorse du coude-pied pendant qu'il portait

une charge sur la tête. Pendant treize mois il se fit traiter par des charlatans; enfin il consulta M. Heyfelder, qui constata une carie de la malléole externe et la réséqua. Il guérit sans accidents.

Seize résections de la malléole péronière ont été suivies de deux décès, d'une amputation. Tous les malades guéris ont gardé l'usage du pied.

Les procédés opératoires à mettre en usage pour ces décapitations sont semblables à ceux de la résection totale, sauf qu'on ne fait les incisions que du côté de l'os à réséquer.

Résections du coude-pied.

Nos	NOM du chirurgien.	DATE de l'opér.	SEXE du malade	AGE du mal.	NATURE de la maladie.	RÉSULTATS AU POINT DE VUE de la vie.	des usages du membre.	REMARQUES.	SOURCES.	Nos
					I. Résections totales.					
1	Rumsey.	1792	masc.	40	Luxat. compliquée.	vie	Bon; mobilité étendue.	—	A. Cooper, *Vorles. u. Chir.*, vol. II.	1
2	Moreau père.	1792	masc.	20	Carie.	vie	Bon; boite à peine.	—	Velpeau, *loc. cit.*	2
3	Moreau fils.	1796	masc.	17	id.	vie	id.	—	id.	3
4	Champion.	1813	fém.	—	id.	vie	id.	—	id.	4
5	Read.	1819	masc.	—	Coup de feu.	vie	id.	Ankylose.	Faure, *Prix Acad. de chir.*, t. VIII.	5
6	Weber.	1821	masc.	42	Lux. et fract. compl.	vie	Bon; réunion solide.	Boite très-peu; guérison en 8 mois.	Friedr. u. Hesselbach, *Beitr. z. Nat. u. Heilk.* vol. II.	6
7	Liston.	1821	fém.	12	Carie.	vie	Bon.	On a extirpé l'astragale, le scaphoïde et 2 cunéif.	*Edinb. med. u. surg. Journ.*, 1821.	7
8	Rothmund.	1828	masc.	—	Lux. compliquée.	vie	id.	Succès constaté au bout de 30 ans.	Source non citée.	8
9	Champion.	1830	masc.	—	Carie.	vie	id.	—	Velpeau, *loc. cit.*	9
10	Roux.	1832	masc.	—	id.	mort	—	—	id.	10
11	Jæger.	1833	masc.	—	Carie et fracture.	vie	id.	Un peu de mobilité latérale, compensée par un appareil. Flexion et extension parfaite.	Ried, *loc. cit.*	11
12	id.	1835	—	—	Carie.	vie	Amputation au bout d'un an pour récidive.		id.	12
13	Textor père.	1844	masc.	—	id.	vie	Bon.	—	id.	13
14	J. F. Heyfelder	1845	masc.	35	id.	mort	Amputation pour récidive,	mort par pyoémie.	*Resect. u. Amput.*, loc. cit.	14
15	Wackley.	1847	—	—	id.	vie	Bon.	On a enlevé en même temps un bout du calcan.	*Canstatt's Jahresb.*, 1848.	15
16	Günther.	1848	—	—	id.	mort	—	par phthisie, récidive.	*Klin. Bericht.*, v. Weikert.	16
17	Textor fils.	1851	masc.	5 1/2	id.	vie	Très-bon.	Guérison en 4 mois, mobilité parfaite.	*Ossan. Dissert.*, Würzb. 1853.	17
18	id.	1852	masc.	23	id.	vie	id.	On enlève en même temps le scaphoïde et un bout du calcanéum.	id.	18
19	Heusser.	1854	—	—	Fracture compliquée.	vie	Bon.	—	Schmids, *Jahrb.*, 1855, vol. I, p. 39.	19
20	Sédillot.	1857	masc.	27	Lux. et fract. compl.	vie	Bon. Ankylose.	Raccourcissement de 4 centim.	*Gaz. méd. de Paris*, 1858, n° 514.	20
21	Hussey.	1858	masc.	26	Carie.	vie	Amputation.	—	*Med. Times*, August 1858.	21
22	Calton.	1855	—	—	id.	vie	Bon, mobilité.	—	*Assoc. med. Journ.*, July 1855.	22
					II. Résections partielles.					
					1° Résection de l'extrémité inférieure des deux os de la jambe.					
1	Hey.	1766	—	—	Luxation compliquée.	vie	Assez bon.	On a enlevé 7 centim. du tibia et du péroné. Faiblesse du pied.	*Chir. Beob. a. d. Engl.*, Weimar 1833.	1
2	Kirkland.	1782	—	—	id.	vie	Bon.	—	Bein u. Patis., *Allg. Anmerk. v. Beinbr.* Altenb. 1771.	2

Nos	Nom du chirurgien	Date de l'opér.	Sexe du malade	Age du mal.	Nature de la maladie	Résultats au point de vue de la vie	Résultats au point de vue des usages du membre	Remarques	Sources	Nos
3	Moreau père.	1782	masc.	—	Lux. et fract. compl.	vie	Très-bon.	Guérison en 3 mois. Nouvelle articulation.	Jäger, loc. cit.	3
4	Taylor.	1789	—	—	id.	vie	Bon.	—	Chir. Beob., loc. cit. Weimar.	4
5	A. Cooper.	1810	masc.	27	id.	vie	id.	par les articulations tarsiennes,	Chir. Beob. u. Vers., loc. cit.	5
6	Id.	—	masc.	13	id.	vie	Bon. Ankylose compensée	—	Id.	6
7	Fletcher.	—	fém.	18	id.	vie	Bon.	pensée par les articulations tarsiennes	A. Cooper's Vorles., vol. II.	7
8	Josse et Codent.	1811	fém.	16	id.	vie	Très-bon. Ankylose com	—	Gerdy, De la résect. at Dict. méd., p. 60.	8
9	Hicks.	1812	masc.	—	Luxation compliquée.	vie	Très-bon; mobilité.	Faible raccourcissement.	Gerdy, loc. cit.	9
10	Moreau fils.	1815	fém.	52	id.	vie	Bon.	Raccourcissement de 4 centim.	Versuche, loc. cit.	10
11	G. Cooper.	1817	—	—	id.	vie	Parfait; mobilité consta	tée au bout de 2 ans.	Gooch, loc. cit.	11
12	Weber.	—	—	—	id.	vie	Bon.	—	Friedr., u. Hesselbach, loc. cit.	12
13	Græfe.	1818	—	—	id.	vie	id.		Der. ü. chir. Klinik in Berlin.	13
14	Id.	1819	—	—	id.	vie	id.		Id.	14
15	Textor père.	1828	fém.	—	Lux. et fract. compl.	mort	—	par gangrène.	Wiederers, der Knochen, loc. cit.	15
16	Roux.	1830	—	—	Lux. et fract. compl.	vie	Bon.	—	Gerdy, loc. cit.	16
17	Jæger.	1831	masc.	52	Fract. compl.	mort	—	le 5e jour.	Ried, loc. cit.	17
18	Roux.	1832	—	—	Carie.	vie	Bon.	—	Gerdy.	18
19	Jæger.	1832	fém.	—	Fract. compliquée.	vie	Très-bon; mobilité,	—	Ried.	19
20	Id.	1833	fém.	58	id.	mort	—	Pneumonie.	Id.	20
21	Id.	1835	masc.	54	Fract. et lux. compl.	mort	—	Phthisie.	Id.	21
22	Textor père.	1838	fém.	—	id.	mort	—	Phlébite.	Wiederers., loc. cit.	22
23	Küster.	1839	—	—	Fract. compliquée.	vie	Parfait.	—	Ried, loc. cit.	23
24	Lasserre.	1844	—	—	id.	vie	Bon.	—	Gaz. méd., 1844.	24
25	Velpeau.	1845	—	—	id.	vie	Id.	—	Gaz. méd., 1846.	25
26	Esmarch.	1850	masc.	27	Fract. et lux. compl.	vie	Amputation au bout de 6	semaines.	Communication privée.	26
	Bœckel.	1861	fém.	50	Abcès médull. du tibia. Carie.	mort	—	au bout de 2 mois par escarre au sacrum.	Voy. obs. p. 36 de cet ouvrage.	

2. Résections isolées de l'extrémité inférieure du tibia ou du péroné.

Nos	Nom du chirurgien	Date de l'opér.	Sexe du malade	Age du mal.	Nature de la maladie	Résultats au point de vue de la vie	Résultats au point de vue des usages du membre	Remarques	Sources	Nos
1	Gouy?	1710	masc.	—	Fract. du péroné.	vie	Bon.	—	Velpeau.	1
2	Gooch.	1707	—	—	Lux. du tibia.	vie	id.	—	Wounds and other surg., July 1767.	2
3	Moreau fils.	1792	—	—	Carie du tibia.	vie	id.	—	Loc. cit., Vers.	3
4	Hey.	1799	—	—	Lux. du tibia.	vie	id.	—	Chir. Beob. a. dem Engl., loc. cit.	4
5	Taylor.	1806	—	—	id.	vie	id.	—	Id.	5
6	Id.	1802	—	—	id.	vie	id.	—	Id.	6
7	Id.	1804	—	—	id.	vie	id.	—	Id.	7
8	Id.	1804	—	—	id.	vie	id.	—	Id.	8
9	Id.	1806	—	—	id.	vie	id.	—	Id.	9
10	Moreau fils.	1808	—	—	Carie du péroné.	vie	id.	Guérison rapide.	Versuche, loc. cit.	10
11	Lynn.	1808	masc.	25	Luxat. du tibia.	vie	Parfait.	—	A. Coopers Vorles., loc. cit.	11
12	Josse et Codent.	1811	fém.	10	id.	vie	Très-bon; mobilité.	Sur la même malade on a réséqué les 2 os du côté opposé.	Gerdy, loc. cit., et Dict., de méd., p. 60.	12
13	Josse.	1811	—	—	id.	vie	Bon.	—	Mélanges de chir.	13
14	Id.	—	—	—	id.	vie	id.	—	Id.	14
15	Deschamp.	—	—	—	id.	vie	id.	—	Velpeau.	15
16	Josse.	1818	—	—	id.	vie	id.	—	Mélanges de chir.	16
17	A. Cooper.	1818	masc.	40	id.	vie	Assez bon.	—	Vorles., t. III.	17
18	Id.	—	—	—	id.	vie	Bon.	—	Id.	18
19	Sandfort.	1810	masc.	15	id.	vie	id.	—	Id.	19
20	Averill.	1819	masc.	38	id.	vie	id.	—	Id.	20
21	Kerr.	—	—	—	id.	vie	id.	—	Id.	21
22	Tyrrel.	1826	—	—	id.	vie	id.	Mouvem. du membre malade égaux au côté sain.	Id.	22
23	Thierry.	—	—	—	id.	vie	id.	—	Patry, Thèse, Paris 1837.	23
24	Valet.	1830	—	—	Carie du tibia.	vie	id.	—	Würtemb. Corresp. Blatt, 1834.	24

N°s	NOM du chirurgien.	DATE de l'opér.	SEXE du malade.	AGE du mal.	NATURE de la maladie.	RÉSULTATS AU POINT DE VUE de la vie.	des usages du membre.	REMARQUES.	SOURCES.	N°s
25	Textor père.	1830	masc.	—	Fract. du péroné.	mort	Amputation.	Pyoëmie.	Ried, loc. cit.	25
26	Champion.	1830	—	—	Carie du péroné.	vie	Parfait.	—	Velpeau, loc. cit.	26
27	Jæger.	1330	masc.	22	Luxat. du péroné.	vie	id.	—	Ried, loc. cit.	27
28	Velpeau.	—	—	—	Luxat. du tibia.	vie	Bon.	—	Velpeau, loc. cit.	28
29	Jæger.	1884	masc.	17	Carie du péroné.	vie	Inconnu.	—	Ried, loc. cit.	29
30	Velpeau.	—	—	—	Luxat. du tibia.	vie	Bon.	—	Velpeau, loc. cit.	30
31	Bock.	1844	masc.	—	id.	vie	Parfait.	—	Stromeyer, loc. cit.	31
32	De Costella.	1840	—	—	id.	vie	Bon.	—	Gaz. méd., 1841.	32
33	Rothmund.	—	—	—	Carie du péroné.	vie	id.	—	Ried, loc. cit.	33
34	Mulder.	—	—	—	id	vie	id.	—	id.	34
35	Schwarz.	—	—	—	id.	vie	id.	Résection de la moitié de la diaphyse.	id.	35
36	Robert.	1846	fém.	20	Nécrose du péroné.	vie	id.	Guérison rapide.	Source non citée.	36
37	Velpeau.	1847	—	—	Carie du péroné.	vie	id.	—	Gaz. méd., 1857.	37
38	Id.	1847	fém.	—	Luxat. du tibia.	vie	id.	—	id.	38
39	Stromeyer.	1847	fém.	—	Lux. du tibia, nécr.	vie	Parfait; mobilité.	6 mois plus tard régénération osseuse.	Handb. der Chirur.	39
40	Kerst.	—	—	—	Carie du péroné.	vie	Bon.	—	Ried, loc. cit.	40
41	Isnard.	1852	masc.	27	id.	vie	Amputatation au bout de	7 mois, pour récidive.	Gaz. hôp., 1854.	41
42	Id.	1852	masc.	25	id.	mort	—	Phthisie, 10 mois plus tard.	id	42
43	Metz.	1853	masc.	40	Luxat. du tibia.	vie	Parfait.	Guéri en 2 mois. Résect. de 10 centim. du tibia.	Schintzinger, loc. cit.	43
44	Klose.	1853	masc.	60	id.	vie	id.	Résect. de 5 centim. du tibia. Régénérat. osseuse.	Paul, Cons. Chirurg.	44
45	Schintzinger.	1855	fém.	25	Luxat. du péroné.	vie	Bon; mouvements limités.	—	Loc. cit.	45
46	Hutchinson.	1857	masc.	14	Nécrose du tibia.	vie	Bon.	—	Med. Times, June 1857.	46
47	Hamilton.	1857	—	—	Luxat. du tibia.	vie	Très-bon.	—	Amer. Journ. of med. sc., June 1857.	47
48	Heyfelder.	1857	masc.	14	Carie du péroné.	vie	Bon.	—	Obs. de cet ouvrage.	48
49	Hamilton.	1857	—	—	Luxat. du tibia.	vie	id.	—	Loc. cit.	49
50	Smith.	1857	masc.	52	Luxat. du péroné.	vie	Bon; mobilité.	—	Med. Times, December 1857.	50
51	Heyfelder.	1858	masc.	16	Carie du tibia.	mort	—	par gangrène.	Obs. inéd. de cet ouvrage.	51

En réunissant les chiffres de ces différents tableaux, nous obtenons le total suivant :

NATURE de la résection du coude-pied.	Nombre des résections.	Conservés en vie.	Succès.	Morts.	Insuccès.	Opérés pour Carie.	Luxation.	Fracture.	Nécrose.
Résections totales.	22	19	17	3	2	16	5	1	—
Rés. des deux os de la jambe simult.	26	21	19	5	2	1	19	6	—
Rés. du tibia isolément	35	34	32	1	2	2	32	—	1
Rés. du péroné isolément	16	14	13	2	1	11	5	.	
Total.	99	83	81	11	7	30	61	7	1

Les résultats sont : 99 opérations, 11 morts, 4 amputations consécutives ; des 88 malades restés en vie, 84 gardèrent tout l'usage de leur membre. Un seul d'entre eux fut obligé de se servir d'une machine pour empêcher une légère déviation latérale.

Du reste les résections et extirpations de l'astragale (voy. chapitre suivant) sont aussi de véritables résections partielles du coude-pied ; nous allons donc les ajouter tout de suite au tableau précédent :

	Nombre des résections.	Conservés en vie.	Succès.	Morts.	Insuccès.	Opérés pour Carie.	Luxation.	Fracture.	Nécrose.
Rés. totales ou part. du coude-pied.	99	88	82	11	6	30	09	7	2
Résections de l'astragale	75	70	67	5	3	5	70	—	—
Total.	174	158	149	16	9	35	130	7	2

Nous obtenons ainsi le chiffre considérable de 174 résections du

coude-pied de toute nature; 158 opérés restèrent en vie, 9 d'entre
eux ne purent pas se servir de leur membre, 149 obtinrent une
guérison complète avec usage du pied, et 16 succombèrent; par
conséquent il y a 1/11 de morts et 1/7 d'insuccès.

Ces chiffres réfutent suffisamment l'assertion de M. Pétrequin,
que la résection tibio-tarsienne a été faite rarement et ne mérite
pas d'être pratiquée. M. Sédillot avait prononcé le même jugement
dans sa *Médecine opératoire*, mais il paraît en être revenu, puisque
depuis il a fait lui-même une de ces résections avec succès. Ces
deux auteurs pensaient que l'amputation tibio-tarsienne est préférable.

Cette dernière opération est peut-être un peu plus facile à exécuter, si l'on suit le procédé à lambeau antérieur ou interne; mais
les procédés de Syme ou de Pirogoff offrent tout autant de lon-
gueurs.

Le danger de la déviation latérale du pied a été exagéré par
M. Sédillot, les observations que nous avons rapportées le prouvent.

Après l'amputation tibio-tarsienne, le raccourcissement varie
entre 5 à 10 centimètres; après la résection il atteint rarement
5 centimètres.

La mortalité après les deux opérations est presque égale; les insuccès sont un peu plus nombreux après l'amputation qu'après la
résection. M. J. F. Heyfelder[1] a fait 16 fois l'amputation tibio-tarsienne, et moi-même[2] je l'ai faite 3 fois. Sur ces 19 cas il y eut 3
morts et 2 amputations consécutives. Si nous y ajoutons les cas de
MM. Syme, Baudens, Chelius etc., nous obtenons un ensemble de
57 amputations tibio-tarsiennes[3], avec 5 morts et 5 amputations de
jambe consécutives, c'est-à-dire 1/11 de décès et 1/5 à 1/6 d'insuccès, ce qui revient à peu près aux résultats de la résection du coude-
pied. Toute chose égale d'ailleurs, cette dernière doit être préférée,
parce qu'elle laisse le membre dans un état qui se rapproche davantage de l'état normal.

---

[1] *D. Klinik*, 1856. — [2] *Prag. Vierteljahrsch.*, vol. XXXI, et *D. Klinik*, 1850-51. —
[3] Voy. l'article *De la clinique européenne*, 1859, n° 23. *De la statistique, etc.*, par
O. Heyfelder.

Les affections des os du tarse, même peu étendues, exigent l'amputation. Sur le champ de bataille, la résection serait à essayer ; mais le plus souvent on préférera l'amputation, surtout s'il y a un grand nombre de blessés.

Des 174 résections tibio-tarsiennes, 35 ont été faites pour carie et 2 pour nécrose, 130 pour des luxations compliquées et 7 pour des fractures compliquées. Les 37 résections pour maladie organique ont donné 1/7 de décès et 1/4 d'insuccès ; les 137 résections à la suite de traumatismes n'ont donné que 1/11 de décès et 1/8 d'insuccès. Dans cette dernière catégorie, les résultats ont donc été beaucoup plus favorables, et cela se comprend, parce qu'en général on se borne à décapiter une extrémité articulaire proéminant à travers la peau.

CHAPITRE XVIII.

RÉSECTIONS AU PIED.

Remarques anatomiques. Le squelette du pied se compose du tarse, du métatarse et des orteils. L'ensemble de ces os constitue une voûte qui ne touche le sol que par la grande apophyse du calcanéum d'une part, et les têtes des métatarsiens de l'autre.

Les sept pièces composant le tarse sont des os courts, spongieux, très-disposés à la carie, unis ensemble par de nombreux ligaments. Des capsules synoviales en nombre variable lubréfient leurs surfaces articulaires.

L'astragale est le seul des os du tarse en rapport avec les os de la jambe, ce qui l'expose tout particulièrement aux luxations. Le calcanéum est l'os le plus volumineux et le plus important. Par son extrémité postérieure il donne attache au tendon d'Achille ; sa face interne, concave, forme une gouttière qui loge les tendons fléchisseurs et les vaisseaux et nerfs tibiaux postérieurs. La face externe sous-cutanée est plus accessible ; on y trouve les tendons des péroniers.

Le calcanéum et l'astragale forment la première rangée du tarse, et s'articulent, le premier en dehors avec le cuboïde, le second en

dedans avec le scaphoïde, et par son entremise avec les trois cunéiformes. C'est dans cette articulation médio-tarsienne que se passent
principalement les mouvements d'adduction et d'abduction du pied.
Enfin l'articulation tarso-métatarsienne, très-serrée dans l'état normal, est susceptible d'acquérir une mobilité assez notable dans les
cas d'ankylose du coude-pied.

Parmi les différents doigts de pied il n'y a que le gros orteil qui
par son volume se prête aux résections.

Le dos du pied est recouvert par la peau, les aponévroses, les
tendons extenseurs et le muscle pédieux. En attaquant les os par
cette face, on peut ménager les tendons, même en faisant une incision transversale ; mais l'arcade veineuse et l'artère pédieuse sont
presque nécessairement compromises.

A la plante du pied nous trouvons la peau, une couche graisseuse sous-cutanée très-développée, une aponévrose plantaire très-
forte, et au-dessous la masse des muscles et des tendons, avec les
vaisseaux et nerfs.

I. RÉSECTION DES OS DU TARSE.

On réséque les os du tarse soit isolément, soit deux ou trois ensemble. Ces résections sont ou totales ou partielles. Quelquefois on
emporte la base des métatarsiens en même temps. Les procédés
opératoires diffèrent pour chaque os en particulier.

1° *Résection de l'astragale.*

La résection partielle de cet os n'a été faite que rarement. Charley[1] enleva
tout l'astragale à l'exception de la tête. En 1856, M. Addenbrocke[2] réséqua sur
un garçon de quatre ans la poulie astragalienne, affectée de carie. Il fit une
incision en demi-lune du côté externe, et guérit son malade.

Par contre, les extirpations de l'astragale ont été faites en grand nombre,
depuis Fabrice de Hilden jusqu'à nos jours (voy. *Tableau statistique*, p. 147),
dans les cas de luxations compliquées de cet os.

Pour cause de carie, cette extirpation n'a été faite jusqu'ici que par MM. J. F.
Heyfelder, Dietz et Statham ; par ces deux derniers avec plein succès.

M. J. F. Heyfelder réséqua l'astragale et le calcanéum cariés sur un homme

[1] Heyfelder, *Chirurg. Beobacht.* — [2] *Med. Times*, Febr. 1857.

de dix-sept ans, Matheus Basileieff. La lésion s'était produite à la suite d'une entorse négligée. Le 7 décembre 1858, M. Heyfelder fit une incision allant depuis le tendon d'Achille jusqu'au milieu du coude-pied, en passant sous la malléole externe, et une seconde qui, de la ligne médiane de la plante du pied, venait rejoindre la précédente à angle droit; puis il enleva les os malades. La plaie prit un mauvais aspect; les forces diminuèrent rapidement; le vingt-quatrième jour de l'opération on fit l'amputation de la jambe, et l'on sauva au moins la vie du malade·

Indications. Les indications à la résection totale ou partielle de l'astragale sont fournies ordinairement par des lésions traumatiques, exceptionnellement par la carie ou la nécrose. Ces traumatismes consistent soit en des blessures par armes à feu, soit en des fractures et des luxations compliquées de plaie ou simplement d'irréductibilité.

Dupuytren[1] déjà posa ce principe, et extirpa un astragale luxé, quoique la peau fût intacte.

M. Bruno[2] a observé un cas très-instructif de fracture de l'astragale, terminé par la mort. Un ouvrier robuste, âgé de vingt-sept ans, tombe d'une hauteur de 6 mètres sur les pieds. On trouve une déviation du pied en masse en dehors. Du côté de la malléole interne on sent un fragment osseux très-saillant, présentant supérieurement une arête tranchante, inférieurement une surface arrondie. Au bout de quinze jours, la peau se gangrène sur la saillie, et au bout du mois un large morceau d'os, comprenant presque tout l'astragale, s'exfolie. Le malade meurt de pyoèmie le quarante-troisième jour.

Peut-être qu'une résection faite à temps eût prévenu ce résultat fatal. En tout cas, un déplacement de l'astragale avec tension considérable de la peau doit faire songer à la résection, même en l'absence de plaie.

D'autres lésions concomitantes ne contre-indiquent pas l'opération, d'après le dire de M. Paul[3], et les observations de Richter[4] et de A. Cooper confirment ce principe.

Opération. On fait sur le dos du pied une incision de forme variée, rectiligne, curviligne ou en croix, soit sur la portion d'os proéminente, soit en utilisant les plaies existantes. Puis on extirpe l'os en le rasant avec le bistouri. Le pansement est le même qu'après la résection tibio-tarsienne.

Les résultats sont très-satisfaisants. Sur 82 opérés il n'en est

[1] *Annuaire méd. chir. des hôpit. de Paris*, 1819. — [2] *D. Klinik*, 1857, p. 479. — [3] *Conserv. Chirur.*, loc. cit. — [4] *Knochenbr. und Verrenk.* — [5] *Chir. Handbiblioth.*, vol. I.

mort que 9, c'est-à-dire 1/9; 2 furent amputés consécutivement pour déformation du pied. M. Thierry a eu l'occasion d'examiner le pied d'une opérée, qui mourut plus tard d'une autre maladie.

Une femme avait eu une luxation de l'astragale en dedans, avec fracture des os de la jambe. On enleva tout le corps de l'astragale en laissant la tête et le col. Plus tard on trouva la surface articulaire du tibia en contact avec les restes de l'astragale et unie à lui par du tissu fibreux. Les malléoles étaient descendues de 2 centimètres, sans autre déformation.

2° Résection du calcanéum.

a) Extirpation du calcanéum. Il faut distinguer l'extirpation du calcanéum de la résection partielle; chacune de ces opérations peut s'accompagner de l'excision d'un os voisin. Les résections partielles concernent : 1° le corps du calcanéum; 2° la grande apophyse ou le talon; 3° la petite apophyse ou l'extrémité antérieure.

Historique. En 1847, M. Ried, dans son ouvrage devenu classique, ne pouvait encore citer aucune résection totale du calcanéum; mais depuis on en a publié un grand nombre d'exemples.

M. Ferd. Robert, de Prague, le premier, a fait en 1837 l'extirpation du calcanéum sur une petite fille de quatre ans, affectée de nécrose. Il fit une incision sur le bord externe du pied, et au bout d'un mois l'enfant marchait déjà avec une canne. L'os se régénéra presque complétement.

En 1845, M. Meyer extirpa de son côté le calcanéum et fit en même temps une résection superficielle de la malléole externe pour une carie syphilitique. Au bout de deux ans il survint une récidive, qui força à faire l'amputation de la jambe. Deux ans plus tard le malade mourut de phthisie.

A partir de cette année les observations se succèdent (voy. Tableau statistique). Je ne citerai que celle de M. Atkinson, qui fit cette opération à Smyrne en 1857.

Albulafia, âgé de cinquante-quatre ans, rabbin à Jérusalem, fut blessé au talon par un éclat de bombe, lors du bombardement de cette ville par les Égyptiens en 1826. Plus tard, il fit de longs voyages à pied à travers toute l'Europe. En 1854, il se développa dans la cicatrice une petite tumeur, qui fut enlevée une première fois; elle récidiva et fut cautérisée. En 1857, M. Atkinson extirpa tout le calcanéum, qui était infiltré par le néoplasme. La guérison fut rapide et durable.

Indications. L'extirpation du calcanéum est indiquée par une ma-

____
[1] L'expérience, 1850, vol. VI.

ladie étendue à tout l'os, par la carie ou la nécrose. Une seule fois elle a été faite pour une tumeur partant de l'os; c'est le cas que nous venons de citer.

L'existence d'une diathèse tuberculeuse ou syphilitique ou d'une carie des os voisins, surtout de l'astragale, contre-indiquerait l'opération.

Opération. S'il existe des plaies ou des fistules, on les élargit en excisant les chairs malades; mais en tout cas il faut s'arranger de façon à ce que la cicatrice ne tombe pas sur la plante du pied.

Aussi ne peut-on recommander ni l'*incision longitudinale* passant par le milieu de la plante du pied jusqu'au cuboïde, ni l'*incision transversale* plantaire d'une malléole à l'autre, quoique les deux procédés aient été employés avec succès.

Le procédé le plus avantageux est l'*incision demi-circulaire* contournant le talon et formant aux dépens de la plante un lambeau à base antérieure. M. Lienhard a modifié ce procédé en une incision en Y, qui donne encore plus de jour. La branche verticale de l'Y longe le tendon d'Achille; arrivée au talon, elle se bifurque en deux branches, dont l'une suit le bord externe du pied jusqu'au delà de l'articulation calcanéo-cuboïdienne, et l'autre passe à peu près à 5 centimètres au-dessous de la malléole interne. De cette façon on évite sûrement l'artère tibiale postérieure.

MM. Hancock et Malgaigne font une incision en croix; mais une pareille lésion des parties molles n'est en général pas justifiée.

Quel que soit le procédé qu'on adopte pour la division des téguments, on procède à la dissection de l'os en rasant ses différentes faces avec le bistouri et en ménageant avec soin les tendons qui se réfléchissent sur lui. Les ligaments périphériques sont en grande partie coupés pendant cette préparation, et il ne reste en définitif que le ligament interosseux entre l'astragale et le calcanéum, auquel on arrive facilement par le côté externe dans l'excavation sinueuse.

La plaie est ensuite réunie par quelques points de suture; mais on a soin de laisser une ouverture suffisante pour l'écoulement du pus, qui est facilement retenu sous le lambeau raide et peu flexible. On peut employer avec avantage le bain permanent, ou appliquer un bandage compressif pour affaisser le lambeau, ou remplir la cavité de charpie.

A la suite de cette opération on ne peut pas éviter un certain degré de raccourcissement de la jambe, qui du reste se pallie par un soulier à talon élevé. Si l'on a pu conserver une partie du périoste, l'os se régénère partiellement. Dupuytren et M. Robert en ont observé chacun un cas. On a aussi vu le tendon d'Achille se souder à la cicatrice et reprendre ses fonctions.

Il survient toujours un aplatissement de la voûte du pied, quelquefois une subluxation du scaphoïde, par suite de la section des ligaments calcanéo-scaphoïdiens plantaires, et en général les fonctions des différentes parties du pied sont modifiées.

Malgré tout, les résultats de cette extirpation sont plus favorables qu'on ne devrait s'y attendre. La terminaison de 22 cas sur 24 est connue. De ces 22 opérés, l'un mourut de phthisie avant la guérison de la plaie, 2 autres succombèrent à la même maladie et virent récidiver la carie un an et demi et deux ans après la cicatrisation ; 3 furent amputés pour récidive et 1 dernier ne put pas se servir du membre. Voilà donc en tout 7 insuccès de différentes natures sur 22 opérés, c'est-à-dire près d'un tiers.

Il est vrai qu'un certain nombre d'insuccès proviennent des cas où l'on a été obligé d'emporter une portion plus ou moins considérable de l'astragale en même temps que le calcanéum, et que les résections de ce dernier os isolément sont un peu moins défavorables. Les malades qui ont guéri se sont du reste rétablis très-vite.

La résection combinée de l'astragale et du calcanéum ne paraît pas recommandable ; sur 3 opérés, l'un guérit rapidement, l'autre fut amputé, le troisième resta incapable de marcher. Théoriquement on peut le prévoir.

Somme toute, l'amputation tibio-tarsienne donne plus de succès que l'extirpation du calcanéum. Mais tous les observateurs sont d'accord pour dire qu'après cette dernière opération les malades marchent bien mieux qu'après la première.

M. Lienhard a disséqué un pied dont il avait extirpé le calcanéum trois ans auparavant. Voici ce qu'il a trouvé :

La plante du pied est fortement aplatie ; la saillie du talon a disparu. A sa place on trouve une cicatrice en forme d'Y. Sous la peau on rencontre une masse de tissu inodulaire très-dense, dans laquelle se perd le tendon d'Achille d'une part et de l'autre l'origine des muscles courts fléchisseurs des orteils, de l'adducteur du gros orteil et de l'abducteur du petit. Le cuboïde s'est déplacé un peu en arrière et est uni par des trousseaux fibreux très-forts au col de l'astragale.

Tout le pied a subi une rotation en dehors et en haut, analogue à celle que l'on observe dans le valgus. Le déplacement s'est surtout effectué entre le scaphoïde et l'astragale ; la tête de ce dernier est dirigée presque directement vers la plante et on n'en peut pas changer la position.

b) *Résection partielle du calcanéum.*

HISTORIQUE. Tandis que l'extirpation du calcanéum n'est connue que depuis une vingtaine d'années, la résection partielle de cet os a été pratiquée il y a deux siècles. Déjà en 1669, S. Formius, d'après le dire de Riverius, réséqua un morceau de l'os pour enlever une balle. Garengeot et Moreau rapportent des cas pareils. Presque toutes les autres résections partielles ont été faites pour carie (voy. *Tableau statistique*, p. 147). J'ai fait cette opération sur un soldat âgé de vingt-quatre ans, entré à l'un des hôpitaux de Saint-Pétersbourg pour des fistules du talon gauche. Une incision en Y mit à découvert la partie inférieure du talon affectée de carie ; je l'enlevai avec la gouge et je réunis les parties molles. Guérison en un mois.

Addition du traducteur. Je possède une observation du même genre, encore inédite. Un garçon brasseur, en condition à Paris, tomba d'une grande hauteur sur les talons. Probablement il se fit un écrasement du calcanéum des deux côtés ; la face inférieure de ces deux os est devenue convexe et les pieds sont plats depuis l'accident. Le malade entra au service de M. Gosselin, et il se forma au pied gauche un abcès qui donna issue à plusieurs osselets. En 1861, un an après l'accident, le malade vint à Strasbourg, portant une fistule au bord interne du talon gauche. Je trouvai un os mobile et des parties cariées au fond. Une incision en L mit les parties malades à nu et je retirai du centre du calcanéum un séquestre gros comme une noisette ; les parois cariées de la cavité furent évidées avec la gouge-rugine, et puis j'y appliquai le feu. En deux mois le malade guérit, après un érysipèle intercurrent ; il garda une mobilité limitée de l'articulation tibio-tarsienne par suite du développement d'ostéophytes.

Les résections partielles du calcanéum sont toujours à préférer aux extirpations, parce qu'on respecte d'une part les articulations avec les os voisins et d'autre part les insertions tendineuses. Mais elles ne conduisent pas toujours au but désiré ; 5 fois sur 54 cas il fallut faire une seconde opération, et 1 fois une troisième ; par contre je ne connais pas de terminaison fatale.

L'opération se fait d'après des procédés semblables à ceux de l'extirpation totale, et avec les instruments mentionnés dans la partie générale.

3º Résection du scaphoïde.

Schrauth[1] extirpa le scaphoïde carié sur un soldat de vingt-trois ans, au moyen d'une incision en croix. Il fallut lier l'artère tibiale postérieure pour arrêter des hémorrhagies secondaires ; mais le malade guérit si bien qu'il put reprendre son service.

M. Paul[2] enleva le même os, avec un plein succès, sur un ouvrier pour une carie traumatique.

Jæger, Liston, M. Meyer extirpèrent le scaphoïde, mais en même temps que d'autres os du tarse.

4º Résection du cuboïde.

Heurnius[3] avait déjà extirpé le cuboïde au dix-septième siècle ; mais jusqu'à M. J. F. Heyfelder, en 1844, l'opération n'avait pas été répétée. Ce chirurgien enleva cet os en même temps que la surface articulaire du calcanéum, au moyen d'une incision en T. La femme guérit ; mais quatre ans plus tard on lui fit l'amputation tibio-tarsienne pour une récidive. Depuis, l'opération a été faite par différents chirurgiens pour cause de carie (voy. le *Tableau*).

En 1856, M. Solly[4] extirpa le cuboïde sain sur un jeune homme de vingt et un ans, pour redresser un pied-bot avec déformation considérable. Il fit une incision en L et enleva l'os avec la gouge. Le malade guérit. L'idée de cette opération venait de M. Little ; mais elle fut vivement attaquée par M. Brothurst.

Lisfranc a fait deux résections partielles du cuboïde avec le trépan exfoliatif, et ses deux malades se rétablirent.

MM. Greenham, Meyer et F. Robert ont extirpé le calcanéum avec des portions du cuboïde ; ces cas se trouvent mentionnés parmi les résections du calcanéum.

5º Résection des os cunéiformes.

Textor père réséqua avec succès la moitié antérieure du premier cunéiforme carié. Saviard enleva un de ces os nécrosé en totalité. Malconi extirpa les deux premiers cunéiformes (voy. le *Tableau*).

[1] *Bayer. med. Corresp.*, 1843, nº 19. — [2] *Cons. chir.*, loc. cit. — [3] Pétrequin, *Gaz. méd. de Paris*, 1837, p. 37. — [4] *Med. Times*, 1856.

6° *Résection de plusieurs os du tarse à la fois.*

Nous avons déjà cité plus haut quelques exemples de ce genre, et
on en trouvera d'autres dans le tableau de la fin de ce chapitre.

Disons seulement, en passant, que ces opérations ont été faites très-ancien-
nement. En 1646, Severinus réséqua avec succès une partie de l'astragale, du
scaphoïde et du calcanéum cariés.

Durand, en 1745, enleva, sur un garçon de quatorze ans, des portions du
calcanéum, de l'astragale et du cuboïde, appliqua le feu dans la plaie et obtint
une guérison si parfaite que l'opéré put servir plus tard dans l'armée.

Bilguer, ce chirurgien distingué de l'armée prussienne, qui en plein dix-huitième siècle agissait déjà dans le sens de la chirurgie conservative, fit en 1760
la résection de plusieurs os du tarse sur un capitaine, et son opéré guérit si
bien qu'il continua à servir pendant 16 ans.

Moreau le père extirpa le cuboïde, le troisième cunéiforme, les surfaces articulaires du calcanéum et du quatrième métatarsien. Son malade put se livrer
aux travaux des champs les plus pénibles.

Jæger extirpa un astragale et un scaphoïde cariés ; il fit une incision en H et
son malade guérit probablement, quoique le fait ne soit pas certain.

Liston, en 1832, enleva les deux mêmes os, plus encore deux cunéiformes,
mais ce fut sans succès.

De Housse extirpa les trois cunéiformes, le cuboïde, et deux jours plus tard
encore le scaphoïde. En deux mois, la malade guérit, et au bout d'un an elle
faisait six lieues à pied, sans canne.

Les *procédés opératoires* pour la résection des os du tarse doivent
être modifiés selon chaque cas particulier. On agira d'après les principes généraux posés plus haut.

Tableau des résections au pied.

Résection de l'astragale.

Numéros	Nom du chirurgien.	Date de l'opération.	Sexe du mal.	Age du mal.	NATURE de la maladie.	PARTIE soumise à la résection.	de la vie.	RÉSULTAT au point de vue — des usages du membre.	REMARQUES.	SOURCES.	Numéros
1	Fab. Hildanus	1670	—	—	Luxat. compliq.	Résection totale.	vie	Bon.	—	Oper. chir., Francf. 1582.	1
2	Broilje.	1741	—	—	id.	id.	vie	id.	—	Velpeau, loc. cit.	2
3	Aubrey.	—	—	—	id.	id.	vie	id.	—	Desault, Œuvres chir.	3
4	Ferrand.	—	—	—	id.	id.	vie	id.	—	id.	4
5	Dessault.	—	—	—	id.	id.	vie	id.	—	id.	5
6	Id.	—	—	—	id.	id.	vie	id.	—	id.	6
7	Id.	—	—	—	id.	id.	vie	id.	—	id.	7
8	Id.	—	—	—	id.	id.	vie	id.	—	id.	8
9	Id.	—	—	—	id.	id.	mort	—	—	id.	9
10	Manduyt.	—	—	—	id.	id.	vie	id.	—	Boyer, Œuvres chir.	10
11	Laumonnier.	1792	—	—	id.	id.	vie	id.	—	id.	11
12	Rumsey.	1792	—	—	id.	id.	vie	id.	Le tibia et le péroné, égalem. luxés, furent réduits.	Voy. Jæger, Dict. de Rust.	12
13	Trye.	1780	f.	54	id.	id.	vie	id.	Mobilité partielle. Guérison en 3 mois.	Hey, Beob. et A. Cooper.	13
14	Hey.	—	—	—	id.	id.	mort	—	Par asthme (?).	id.	14
15	Chasley.	—	—	—	id.	Résection partielle.	vie	id.	Réduction le 10e jour de l'accident.	id.	15
16	Daniel.	1811	—	—	id.	Résection totale.	vie	id.	—	Boyer, Œuvres chir.	16
17	Percy.	1812	—	—	id.	id.	vie	id.	—	id.	17
18	Roux.	1817	—	—	id.	id.	vie	id.	—	Velpeau, loc. cit.	18
19	Dupuytren.	1810	m.	—	id.	id.	vie	id.	Parties molles intactes au moment de la résection.	Annuaire méd. chir. des hôpit., Paris 1819.	19
20	Id.	1818	f.	—	id.	id.	vie	id.	—	id.	20
21	Id.	—	—	—	id.	id.	vie	id.	—	id.	21
22	Id.	—	—	—	id.	id.	vie	id.	—	id.	22
23	Evans.	—	—	—	id.	id.	vie	id.	—	Art. Jæger dans Dictionnaire de Rust.	23
24	Green.	1820	—	—	id.	id.	vie	id.	Guérison en 3 mois.	id.	24
25	Lynn.	1820	m.	23	id.	id.	vie	id.	Guérison en 4 1/2 mois.	id.	25
26	A. Cooper.	—	—	—	id.	id.	vie	id.	Parties molles intactes au moment de la résection.	id.	26
27	Id.	—	—	—	id.	id.	vie	id.	—	id.	27
28	West.	—	—	—	Lux. et fract.	id.	vie	id.	—	id.	28
29	A. Stevens.	1826	m.	—	Lux. compl.	id.	vie	id.	Mobilité subséquente de l'articulation tibio-tars.	id.	29
30	Fallot.	1828	m.	—	id.	id.	vie	id.	—	id.	30
31	Norwood.	—	—	—	id.	id.	vie	Amputation.	Pour difformité incurable du pied après l'opération.	id.	31
32	Cloquet.	1830	m.	40	id.	id.	mort	—	Par pyohémie	id.	32
33	Arnott.	—	—	—	id.	id.	vie	Bon.	—	Hamb. Zeitschr., vol. VI, p. 499.	33
34	Thierry.	—	—	—	id.	id.	vie	id.	—	Musée Dupuytren., p. 1020.	34
35	Norris.	—	—	—	id.	id.	mort	—	—	Gaz. méd., Paris 1827.	35
36	Heidenreich.	1840	—	—	id.	id.	vie	id.	—	Bayr. med. Corr. Blatt., 1840.	36
37	Hinterberger.	1841	—	—	id.	id.	vie	id.	—	Lienhard, loc. cit.	37
38	Rognetta.	1842	m.	50	id.	id.	vie	id.	Point de raccourcissement. Mobilité de l'articulat.	Ried, loc. cit.	38
39	Dietz.	1842	—	—	Carie.	id.	vie	id.	—	Hamb. Zeitschr., vol. V, p. 425.	39
40	Oustalet.	1843	—	—	Lux. compl.	id.	mort	—	—	Ried, loc. cit.	40
41	Velpeau.	1843	m.	50	id.	id.	mort	—	le 3e jour.	id.	41
42	Smart.	1844	—	—	id.	id.	mort	—	—	id.	42
43	Kittner.	—	—	—	id.	id.	vie	id.	—	id.	43
44	Velpeau.	—	—	—	id.	id.	vie	id.	—	id.	44
45	Robert.	1846	—	—	id.	id.	vie	id.	—	id.	45
46	Wackley.	1847	—	—	id.	id.	vie	id.	—	Lancet.	46
47	Chabanon.	1850	—	—	id.	id.	vie	id.	—	Revue thérap. méd., 1850.	47

Numéros	Nom du chirurgien	Date de l'opération	Sexe du mal.	Âge du mal.	Nature de la maladie	Partie soumise à la résection	Résultat au point de vue — de la vie	Résultat au point de vue — des usages du membre	Remarques	Sources
48	Thore.	1850	—	—	Lux. compl.	Résection totale.	vie	Passable.	Le membre peut servir.	Arch. gén., mai 1851.
49	Letenneur.	1850	—	—	id.	id.	vie	id.	id.	Rev. méd. chir., juillet 1852.
50	Id.	1852	—	—	id.	id.	vie	Bon.	—	id.
51	Statham.	1854	m.	52	id.	id.	vie	id.	Mobilité de l'article nouvellement formé.	Lancet, 1854.
52	Estevenet.	1854	—	—	id.	id.	vie	id.	—	Gaz. hôpit., 1852.
53	Hancock.	1855	—	—	id.	id.	vie	id.	—	Med. Times, December 1857.
54	Addenbrock.	1856	m.	4	Carie.	Résection partielle.	vie	id.	—	id.
55	Smith.	—	—	—	Lux. compl.	Résection totale.	vie	id.	—	id.
56	Id.	—	—	—	id.	id.	vie	Passable.	Le membre peut servir.	id.
57	Id.	—	—	—	id.	id.	mort	—	—	id.
58	Id.	—	—	—	id.	id.	vie	id.	id.	id.
59	Id.	—	—	—	id.	id.	mort	—	—	id.
60	Id.	1856	—	—	id.	id.	vie	Bon.	—	id.
61	Id.	1857	—	—	id.	id.	vie	id.	—	id.
62	Heyfelder.	1858	m.	17	Carie.	Résection de l'astragale et du calcanéum.	vie	Amputation.	—	Amp. und Resect. id.
63	Id.	1859	f.	14	id.	Résection de l'astragale.	vie	En traitement.	—	Voy, éd. allem. de cet ouvrage, p. 173.
64	Moreau père.	—	—	—	id.	Résection partielle.	vie	—	Extirpation au moyen de la gouge.	—
65	Duverney.	—	—	—	Luxat.	id.	vie	—	—	—
66	Ratticy.	—	m.	—	Fract. compl.	id.	vie	Bon.	—	—
67	Champion.	—	—	—	Carie.	id.	vie	id.	Résection très-superficielle.	—

Résection totale du calcanéum.

Numéros	Nom du chirurgien	Date de l'opération	Sexe du mal.	Âge du mal.	Nature de la maladie	Partie soumise à la résection	Résultat au point de vue — de la vie	Résultat au point de vue — des usages du membre	Remarques	Sources
1	Ferd. Robert.	1837	f.	4	Nécrose.	—	vie	Bon.	Marche déjà au bout d'un mois avec une canne.	Prag. Vierteljahrschr., 1855, XII.
2	A. Meyer.	1845	m.	—	Carie syphil.	—	vie	Amputation.	Récidive au bout de 2 ans.	D. Klinik, 1856.
3	Id.	1846	m.	—	Carie.	—	vie	Parfait.	—	id.
4	Hancock.	1848	m.	24	id.	—	vie	Amputation.	Par récidive.	Brit. med. chir. Review, 1858, et Arch. gén. méd.
5	M. Greenhaw.	1848	m.	20	id.	—	vie	Bon.	Au bout de 3 mois 1/2 le malade marche.	id.
6	Id.	1848	m.	20	id.	—	vie	id.	Guéri en 4 mois.	id.
7	Id.	1848	m.	16	id.	Calcanéum et surface du cuboïde.	vie	Très-bon.	—	id.
8	Page	1848	m.	16	id.	Calcanéum seul.	vie	Id.	—	id.
9	Potter.	1849	m.	15	id.	Calcanéum et partie de l'astragale.	vie	Bon.	—	id.
10	Id.	1851	m.	15	id.	id.	vie	Incap. de marcher.	—	id.
11	Cooke.	—	—	—	—	Calcanéum seul.	—	—	—	Lancet, 1849.
12	Ferd. Robert.	1851	f.	34	id.	id.	vie	Bon.	—	Loc. cit.
13	Simon.	1851	m.	10	Nécrose.	id.	vie	id.	Mort par phthisie au bout de 6 mois.	Brit. med. chir. Review, loc. cit.
14	Guy.	1851	m.	22	Carie.	id.	vie	id.	Guérison en 1 mois.	id.
15	Lowe.	1851	f.	16	id.	id.	vie	id.	—	id.
16	Greenhaw.	1852	m.	29	id.	id.	vie	Amputation.	7 mois plus tard pour récidive, suite de fatigue.	id.
17	Field.	1852	m.	17	id.	id.	vie	Inconnu.	—	id.
18	Textor fils.	1853	m.	28	id.	id.	vie	Amputation.	tibio-tarsienne au bout de 3 ans.	Lienhard, Prag. Vierteljahrschr., 1858.
19	Solly.	1855	f.	24	id.	id.	vie	Bon.	—	Lancet, 1854.
20	Jæger fils.	1856	f.	—	id.	id.	vie	Id.	—	Cons. Chir. der Glieder.
21	Lynn.	1856	—	—	id.	id.	vie	Parfait.	—	Med. Times, March 1857.
22	Paul.	?	m.	19	id.	id.	mort	—	par phthisie.	Cons. Chir. der Glieder.
23	Atkinson.	1857	m.	54	Néoplasme	id.	vie	Bon.	—	Med. Times, April 1857.
24	J.F. Heyfelder Rigaud[*]	1858	m.	17	Carie.	Calcanéum et astragale.	vie	Amputation.	—	Éd. allem. de cette ouvrage.

[*] M. le professeur Rigaud de Strasbourg a extirpé 4 fois le calcanéum, et n'a perdu qu'un seul malade, les autres ont bien guéri. Ces cas sont encore inédits.

Résection partielle du calcanéum.

Numéros	Nom du chirurgien.	Date de l'opération.	Sexe du mal.	Age du mal.	Nature de la maladie.	Partie soumise à la résection.	Résultat au point de vue de la vie.	Résultat au point de vue des usages du membre.	Remarques.	Sources.	Numéros.
1	Formius.	1669	m.	—	Coup de feu.	Résection partielle.	vie	Bon.	—	Riverii, *Oper. med.*, Francfort 1669.	1
2	Morand.	—	m.	—	id.	id.	vie	id.	—	*Opusc. de Chir.*	2
3	Moublet.	—	—	—	Carie.	id.	vie	id.	—	*Amer. Journ. med.*, vol. XV.	3
4	Hey.	1795	—	—	id.	id.	vie	Très-bon.	—	*Chirurg. Beob.*, loc. cit.	4
5	Id.	—	—	—	id.	id.	vie	Bon.	—	Id.	5
6	Id.	—	—	—	id.	id.	vie	Récidive.	—	Id.	6
7	Poncelet.	—	—	—	Fract. compl.	Apophyse postérieure.	vie	Bon.	—	Robert, *Prag. Viertelj.*, loc. cit.	7
8	Briot.	1817	m.	30	Carie.	2/3 du calcanéum.	vie	Très-bon.	—	Velpeau, loc. cit.	8
9	Moreau fils.	—	—	—	id.	Résection partielle.	vie	Bon.	—	*Versuche*, loc. cit.	9
10	Liston.	1820	—	—	id.	—	vie	id.	—	Ballingal, *a. clin. lect.*, Edinb. 1827.	10
11	Id.	1823	—	—	id.	—	vie	id.	—	Id.	11
12	Velpeau.	1824	—	—	Nécrose.	Partie inférieure du calcan.	vie	id.	—	Velpeau, loc. cit.	12
13	Id.	1828	—	—	id.	id.	vie	id.	—	Id.	13
14	Id.	1830	—	—	id.	id.	vie	id.	—	Id.	14
15	Id.	1833	f.	—	id.	Morceau cunéiforme.	vie	id.	Conservation de l'insertion du tendon d'Achille.	Id.	15
16	Jæger.	1834	f.	14	Carie.	Corps du calcanéum.	vie	id.	—	Brandis, *Diss.*, Würzb. 1847.	16
17	Roux.	—	—	—	id.	Résection partielle.	—	—	—	Velpeau.	17
18	Champion.	1837	f.	8	id.	id.	—	—	—	Id.	18
19	Jæger.	—	—	—	id.	id.	vie	id.	—	Brandis, loc. cit.	19
20	Velpeau.	1838	m.	0	Nécrose.	Face externe.	vie	id.	—	Velpeau.	20
21	Id.	1838	m.	40	Carie.	id.	vie	id.	—	Id.	21
22	Dupuytren.	1810	m.	—	id.	Résection partielle.	vie	id.	—	Id.	22
23	Id.	—	—	—	id.	id.	vie	id.	—	Id.	23
24	Id.	1833	—	—	Nécrose.	id.	vie	id.	—	id.	24
25	Id.	1839	—	—	id.	id.	vie	Très-bon.	Régénération osseuse.	id.	25
26	Lisfranc.	1840	m.	—	Carie.	Apophyse postérieure.	vie	Bon.	L'insert. du tendon d'Achille est conserv. en partie.	id.	26
27	Wilhelm.	—	—	—	id.	Résection partielle.	vie	id.	—	Schweinberger, *Diss.*, Munich.	27
28	Dietz.	—	—	—	id.	id.	vie	id.	—	Ried, loc. cit.	28
29	Signoroni.	1841	—	—	id.	id.	—	—	—	Ruhstrasch, *Allg. Zeitschr. für Chir.*, 1842.	29
30	Id.	1842	—	—	id.	id.	—	—	—	id.	30
31	Godard.	1842	—	—	Nécrose.	id.	vie	id.	—	*Annales de la chir. franç. et étr.*, 1842.	31
32	Blasius.	—	—	—	Carie.	Corps du calcanéum.	vie	id.	—	*Handb. der Chirur.*	32
33	Textor père.	—	—	—	id.	Apophyse postérieure.	vie	id.	—	Brandis, loc. cit.	33
34	Textor fils.	—	—	—	id.	id.	vie	id.	—	id.	34
35	Ferd. Robert.	1842	m.	28	Fract. compl.	id.	vie	id.	—	*Prag. Viertelj.*, loc. cit.	35
36	Günther.	—	—	—	Carie.	Résection partielle.	vie	id.	—	*Œster. med. Zeitschr.*, loc. cit.	36
37	Id.	—	—	—	id.	id.	vie	Amputation.	—	id.	37
38	Schneider.	—	—	—	id.	id.	—	—	—	—	38
39	Fergusson.	1844	—	—	id.	id.	vie	id.	Réséqué deux fois; amputé en 1852.	*Lancet*, 1853.	39
40	Ferd. Robert.	1844	f.	—	id.	id.	vie	Bon.	—	*Loc. cit.*	40
41	Meyer.	1845	f.	37	id.	Surface artic. et cuboïde.	vie	id.	—	*D. Klinik.*	41
42	Schuh.	1840	—	—	id.	Résection partielle.	—	Insuccès.	—	*Œster. med. Jahrb.*, 1846.	42
43	F. Robert.	1848	m.	21	Nécrose.	id.	vie	Bon.	—	*Loc. cit.*	43
44	Greenhaw.	1848	m.	20	Carie.	id.	vie	Extirpation.	consécutive du calcanéum.	*British med. etc.*, loc. cit.	44
45	F. Robert.	1852	f.	5	Nécrose.	id.	vie	Très-bon.	Guérison en 15 jours.	*Loc. cit.*	45
46	Id.	1852	m.	12	id.	Partie antérieure.	vie	Bon.	—	id.	46
47	Id.	1852	m.	68	Carie.	id.	vie	Très-bon.	—	id.	47
48	Id.	1853	f.	35	id.	id. et partie du cuboïde.	vie	Bon.	—	id.	48
49	Malgaigne.	1853	—	—	id.	Résection superficielle.	vie	—	—	Commun. de O. Heyf.	49
50	Holt.	1853	f.	23	id.	Résection partielle.	vie	id.	—	*Med. Times*, Aug. 1856.	50
51	Id.	1854	m.	10	id.	id.	vie	id.	—	id.	51

Numéros.	NOM du chirurgien.	Date de l'opération.	Sexe du mal.	Age du mal.	NATURE de la maladie.	PARTIE soumise à la résection.	Résultat au point de vue de la vie.	Résultat au point de vue des usages du membre.	REMARQUES.	SOURCES.	Numéros.
52	Holthouse.	1854	m.	56	Carie.	Résection partielle.	vie	Bon.	—	Med. Times, Aug. 1856.	52
53	Bruns.	1856	—	—	id.	id.	vie	id.	—	D. Klinik. 1857.	53
54	Hilton.	1856	m.	7	Nécrose.	id.	vie	id.	—	Med. Times, Sept. 1856.	54
55	Lang.	1856	f.	22	Carie.	Apophyse postérieure.	vie	id.	Préalablement on avait fait deux résect. superfic.	id.	55
56	Thierry.	1856	—	12	Carie.	Apophyse postérieure.	vie	id.	—	—	56
57	Johnson.	1856	—	27	id.	id.	vie	id.	—	Med. Times.	57
58	Pitha.	1855	—	—	Nécrose.	Résection partielle.	vie	id.	—	Prag. Viertelj., 1857.	58
59	Id.	1856	—	—	id.	id.	vie	id.	—	id.	59
60	Id.	1857	—	—	id.	id.	vie	id.	—	id.	60
	Sédillot.	1861	f.	—	Carie.	Partie sup. du calcanéum.	vie	id.	L'enfant a été présenté à la Soc. méd. de Strasb.	Gaz. méd. de Strasb. 1862.	
	Broekel.	1861	m.	—	Nécrose, carie traumatique.	Centre du calcanéum.	vie	id.	—	Obs. part. de cet ouvrage.	
Résection des os de la seconde rangée du tarse.											
1	Hornius.	1650	—	—	Carie.	Cuboïde totalement.	vie	Bon.	—	Pétrequin, Gaz. méd. de Paris, 1837	1
2	Textor père.	—	—	—	—	I cunéif. partiellement.	vie	id.	—	Wiederers. der Knochen, loc. cit.	2
3	Wattmann.	—	—	—	Nécrose.	Cunéif. totalement.	vie	id.	—	Lienhard, loc. cit.	3
4	Saviard.	—	—	—	Carie.	id.	vie	id.	—	Velpeau.	4
5	De la Motte.	—	—	—	Coup de feu.	III cunéif. totalement.	vie	id.	—	id.	5
6	Schrauth.	1843	m.	23	Carie.	Scaphoïde totalement.	vie	id.	—	Bayr. med. Corr. Blatt, 1843.	6
7	Lisfranc.	1840	m.	19	id.	Cuboïde partiellement.	vie	id.	Guérison en 8 semaines.	Velpeau, loc. cit.	7
8	Id.	1840	m.	33	id.	id.	vie	id.	Guérison en 3 semaines.	id.	8
9	Syme.	—	—	—	id.	Cuboïde totalement.	—	—	—	Ausschn. der Gelenke, loc. cit.	9
10	Nelaton.	1852	m.	16	id.	id.	vie	Incertain.	—	Commun. de O. Heyf.	10
11	Paul.	—	m.	19	Nécrose.	Scaphoïde totalement.	vie	Bon.	—	Loc. cit.	11
12	Günther.	—	—	—	Carie.	Cuboïde totalement.	vie	id.	—	—	12
13	Textor fils.	1853	—	—	id.	id.	vie	id.	—	Würzb. Verhandl., vol. III.	13
14	Solly.	1856	m.	21	Pied-bot.	id.	vie	id.	—	Med. Times, 1856.	14
15	Wilczkovsky.	1858	m.	26	Carie.	id.	vie	id.	—	Med. Journ. Russl., 1859.	15
Résection de plusieurs os du tarse à la fois.											
1	Armbrust.	1715	f.	12	Carie.	Plusieurs os du tarse.	vie	Bon.	—	Pezoldi, Obs. med. phir.	1
2	Id.	1715	m.	9	id.	id.	vie	id.	—	id.	2
3	Durand.	1745	m.	14	id.	Calc. part., astrag., cuboïde.	vie	id.	—	Lisfranc, Méd. opér.	3
4	Bilguer.	1760	m.	40	id.	Plusieurs os du tarse.	vie	Très-bon.	—	Chir. Wahrnem., Berlin 1763.	4
5	Moreau père.	1788	—	—	id.	Cuboïde, cunéif. III, IV et V métatars.	vie	id.	—	Versuche, loc. cit.	5
6	Arbey.	1805	—	—	id.	Cuboïde, cunéif. III.	vie	?	—	Velpeau, loc. cit.	6
7	Dunn.	1820	m.	0	id.	Os du tarse et métatars.	vie	Bon.	—	S. Cooper, Dict. de chir.	7
8	Jæger.	—	—	—	id.	Astragale, scaphoïde.	vie	—	—	Ricd, loc. cit.	8
9	Liston.	1822	—	—	id.	Astr., scaph., II cunéif.	vie	Insuccès.	—	Velpeau.	9
10	De la Motte.	—	—	—	Nécrose.	II et III cunéif, métatars. V.	vie	Bon.	—	id.	10
11	Mulvani.	—	m.	12	Carie.	II et III cunéif.	vie	id.	—	id.	11
12	Dehousse.	1775	m.	36	id.	Première rangée du tarse.	vie	Très-bon.	Guérison en 2 mois.	id.	12
13	Champion.	1839	—	—	id.	Id. et base du III métatars.	vie	Récidive.	—	id.	13
14	Velpeau.	1832	—	—	id.	Cuboïde part. et base du II métatars.	vie	Bon.	—	id.	14
15	Pirogoff.	—	—	—	id.	Différents os du tarse.	—	—	—	Amp. u. Resect., loc. cit.	15
16	Hayfelder.	1844	f.	32	id.	Cuboïde et partie du calcan.	vie	Amputation.	—	D. Klinik.	16
17	A. Mejer.	1845	f.	37	id.	Scaph. I et II cunéif.	vie	Succès partiel.	—	Med. Times, 1857.	17
18	Smith.	1850	—	—	id.	Cunéif. II et III, métat. IV et V.	vie	Bon.	—	id.	18
19	Cock.	1857	f.	21	id.	Scaphoïde, cuboïde, cunéif., ast:ag.	vie	Insuccès.	—	id.	19
20	Küchler.	1857	m.	20	id.	Cunéif. I et II, métat. I et II.	mort	—	—	D. Klinik, 1859.	20

Chaque os du tarse a été extirpé à lui seul ; l'astragale, 60 fois ; le calcanéum, 20 fois ; le cuboïde, 7 fois ; le scaphoïde, 2 fois ; l'un des cunéiformes, 4 fois ; en tout, 93 extirpations isolées de l'un des os du tarse. Les résultats sont : 75 succès, 9 morts, 4 terminaisons inconnues, 4 amputations secondaires et 1 insuccès d'une autre nature. Les insuccès, en général, forment donc 1/7 des cas ; les morts 1/10. Mais 8 décès sur les 9 concernent des extirpations de l'astragale et doivent être mis sur le compte de l'ouverture de l'articulation tibio-tarsienne.

Les résections de plusieurs os à la fois sont au nombre de 26, avec 16 succès, 1 mort, 2 amputations secondaires, 4 insuccès d'une autre nature, 3 terminaisons inconnues. Les mauvais résultats de tout genre forment ici près de 1/3 des cas.

Le danger de ces résections multiples n'est pas plus grand que celui des résections simples ; mais on court le risque d'avoir un membre sans usage. Les malades supportent très-bien la perte de l'astragale ou du calcanéum isolément ; mais la résection de ces deux os en même temps, soit en totalité, soit en grande partie, n'a donné qu'une seule fois un résultat favorable.

On peut enlever plusieurs petits os de la seconde rangée du tarse, ou l'un de ces os avec les métacarpiens correspondants, et obtenir cependant une guérison satisfaisante. Ce résultat arrivera surtout si les os enlevés sont situés sur une même ligne longitudinale ou transversale. Tel est le cas si l'on résèque le scaphoïde avec le premier cunéiforme et le premier métatarsien, ou les trois cunéiformes avec une partie du cuboïde.

Les pertes de substance également étendues en longueur et en largeur laissent d'ordinaire un membre difforme et hors de service ; témoin les cas de Liston et de M. Cock.

En additionnant toutes les résections du tarse, totales ou partielles, nous trouvons 192 cas, dont il faut déduire 8 cas comptés en double et 10 dont le résultat est inconnu. Des 174 opérations restantes, 148 se sont terminées par une guérison complète, 11 par la mort, 10 par l'amputation et 5 par une difformité incurable. Les terminaisons fatales forment donc 1/16 des cas, les insuccès de toute espèce 1/7.

Les 66 résections partielles n'ont donné lieu à aucun décès et seulement à 4 insuccès.

Enfin, sur le nombre total d'opérations, 108 ont été faites pour maladies organiques avec 3 morts, 7 amputations, 3 insuccès, et 66 pour lésions traumatiques avec 8 morts et 1 amputation consécutive. Cette dernière catégorie de résections a donc donné des résultats bien moins favorables que la première.

II. RÉSECTION DES MÉTATARSIENS.

On soumet les métatarsiens à l'extirpation ou à une résection partielle ; cette dernière atteint la diaphyse, la tête ou la base de l'os.

1° *Extirpation des métatarsiens.*

A la fin du dix-huitième siècle, Barbier extirpa le premier métatarsien pour une luxation irréductible. Beaufils répéta peu après la même opération pour une carie. Sur 23 extirpations que nous avons rassemblées (voy. tableau), il s'agissait 14 fois du premier métatarsien, 4 fois du cinquième, 2 fois du quatrième, 1 fois du second, 1 fois du troisième et 1 fois du quatrième.

C'est la carie qui a donné le plus souvent lieu à l'opération (15 fois sur 23 cas) et après elle l'enchondrome (4 fois sur 23). Enfin on l'a faite 2 fois pour nécrose et 2 fois pour luxation compliquée.

Opération. On divise les *parties molles* par une incision faite sur le dos du pied dans la direction de l'os et dépassant un peu ses extrémités (Heyfelder). Cette incision est surtout appropriée aux métatarsiens du milieu.

Pour le premier et le cinquième, on incise sur le bord correspondant du pied. Une tumeur osseuse est circonscrite par deux incisions semi-elliptiques. Les anciens opérateurs divisaient les téguments en forme de croix, d'H ou de T ; si l'on emploie l'un de ces procédés, les incisions supplémentaires ne doivent atteindre que la peau pour permettre d'écarter les tendons ou les muscles. Le procédé de Gerdy, qui consiste à faire une incision sur le dos et une autre dans la plante du pied, est abandonné avec raison.

Pour *extirper l'os*, on commence par le désarticuler du côté de la tête, puis on le soulève avec une pince et on le rase avec le bistouri pour séparer les muscles et, si c'est possible, le périoste, et l'on finit par la désarticulation de la base. Un autre procédé consiste à diviser d'abord la diaphyse soit avec la scie à chaîne (Roux), la scie à mollettes (Græfe), l'ostéotome (Textor) ou la pince incisive (Jæger), et à désarticuler séparément les deux moitiés. Pour faciliter cet acte de l'opération, on se sert avantageusement de la sonde de Blandin. On introduit son extrémité recourbée de telle façon que la concavité soit dirigée vers l'os; aussitôt que la partie droite est engagée dessous, on la retourne pour mettre la cannelure en rapport avec l'os. On glisse alors facilement la scie à chaîne sous ce dernier, ou on le divise avec une scie ordinaire.

La division préalable de la diaphyse facilite la désarticulation et est à conseiller. L'extirpation du premier et du cinquième métatarsien est naturellement beaucoup plus facile que celle des trois autres.

La plaie est réunie ou pansée à plat, selon l'état des parties molles; le pied est maintenu dans l'immobilité. Les résultats de l'opération sont extrêmement favorables. Il n'y a eu aucun décès sur les 23 cas; 2 malades seulement ne guérirent pas à cause d'une récidive de l'affection première.

Dans la plupart des cas, la perte de substance se comble par une corde inodulaire, dans laquelle il se développe quelques points d'ossification, selon que l'on a conservé plus ou moins de périoste. L'orteil correspondant est un peu raccourci, mais cela est sans importance.

2º *Résection de la diaphyse des métatarsiens.*

Cette opération n'est qu'une modification de la précédente et cependant on ne l'a faite que bien rarement. Græfe réséqua en 1820 la diaphyse du premier métatarsien au moyen de la scie à mollettes et guérit son malade. Heister, Macferlane et M. Blasius paraissent avoir fait la même opération.

Elle s'exécute du reste par des procédés semblables à ceux de l'extirpation totale et pour les mêmes affections.

3° *Résection de la base ou de la tête des métatarsiens.*

La *résection de la base* a été faite par différents chirurgiens avec des résultats assez peu favorables (voy. tableau). Nous avons déjà mentionné plus haut les opérations par lesquelles on a enlevé en même temps la base des métatarsiens et un ou plusieurs os du tarse.

La *résection de la tête des métatarsiens* est une résection partielle de l'articulation métatarso-phalangienne ; elle devient totale si l'on enlève en même temps la surface articulaire de la phalange.

Ces opérations ont été pratiquées par différents chirurgiens et en général avec succès. Cependant Textor père et M. Laugier ont perdu chacun un malade.

M. Chassaignac opéra une femme de vingt-deux ans pour un enchondrome. Il fut obligé d'enlever la moitié antérieure des trois derniers métatarsiens. Il commença par les diviser près de leur base avec la scie à chaîne et les sépara ensuite dans l'articulation métatarso-phalangienne. La malade guérit en deux mois.

M. Heyfelder fit cette résection sur un paysan robuste de vingt-deux ans, atteint de carie du premier métatarsien, par suite d'un traumatisme. Une incision de 6 centimètres sur le dos du pied, avec de petites incisions transversales à chaque bout, permit de mettre l'os à nu en ménageant les tendons extenseurs. Le métatarsien fut coupé par le milieu avec des cisailles de Liston et puis on désarticula la moitié antérieure. La plaie guérit en un mois. On trouva sur la partie enlevée une fracture oblique pénétrant dans l'article, avec nécrose de l'os.

Résection des métatarsiens.

Numéros	NOM du chirurgien.	Date de l'opération.	Sexe du mal.	Âge du mal.	NATURE de la maladie.	PARTIE soumise à la résection.	RÉSULTAT au point de vue de la vie.	RÉSULTAT au point de vue des usages du membre.	REMARQUES.	SOURCES.	Numéros
I. Résections totales.											
1	Barbier.	1793	—	—	Luxat. compliq.	I métatarsien en totalité.	vie	Bon.	Guérison en 40 jours.	Lisfranc, *Méd. opér.*	1
2	Beaufils.	1795	m.	—	Carie.	id.	vie	id.	—	id.	2
3	Champion.	1813	—	—	id.	V métatarsien en totalité.	vie	id.	—	Velpeau, *Méd. opér.*	3
4	Id.	1814	—	—	id.	id.	vie	id.	—	id.	4
5	Arbey.	—	—	—	id.	I métatarsien en totalité.	vie	id.	—	id.	5
6	Monro.	—	—	—	id.	id.	—	—	—	Gaz. méd. de Paris, 1837.	6
7	Roux.	1821	—	—	Nécrose.	id.	—	—	—	Velpeau, *loc. cit.*	7
8	Textor.	1822	—	—	Carie.	id.	—	—	—	Wiederers. der Knochen, *loc. cit.*	8
9	Lisfranc.	—	m.	—	id.	V métatarsien en totalité.	vie	Parfait.	Aucune déviation des orteils.	Gaz. méd. de Paris, 1837.	9
10	Wilhelm.	1827	—	—	id.	I métatarsien en totalité.	vie	id.	—	Chirurg. Klinik, vol. I, Münich 1830.	10
11	Larrey.	1829	m.	33	Luxat. compliq.	id.	vie	Bon.	En même temps déchirure de la plante du pied, et fracture de cuisse.	Velpeau, *loc. cit.*	11
12	Bell.	—	—	—	Enchondrome.	id.	vie	id.	—	id.	12
13	Blandin.	—	—	—	Carie.	id.	vie	id.	—	id.	13
14	Velpeau.	1838	m.	20	id.	id.	vie	Très-bon.	—	id.	14
15	Mojsisovicz.	—	—	—	id.	—	—	—	—	Ried, *loc. cit.*	15
16	Falcony.	1850	m.	32	Enchondrome.	III, IV, V, métatars. en tot.	vie	Bon.	—	London Med. Gaz., vol. XXIII.	16
17	Adams.	—	—	—	id.	I métatarsien en totalité.	vie	id.	—	Dublin Med. Journ., vol. XXIV.	17
18	Heyfelder.	1853	m.	4	Carie.	IV métatarsien en totalité.	vie	id.	—	Amput. u. Resect.	18
19	Id.	1853	f.	7	id.	V métatarsien en totalité.	vie	id.	—	id.	19
20	Adelmann.	1855	m.	36	id.	IV métatarsien en totalité.	vie	Insuccès.	—	Prag. Vierteljahrschr., vol. LIX.	20
21	Pfoerringer.	—	m.	35	Enchondrome.	I métatarsien en totalité.	vie	Bon.	—	O. Weber, *loc. cit.*	21
22	Wilczkowski.	1856	m.	28	Carie.	id.	vie	Insuccès.	—	—	22
23	Küchler.	1857	m.	20	Nécrose.	id.	vie	Parfait.	—	D. Klinik, 1859, n° 41.	23
II. Résections partielles à la diaphyse.											
1	Græfe.	1820	—	—	Carie.	I Diaphyse du 1er métatars.	vie	Bon.	—	Mohr, *Dissert.*	1
2	Heister.	—	—	—	—	Diaphyse.	—	—	—	Lisfranc, *Méd. opér.*	2
3	Macferlane.	—	m.	—	Carie.	id.	vie	Très-bon.	—	id.	3
4	Blasius.	—	—	—	—	id.	—	—	Régénération de la perte de substance.	Ried, *loc. cit.*	4
III. Résections à la base.											
1	Lisfranc.	—	—	—	Carie.	V métatarsien.	vie	Parfait.	—	Lisfranc.	1
2	Heister.	—	—	—	id.	I métatarsien.	—	—	—	id.	2
3	Malgaigne.	—	—	—	id.	id.	—	—	—	Manuel de méd. opér.	3
4	Textor père.	1840	f.	39	id.	id.	vie	Insuccès.	Récidive. Extirpation de l'os.	Ried, *loc. cit.*	4
5	Id.	1840	m.	21	id.	V métatarsien.	vie	Bon.	—	id.	5
6	Roux.	—	—	—	id.	II métatarsien.	vie	Douteux.	—	Gerdy, *De la résect.*	6
IV. Résections à la tête.											
1	Josse.	—	m.	28	Luxat. compliq.	I métatarsien.	vie	Bon.	—	Velpeau, *loc. cit.*	1
2	Liston.	—	—	—	Carie.	id.	vie	id.	—	Hamb. Zeitschr., vol. IV.	2
3	Textor père.	1822	m.	33	Luxat. compliq.	V métatarsien.	vie	id.	—	Wiederers. der Knochen.	3
4	Kramer.	1826	—	—	Carie.	I métatarsien.	vie	id.	—	Rust's Handwb. der Chirurg.	4

Numéros.	NOM du chirurgien.	Date de l'opération.	Sexe du mal.	Âge du mal.	NATURE de la maladie.	PARTIE soumise à la résection.	RÉSULTAT au point de vue de la vie.	des usages du membre.	REMARQUES.	SOURCES.	Numéros.
5	Roux.	1829	—	—	Carie.	1 métatarsien.	vie	Bon.	—	Gerdy, *De la résection.*	5
6	Id.	1820	—	—	id.	1 métatarsien et 1 phalange.	vie	id.	—	*Gas. méd.*, 1842.	6
7	Id.	—	—	—	id.	1 métatarsien.	vie	id.	—	Gerdy, *loc. cit.*	7
8	Fricke.	—	—	—	id.	1 métatarsien et phalange.	vie	id.	—	*Hamb. Zeitschr.*, vol. III.	8
9	Textor père.	—	—	—	id.	1 métatarsien.	vie	id.	—	*Wiederers. der Knochen.*	9
10	Id.	—	—	—	id.	id.	mort	—	Gangrène. Amputation de la cuisse.	id.	10
11	Id.	1834	—	—	id.	id.	vie	Succès partiel.	—	id.	11
12	Blandin.	—	—	—	Spina vent.	id.	vie	Bon.	—	Lisfranc, *loc. cit.*	12
13	Id	—	—	—	Carie.	3/4 du 1 métatarsien.	vie	id.	—	id.	13
14	Jobert.	—	—	—	id.	1 métatarsien.	vie	id.	—	Gerdy, *loc. cit.*	14
15	Regnoli.	—	—	—	—	id.	vie	id.	—	*Hamb. Zeitschr.*, vol. IX.	15
16	Heyfelder.	1848	m.	24	Nécrose et fract.	id.	vie	id.	—	Voy. obs., p. 157.	16
17	Adelmann.	1853	m.	30	Nécrose.	1 métatarsien et phalange.	vie	id.	—	*Loc. cit.*	17
18	Chassaignac.	1853	f.	22	Exostose.	III, IV, V métatarsien.	vie	id.	—	*Bulletin de la Société chir.*, 1852.	18
19	Laugier.	—	—	—	Luxat. compliq.	1 métatarsien.	mort	—	—	Schinainger, *Dissert.*	19

En somme, j'ai réuni 52 cas de résections totales ou partielles des métatarsiens, sur lesquels on connaît 47 fois le résultat définitif. Il y a eu 2 décès, 5 insuccès, 40 guérisons complètes ; la mortalité est par conséquent de 1/24, et les insuccès sont de 1/7. Les opérations à la suite de traumatisme ont donné, ici comme ailleurs, de moins bons résultats (1 mort sur 5 cas) que celles faites pour affections organiques.

Les résections de la base d'un métacarpien paraissent plus dangereuses que celles de la tête, et ces dernières le sont davantage que les résections de la diaphyse ou les extirpations totales.

RÉSECTION DES PHALANGES DES ORTEILS.

Par analogie de ce qui se fait à la main, on peut aussi réséquer les phalanges des orteils. L'opération du reste n'a de valeur qu'au gros orteil ; aux autres il est plus simple de désarticuler la partie malade, parce qu'il n'en résulte ni gêne fonctionnelle ni difformité sensible. A la suite de carie ou de luxation compliquée, on résèque la base de la première phalange, avec ou sans décapitation de la tête du métatarsien. Les exostoses si fréquentes de la phalange unguéale nécessitent des résections ordinairement superficielles de cet os.

M. Huguier[1] extirpa en totalité la première phalange du gros orteil, avec un succès complet. Champion[2] a réséqué deux fois la base de cette phalange. Fricke, Roux et M. Chassaignac ont fait la résection totale de l'articulation métacarpo-phalangienne du gros orteil. Toutes ces opérations ont donné un bon résultat.

On trouve dans la littérature une trentaine d'exemples de chirurgiens qui ont opéré des exostoses de l'une ou de l'autre phalange des orteils et toujours avec succès.

L'extirpation de la première phalange se fait par une incision dorsale ou mieux latérale pour éviter le tendon extenseur. On commence par ouvrir l'articulation phalangienne, puis on attire l'os avec une pince à pansement et l'on achève son énucléation. La plaie est réunie avec des bandelettes et le pied maintenu dans l'immobilité.

Cette opération est assez délicate, mais elle paraît peu grave. En général, les résections des orteils n'ont été suivies de mort dans aucun cas connu.

[1] *Journ. de chirurg.*, 1844, p. 170. — [2] Velpeau, *Méd. opér.*

B. Résections de l'extrémité supérieure.

CHAPITRE XIX.

RÉSECTION DE L'ÉPAULE.

La résection de l'épaule est l'opération qui consiste à exciser la tête humérale soit seule, soit en même temps que la cavité glénoïde de l'omoplate. Dans le dernier cas, la résection est dite totale, dans le premier elle est partielle; c'est une décapitation de l'humérus. Mais les deux opérations ne peuvent être traitées séparément; elles ont trop de points de contact.

Remarques anatomiques. L'articulation de l'épaule a beaucoup d'analogie avec celle de la hanche. Des deux côtés nous avons une tête arrondie, supportée par un col et présentant deux tubérosités destinées à des insertions musculaires. La tête humérale est hémisphérique, dirigée en haut et en dedans et roule dans une cavité beaucoup plus petite qu'elle; il en résulte qu'elle jouit d'une grande mobilité et qu'elle est presque également accessible au couteau de toutes parts.

La face externe de l'article est recouverte par un muscle épais, le deltoïde. Les incisions doivent toujours être parallèles à ses fibres ou suivre l'un de ses bords. Quant aux muscles qui s'insèrent aux deux tubérosités, il faut nécessairement les séparer de leurs insertions humérales pour ouvrir la capsule.

Les vaisseaux et nerfs axillaires sont situés au côté interne de l'article; au niveau du col chirurgical ils donnent naissance à l'artère et au nerf circonflexe, qui contournent le bord postérieur et externe de l'humérus pour se ramifier dans le deltoïde. Leur section entraîne la paralysie de ce muscle. Dans le tissu cellulaire souscutané, entre le muscle grand pectoral et le deltoïde, rampe la veine céphalique qui se jette dans la sous-clavière.

HISTORIQUE. Comme toutes les inventions, la résection de l'épaule a été précédée de tâtonnements plus ou moins parfaits. On a commencé par extraire la tête de l'humérus nécrosée ou brisée en esquilles, ce qui fait que les Français revendiquent la priorité de la décapitation humérale pour leurs compatriotes Boucher[1] (1753) ou Thomas[2] (1740). Le premier a posé en principe que dans les plaies d'armes à feu il faut extraire les esquilles plutôt que d'amputer et il a peut-être appliqué ce principe aux lésions de la tête humérale. Le second a extrait sur un enfant de quatre ans une portion nécrosée de l'extrémité supérieure de l'humérus, longue de 4 centimètres. Un cas de Vigarous[3] (1767) est très-problématique. Mais il ne fallait plus qu'un pas pour arriver à la résection proprement dite et c'est Ch. White[4] qui l'a franchi en 1768. Il enleva l'extrémité supérieure de l'humérus carié, dans une étendue de 8 centimètres, et conserva le membre avec tous ses usages. Les parties molles ne furent divisées que par une simple incision longitudinale. Bent répéta l'opération en 1773, Orred en 1799 ; mais ensuite elle paraît être tombée dans l'oubli en Angleterre, jusqu'à M. Syme qui la refit pour la première fois entre 1820-1830. Depuis cette époque l'Angleterre a vu un grand nombre de ces résections. M. Guthrie l'avait aussi pratiquée dans des cas de blessures par armes à feu.

En France, les deux Moreau[5] se sont acquis un grand mérite en préconisant cette opération. Moreau le père fit la première résection totale de l'épaule en 1786 ; en 1794 il décapita l'humérus. Son fils fit trois fois la même opération.

L'application de la résection de l'épaule aux blessures par armes à feu est due aux chirurgiens français du commencement de ce siècle et surtout à Percy[6], qui l'a faite 9 fois dans ces conditions. Après lui l'opération fut faite par Sabatier[7] (9 fois), Larrey[8] (10 fois), et, dans des temps plus récents, par Baudens[9] (17 fois) et beaucoup d'autres médecins.

En Allemagne Lentin[10] réséqua l'épaule pour carie en 1771. Il enleva en même temps une grande longueur de la diaphyse humérale, mais n'en obtint pas moins un résultat fort satisfaisant. L'opération fut répétée par MM. Wutzer, Fricke, Jæger, Textor[11] (8 fois), Dietz, Heyfelder (chacun 3 fois). Dans la campagne du Schleswig-Holstein, la résection de l'épaule, fracturée par des balles, a été faite une vingtaine de fois par MM. Langenbeck (5 fois), Franke (3 fois), Esmarch (2 fois) etc.

J'ai fait la résection de la tête de l'humérus sur un jeune homme de quinz ans, qui fut atteint d'une violente arthrite de l'épaule gauche, à la suite de traumatisme. Malgré un traitement antiphlogistique énergique, il se fit de la suppuration. On lui donna issue par une incision, et la sonde pénétra immédiatement sur un os dénudé. Le périoste continua à se décoller de l'os, le pus était

---

[1] *Observations sur les plaies etc. Mém. de l'Acad. de chir.*, vol. II, p. 287. — [2] D'après Guthrie et Jæger, *loc. cit.* — [3] *Mémoires Acad. de chirurg.*, 1774. — [4] *Cases in surgery*, vol. I. — [5] *Obs. prat. rel. à la résect. des art.*, Paris 1803. — [6] *Dictionn. en 60 vol.*, vol. XLVII. — [7] Velpeau. — [8] *Rel. de l'exp. de l'armée d'Orient.* — [9] *Gaz. méd de Paris*, 1855 et 1857. — [10] Büttcher, *Krankh. der Knochen.* — [11] *Wiedererz. etc.*, l cit.

de mauvaise nature, de sorte que je me décidai à faire la résection. J'élargis l'ouverture fistuleuse située à la partie antérieure de l'épaule par en haut et par en bas, je désarticulai avec facilité. Puis, faisant saillir l'humérus à travers la plaie, j'en enlevai avec la scie à chaîne tout le tiers supérieur qui était dépouillé de périoste. Au niveau du point de section la substance corticale était saine, mais dans la moelle on trouva un foyer de pus caséeux, qui avait été traversé par la scie. Il en existait plusieurs autres dans la partie enlevée.

Dès le lendemain de l'opération il survint un frisson, et quatre jours plus tard le malade mourut avec tous les signes de l'infection purulente, qui se manifesta du reste à l'autopsie par de nombreux abcès métastatiques dans le foie et le poumon.

Peut-être, en découvrant l'abcès médullaire, aurais-je dû transformer la résection en une désarticulation de l'épaule. Mais le malade s'était formellement opposé à cette mutilation et je ne pouvais plus même en attendre un résultat favorable. D'ailleurs l'opération avait été faite au commencement de l'hiver, dans un climat septentrional et dans un hôpital encombré ; autant de circonstances défavorables, qui n'ont pu être compensées par les soins les plus délicats.

Baudens obtint un succès magnifique dans des conditions diamétralement opposées. Ben Kadour, Arabe, âgé de soixante ans, est blessé le 16 janvier 1836 par une balle, qui pénètre dans la tête de l'humérus. Baudens l'opère par sa méthode et n'enlève que la partie de la tête humérale qui a été lésée. On applique trois points de suture et on renvoie le blessé chez les siens sous la tente. Il ne se présente que tous les quelques jours pour le pansement et guérit rapidement. En 1840 on le revoit et l'on constate la formation d'une pseudarthrose très-solide ; le bras a toute sa vigueur.

Indications. La résection de l'épaule est indiquée presque aussi souvent par des lésions traumatiques que par des affections organiques. Si ces affections sont bornées à la tête humérale, on fait la décapitation simple ; si elles atteignent en même temps la cavité glénoïde, on procède à la résection totale. Mais l'extension de la maladie à une grande partie de la diaphyse humérale, ou à l'apophyse coracoïde, à l'acromion ou à la clavicule, n'est pas une contre-indication absolue. On a des exemples de succès, malgré ces complications.

Les *fractures compliquées* indiquent la résection dans deux cas ; d'abord, si la tête elle-même est brisée en esquilles ; en second lieu, si la diaphyse est fracturée au niveau du col chirurgical ou au-dessus et qu'il existe en même temps une plaie pénétrant dans le foyer de la fracture. Dans ces cas la tête est ordinairement endommagée ou réduite à un petit fragment, qu'on ne peut songer à conserver. Si elle est intacte et si les deux tubérosités sont conservées, on n'entreprend pas la résection articulaire.

La pénétration de *corps étrangers* dans la tête de l'humérus nécessite la résection, s'il se produit en même temps des fissures à l'os ou une arthrite suppurée.

La plupart des blessures par armes à feu rentrent dans l'une ou l'autre de ces catégories. Leur traitement par la résection scapulohumérale a donné de si brillants résultats comparativement à ceux de toute autre médication, que MM. Baudens et Esmarch sont unanimes pour réclamer la résection aussitôt qu'une balle a atteint le squelette de l'épaule.

Baudens déclare que le traitement expectant conduit soit à une pyoèmie mortelle, ou à une résection secondaire, ou à une ankylose avec fistules persistantes. Sur 26 soldats, blessés par des coups de feu à l'épaule, et se trouvant dans des conditions semblables, 11 furent soumis à la résection; 10 d'entre eux guérirent, le dernier mourut. De 15 autres, traités par la méthode expectante, 8 succombèrent à la pyoèmie, 3 subirent une résection secondaire, 4 restèrent en vie. mais gardèrent des fistules, et à chaque instant il survenait des phlegmons, des érysipèles. Mercier, blessé le 26 juin 1848 et traité par la méthode expectante jusqu'en 1853 par MM. Jobert, Larrey, Baudens, Robert, fut obligé de subir soixante-dix incisions ; on lui retira un grand nombre d'esquilles et quand il sortit de l'hôpital il restait encore quelques fistules. Le général Gardarens, blessé en 1837 au siége de Constantine, traversa des phases très-dangereuses et au bout de dix-sept ans il fallait encore lui débrider des fistules pour retirer des séquestres.

Les *luxations* récentes deviennent une cause de résection quand la tête humérale fait hernie à travers une plaie; les luxations anciennes et irréductibles ne réclameraient ce traitement que dans le cas où le malade serait absolument privé des usages du membre ou qu'il serait survenu quelque lésion secondaire.

Les *maladies organiques* qui donnent lieu à la résection sont : une arthrite suppurée, la carie ou la nécrose des surfaces articulaires, les néoplasmes de bonne nature.

Dans tous ces cas il faut que les parties molles et surtout les principaux vaisseaux et nerfs soient dans des conditions telles que la nutrition du bras ne soit pas en souffrance.

Quant à l'*époque* où il convient d'opérer la résection, elle est soumise à peu près aux mêmes règles que les amputations. Si les indications sont nettes et que le malade arrive à temps, on fera une résection primitive, c'est-à-dire avant le commencement de l'inflammation et de la suppuration. Si ce moment est dépassé, il faut attendre que la fièvre et l'inflammation soient tombées et que les os soient en proie à la carie ou à la nécrose ; on procède alors à une résection secondaire.

Les chirurgiens anglais (Lawrence, White etc.) ont été les premiers à considérer l'arthrite suppurée comme une indication à la résection, même en l'absence d'une altération évidente des os. En effet, quand une inflammation suppurative a envahi une articulation vaste et anfractueuse, comme celle de l'épaule, elle ne tend que difficilement à la guérison, et la meilleure terminaison qu'on puisse espérer, c'est l'ankylose. Par la résection on réduit et l'on simplifie l'étendue des surfaces suppurantes, on éloigne le tissu spongieux des extrémités articulaires si prompt à se carier, et l'on peut s'attendre à obtenir une pseudarthrose mobile.

Au moment où l'inflammation de l'article est à son maximum d'intensité, il ne faut pas entreprendre la résection. Si les parties molles sont encore intactes, on fait une incision pour évacuer le pus ; elle rend quelquefois la résection inutile ou elle en constitue plus tard le premier temps. Quand l'arthrite a abouti à une carie avec ulcération des parties molles, tous les chirurgiens sont d'accord pour recommander la résection. Le pronostic sera d'autant plus favorable que les phénomènes inflammatoires sont moins prononcés et les forces du malade mieux conservées. Un climat chaud paraît aussi constituer un bon élément de succès [1].

Opération. Le malade est assis sur une chaise si l'état de ses

---

[1] Le climat de Saint-Pétersbourg et la constitution des habitants sont peu favorables aux résections et aux opérations en général. Par contre Percy, à l'armée du Rhin, Larrey en Égypte, Leriche et Baudens en Afrique ont fait 35 résections de la tête humérale pour blessures de guerre (cas défavorables) et n'ont eu qu'un décès.

forces le permet et s'il n'est pas soumis à l'anesthésie ; dans le cas contraire, il est couché sur le dos de telle façon que l'épaule malade dépasse le bord du lit.

Division des parties molles. Le procédé qui ménage le plus les parties molles, tout en rendant la section des os aussi facile que possible, est celui de Baudens. Il s'exécute de la façon suivante :

Le bras est placé dans la rotation en dehors et dirigé un peu en arrière ; alors on enfonce un petit couteau à amputation en dehors de l'apophyse coracoïde jusqu'à la tête humérale et on le conduit directement en bas dans l'étendue de 10 à 12 centimètres, sans quitter l'os. Si les deux lèvres de cette boutonnière musculaire se contractent et empêchent l'accès de l'articulation, on y remédie par de petits débridements sous-cutanés dans l'angle supérieur de la plaie. En en écartant les bords, on voit au fond le tendon du long chef du biceps ; on le coupe en travers et puis on amène successivement, par des mouvements de rotation, les deux tubérosités de l'humérus dans le fond de l'incision pour couper les muscles qui s'y insèrent. MM. Larrey et Langenbeck se servent d'un bistouri boutonné pour ce temps de l'opération. M. Langenbeck y apporte encore une autre modification qu'il est utile de suivre toutes les fois qu'on n'est pas pressé par le temps. Au lieu de couper le tendon du biceps, il en ouvre la gaîne avec précaution ; puis il fait tourner le bras fortement en dehors pour amener la petite tubérosité dans la plaie et il coupe l'insertion du muscle sous-scapulaire. Le tendon du biceps est soulevé par un crochet mousse et repoussé en arrière et en dedans de la tête humérale. Pour le reste le procédé de M. Langenbeck ressemble à celui de Baudens.

Si la capsule n'est pas encore suffisamment ouverte, on achève de la débrider en appuyant toujours le tranchant du couteau sur l'os. Puis on fait saillir la tête humérale hors de la plaie, en refoulant le coude en arrière et en haut. Il ne reste plus qu'à faire la section de l'os.

A côté de ce procédé il en existe beaucoup d'autres que nous allons au moins énumérer.

Incisions simples. White, le premier, avait employé une simple incision longitudinale placée vers le milieu du deltoïde et il fut imité avec succès par Vigarous, Larrey, Jæger etc.

L'incision de MM. Langenbeck, Malgaigne, Robert se rapproche davantage de celle de Baudens.

Incisions combinées. Ce n'est qu'après avoir ouvert la capsule articulaire et examiné l'état de l'os qu'on peut se rendre un compte exact de l'étendue de la résection; ce n'est donc qu'à ce moment qu'on débridera, selon les besoins, la plaie longitudinale.

Quand il faut enlever la cavité glénoïde cariée, MM. Franke et Ried ajoutent à l'incision de Baudens une seconde incision horizontale dirigée en arrière le long de l'acromion; le lambeau triangulaire qui en résulte est récliné en arrière. Si la clavicule participe à la maladie, M. Ried fait une troisième incision le long de cet os.

M. Langenbeck propose d'ajouter à la partie supérieure de l'incision de White une petite incision horizontale qui la transforme en T.

Bouzairies donnait à la plaie la forme d'un Y, en commençant par l'incision à travers le milieu du deltoïde.

Bent fit d'abord une incision longitudinale, partant de l'extrémité externe de la clavicule, mais, ne pouvant réussir à désarticuler la tête humérale, il y ajouta deux petites incisions horizontales en haut et en bas, de façon à produire un lambeau quadrilatère à base interne.

D'autres chirurgiens ne se contentèrent pas de débrider la plaie longitudinale, mais ils taillèrent d'emblée un lambeau.

Wattmann coupa un lambeau en forme de V à base supérieure. Les deux branches du V étaient parallèles aux fibres du deltoïde.

Sabatier taillait un V très-étroit, mais il l'excisait complétement.

Moreau le père se servait d'un lambeau quadrilatère à base inférieure; Manne, Percy, Moreau le fils, Textor, Jæger employaient un lambeau semblable à base supérieure.

Supposez les angles de ce lambeau un peu arrondis et vous aurez l'incision semi-lunaire de Bell, Morel et Guepratte.

Les lambeaux sont abandonnés aujourd'hui et avec raison; on n'emploie guère que l'incision longitudinale, en y ajoutant les débridements nécessaires en cas de résection totale. Les plaies ou fistules des parties molles sont comprises autant que possible dans les incisions. Existe-t-il, par exemple, une plaie de la région antérieure de l'épaule, on la débride par en haut et par en bas pour avoir l'incision de Baudens. La plaie est-elle allongée et oblique, on pourra tailler un V. Une petite plaie de la partie postérieure de l'épaule sera tout à fait négligée et l'on fera l'incision antérieure comme à l'ordinaire; mais si la solution de continuité en arrière était plus large, il vaudrait mieux l'agrandir et extraire la tête humérale par cette région que de faire une seconde plaie en avant.

Dans le courant de l'opération, la résection de l'épaule est transformée en désarticulation, si l'étendue des lésions le rend nécessaire. Presque tous les procédés se prêtent facilement à cette opération.

Division de l'os. La tête humérale, séparée de la cavité glénoïde, est poussée hors de la plaie et abattue d'un trait de scie. Si la désarticulation de la tête présente des difficultés, on commence par couper le col avec une scie à chaîne, puis on saisit le fragment avec une pince à griffes et on l'énuclée par dissection. M. Chassaignac recommande ce procédé pour tous les cas. On agit de même si une fracture préalable a séparé la tête du col. Puis on régularise l'extrémité du fragment et l'on résèque toute la partie dépouillée de périoste.

Baudens conseille de n'enlever que la partie de l'extrémité humérale qui a été lésée, et il a appliqué ce principe avec succès dans l'observation que nous avons citée plus haut. C'est la même règle que M. Pelikan a établie pour la résection du coude-pied et M. Billroth pour celle du genou.

Dans les cas de plaie par armes à feu, quand les lésions s'étendent à des distances inégales sur les deux faces de l'humérus, on sciera cet os obliquement; autant que possible il faut chercher à conserver les tubérosités de l'humérus en entier ou partiellement. Si la cavité glénoïde ou quelque autre portion de l'omoplate se trouve fracturée, on extrait les esquilles et l'on régularise les surfaces restantes avec les pinces incisives ou l'ostéotome. Une carie superficielle est enlevée avec la gouge; si elle s'étend plus profondément, il faut réséquer la cavité glénoïde avec l'ostéotome, où l'enlever avec une scie ordinaire, à condition de se créer du jour par la résection de l'acromion. Si l'apophyse coracoïde est malade, on en fait aussi la résection.

Traitement consécutif. La plaie est réunie par quelques points de sutures ou des bandelettes. On a soin de rapprocher le bout de l'humérus de la cavité glénoïde au moyen d'une écharpe et de fixer le bras contre le thorax, en maintenant l'avant-bras dans la flexion à angle droit. Si l'humérus a subi une grande perte de substance, on fera bien de l'immobiliser par une attelle de carton ou de métal. Le troisième ou le quatrième jour on procède au premier pansement et on surveille l'écoulement du pus.

Il faut de deux à quatre mois pour la guérison; dans les cas favorables on l'obtient dans un temps plus court; mais quelquefois aussi les dernières fistules ne se ferment que beaucoup plus tard.

En appréciant les résultats, nous distinguerons encore les cas où l'on a simplement conservé la vie, de ceux où le membre a gardé ses usages. La résection de l'épaule a ses adversaires, comme les résections en général. M. Velpeau soutient qu'elle est presque aussi dangereuse que la désarticulation ; M. Marjolin la trouve même plus dangereuse, et plus récemment M. Paul, de Breslau, dans son ouvrage remarquable sur la chirurgie conservatrice, se prononce au moins contre certaines catégories de résections. Vis-à-vis de pareilles autorités il faut examiner la question avec soin. En réunissant la statistique de Jæger (53 cas avec 2 morts), celle de Paul (90 cas avec 25 morts), et 26 cas plus récents de MM. Baudens, Esmarch, Ritter, J. F. Heyfelder, Beith, Blackmann, G. Meyer et le mien, nous arrivons à un total [1] de 169 résections avec 30 terminaisons fatales ou 1/6.

[1] Malheureusement les nombreux cas de M. Pirogoff, lors de la guerre de Crimée, ne peuvent pas entrer en ligne de compte, parce que la plupart des opérés ont été transportés aussitôt dans les hôpitaux de l'intérieur et se sont ainsi soustraits à l'observation ultérieure. Mais ce chirurgien m'a appris verbalement qu'il a fait à peu près 120 résections de l'épaule et du coude pendant la durée de la campagne.

Sur 30 désarticulations du bras[1], 17 furent suivies de mort, ainsi plus de la moitié. M. Paul a trouvé 84 décès sur 192 cas, ce qui fait un peu moins de la moitié ; dans tous les cas la mortalité est bien plus forte qu'après la résection, et les survivants n'ont plus leur membre.

Ceux qui survivent à la résection ou bien guérissent, en ce sens que la plaie se cicatrise, ou il leur reste des fistules et il survient une récidive, qui exige de nouvelles opérations. En cas de guérison, le membre présente des conditions fort différentes.

a) *Le bras pend le long du corps* et ne peut exécuter que très-peu de mouvements actifs ; il faut la main du côté sain pour le déplacer, ou une espèce de balancement, moyennant lequel le malade le lance dans de certaines directions. Par contre, dans sa position le long du corps, le membre porte des fardeaux considérables, et quand on fixe le coude, la main peut être employée à écrire ou à exécuter d'autres ouvrages compliqués et délicats. Personne ne niera qu'au point de vue de l'utilité et de la difformité, un membre semblable est bien plus avantageux que la perte totale du bras. Ce résultat se présente du reste rarement. Il faut déjà que l'os ait été réséqué dans une grande longueur, ou que les muscles, et principalement le deltoïde, aient été fortement endommagés. Nous connaissons deux cas de ce genre.

En 1821 Textor opéra un homme de dix-neuf ans en taillant un lambeau rectangulaire à base supérieure. On enleva 8 centimètres de l'humérus et la plaie guérit en cinq mois. Le bras resta raccourci, jouit de beaucoup de force et d'adresse, mais ne put être élevé.

Moreau fils réséqua en 1812 10 centimètres de la tête humérale pour une carie, suite de coup de feu. Après la guérison, l'humérus pendait au milieu des chairs, à une certaine distance de l'omoplate. A chaque contraction il remontait de 3 centimètres. Lorsqu'on le fixait contre le tronc, l'avant-bras était propre à tous les usages.

b) *Il se forme une nouvelle articulation* entre l'extrémité de l'humérus et l'omoplate, et le membre reprend ses usages et sa mobi-

---

[1] MM. Textor père et fils ont fait, en 35 ans, 9 désarticulations du bras dont 2 furent suivies de mort (*Verh. der phys. Gesellsch. zu Würzb.*), M. Heyfelder en a fait 8, avec 5 morts, M. Jæger en a fait une avec succès ; la statistique de M. Malgaigne donne 10 décès sur 13 désarticulations.

lité. A la place de l'arthrodie il se forme toujours un ginglyme, car la section des muscles rotateurs empêche les mouvements de rotation. Ce résultat est le plus favorable et heureusement aussi le plus fréquent, car il s'est produit sur près de la moitié des malades restés en vie. On l'obtient presque sûrement quand on n'a pas enlevé une trop grande longueur de l'extrémité humérale et que les muscles ont été bien ménagés. Le membre reprend si parfaitement ses usages que des militaires et des artisans ont pu continuer leur état. Les résultats sont presque aussi favorables si l'humérus s'articule avec l'acromion ou l'apophyse coracoïde ; c'est ce qui arriva chez les malades de Moreau le père et de Reynaud.

Moreau avait enlevé 6 centimètres de l'humérus et cet os s'articula avec le point le plus élevé de la voûte coraco-acromiale et suivit librement les mouvements imprimés par le grand pectoral et le grand dorsal. L'élévation était seule un peu entravée par la position de la tête.

Un soldat de vingt et un ans, opéré en 1833 en Afrique par Baudens, guérit si bien qu'il continua de servir et arriva au grade de colonel. Il se battit en duel, au pistolet, et blessa son adversaire avec le bras opéré.

c) Une *mobilité restreinte* survient quand l'humérus s'articule avec le thorax, après une résection très-étendue. C'est ce qui arriva à des opérés de Moreau, Dietz et Larrey. Le même résultat peut être causé par une immobilité trop prolongée, qui permet le développement d'ostéophytes ou de liens fibreux trop serrés. Bent et Moreau virent cet accident chez leurs opérés.

d) Une *immobilité* absolue du bras est une des conséquences les plus rares de la résection. Elle ne peut se produire que si on a laissé le bras sans mouvements pendant les premiers mois. Un garçon de quatorze ans, opéré par Lentin, guérit ainsi par ankylose.

Le raccourcissement dépend de la longueur de la perte de substance qu'on a fait éprouver à l'humérus. Il peut d'ailleurs être diminué par une régénération osseuse et est de peu de conséquence au membre supérieur.

On n'a eu que rarement l'occasion d'examiner l'état de l'articulation scapulo-humérale, quelque temps après une résection.

En 1847 M. J. F. Heyfelder avait fait la résection de l'épaule sur un homme de trente-neuf ans et il avait enlevé près du tiers de l'humérus. Ce malade mourut un an plus tard de phthisie. La portion réséquée de l'humérus s'était en grande partie régénérée et le raccourcissement était peu important. La masse de nouvelle formation était ossifiée au voisinage de l'humérus; plus loin elle était de nature fibreuse ou cartilagineuse, analogue au cal, et son extrémité se confondait avec la cavité glénoïde.

Textor rapporte, d'après trois autopsies qu'il a faites, que l'extrémité supérieure de l'humérus s'arrondit, ou se garnit d'ostéophytes plus ou moins volumineux. Les bords de la cavité glénoïde disparaissent, la forme en est altérée. Les deux pièces osseuses sont réunies par du tissu fibreux, qui englobe également l'acromion et l'apophyse coracoïde.

Chaussier a vu, après une exfoliation spontanée de la tête humérale, l'extrémité de cet os se creuser en cône et s'articuler avec l'apophyse coracoïde.

CHAPITRE XX.

RÉSECTION DE LA DIAPHYSE DE L'HUMÉRUS.

Le corps de l'humérus est légèrement prismatique et présente trois faces et trois bords. De tous côtés cet os est entouré d'une couche assez uniforme de muscles, dont les interstices sont la voie naturelle pour le couteau. Au tiers supérieur, les vaisseaux et nerfs longent la face interne de l'humérus; plus bas ils se répartissent tout autour. Le nerf cubital se place en arrière et en dedans, le nerf médian et l'artère brachiale occupent le milieu de la face interne; le nerf radial contourne la partie postérieure de l'humérus pour se placer à son côté externe.

Opération. Les résections de la diaphyse humérale comprennent une couche superficielle, ou toute l'épaisseur de l'os. Elles ont la plus grande analogie avec celles du fémur et nous les traiterons très-sommairement.

La *résection d'une couche superficielle* se fait pour opérer une nécrose des couches externes de l'os, ou pour extirper une exostose (voy. p. 29).

La *résection de la paroi humérale dans toute son épaisseur* est indiquée par des abcès médullaires, la pénétration de corps étrangers et surtout par des séquestres invaginés. Pour cette dernière cause on a opéré un grand nombre de fois et presque toujours avec succès.

La *résection de la diaphyse dans toute son épaisseur* se fait pour des causes variées, que nous examinerons de nouveau séparément.

Fractures compliquées. La plupart des chirurgiens considèrent la résection d'une fracture comme utile et nécessaire, quand les fragments sont pointus, qu'ils font saillie et qu'ils sont irréductibles; par contre MM. Jobert, Stromeyer, Esmarch, Paul déconseillent cette opération toutes les fois qu'il serait nécessaire de produire une perte de substance considérable. MM. Chassaignac et Redemann ont cependant obtenu des succès dans ces conditions. Il sera donc nécessaire de bien spécifier les cas pour pouvoir en tirer des conclusions. Ce genre de résection est pratiqué depuis la plus haute antiquité. Dans le siècle dernier nous la voyons employée par Diepold, chirurgien strasbourgeois, et après lui par Sylvestre, Fr. Vogel, Bourbier et Gaignère etc. Dans la guerre du Schleswig-Holstein les chirurgiens allemands firent 15 résections de cette nature, au dire de M. Ross, et les Français 8 pendant la campagne de Crimée.

Tous ces cas sont consignés dans le tableau suivant:

Résection de la diaphyse de l'humérus pour fracture compliquée.

Numéros.	NOM du chirurgien.	Date de l'opération.	Sexe du mal.	Age du mal.	LIEU de la blessure.	ÉTENDUE de la résection.	MOMENT de la résection.	RÉSULTAT au point de vue de la vie.	RÉSULTAT au point de vue des usages du membre.	REMARQUES.	SOURCES.	Numéros.
1	Diepold.	—	f.	8	Au-des. des condyles.	1 centim.	le 13e jour.	vie	Bon.	Guérison en 5 semaines. Commencement de gangrène au moment de l'opération.	Dict. de chirurg., vol. I.	1
2	Sylvestre.	1763	m.	—	Fract. compl. du col chirurg.	Fragm. infér.	21e jour.	vie	id.	Guérison en 1 mois. Consolidation en 2 mois.	Ancien journ. de médecine, 1763, vol. XXIX.	2
3	F. Vogel.	1775	—	—	Partie moyenne.	4 centim.	—	vie	id.	Guérison en 2 mois.	Decque, Obs. chir. compl., Kiel. 1773.	3
4	Bourbier et Gaignière.	—	m.	8	Au-des. des condyles.	3 centim.	3e jour.	vie	id.	Guérison en 3 sem. Réduction impossible, l'inflammation tombe après l'opération.	Velpeau, Méd. opér.	4
5	Beclair.	1815	—	—	Tiers supérieur.	13 centim.	20e jour.	vie	id.	—	Journ. de méd. militaire, mai 1815.	5
6	Hériot.	1819	e.	7	Au-des. des condyles.	Fragm. supér.	4e heure.	vie	id.	Guérison en 3 sem. Ligature de l'artère brachiale. Division du nerf médian.	Velpeau, loc. cit.	6
7	Vial.	1821	—	5	id.	3 centim.	primitive.	vie	id.	Consolid. et guérison en 33 jours. Les mouvem. du coude ne se rétablissent que plus tard.	Recueil de méd. milit., 1821.	7
8	Charpentier.	1822	m.	—	id.	Fragm. supér.	3e jour.	vie	id.	Mouvements du coude gênés au début.	Soc. de méd. de Metz, 1822.	8
9	Champion.	—	f.	18	Fract. oblique du col chirurg.	3 1/2 centim.	primitive.	vie	id.	Incision de la peau intacte.	Velpeau, loc. cit.	9
10	Græfe.	1823	m.	13	Tiers supérieur.	Fragm. infér.	primitive.	vie	id.	Raccourcissement insignifiant.	Græfe's u. Walther's Journ., vol. VI.	10
11	Theden.	—	—	—	Tiers moyen.	—	—	vie	Pseudarthrose	—	Velpeau, loc. cit.	11
12	Lelong.	—	—	—	id.	—	—	vie	id.	—	id.	12
13	Fricke.	—	—	—	Tiers supérieur.	—	—	vie	Bon.	—	Hamb. Zeitschr., vol. III.	13
14	Textor.	—	f.	—	Tiers moyen.	—	—	vie.	id.	—	Ried, loc. cit.	14
15	Id.	—	—	—	id.	4 centim.	—	mort	—	Phlébite.	id.	15
16	Id.	—	—	—	id.	—	—	mort	—	Gangrène.	id.	16
17	Jæger.	1834	m.	33	id.	les deux frag.	primitive.	vie	Bon.	Guéris. en 4 mois. Le fragm. sup. proémine hors la plaie, le frag. infér. est mis à nu par une incis.	id.	17
18	Leriche.	1842	m.	26	Tiers supérieur.	—	—	vie	id.	—	Mém. Soc. émul. de Lyon, 1842.	18
19 à 34	Chirurg. de la campagne du Schlesw. Holstein.	1848	7h 8h	—	Coups de feu.	—	primitives.	7 en vie 8 morts	id.	—	Militärärztl. aus Schleswig-Holstein.	19 à 34
35	Paul.	1849	m.	31	Coup de feu.	10 centim.	4e jour.	vie	Pseudarthrose	Hémorrhagies secondaires. Décubitus à la main.	Conserv. Chirurg., loc. cit.	35
36	Id.	1849	m.	32	id.	6 centim.	primitive.	mort	—	Gangrène. Amputation.	id.	36
37	Chassaignac.	1850	m.	40	Coup de feu au-dess. des condyles.	Moitié de l'os.	id.	vie	Bon.	—	Gaz. méd. de Paris.	37

Numéros.	NOM du chirurgien.	Date de l'opération.	Sexe du mal.	Âge du mal.	LIEU de la blessure.	ÉTENDUE de la résection	MOMENT de l résection.	RÉSULTAT au point de vue de la vie.	RÉSULTAT au point de vue des usages du membre.	REMARQUES.	SOURCES.
38	Marmy.	1850	m.	35	Coup de feu Tiers supérieur.	8 centim.	primitive.	vie	Bon.	Consolidation en 2 mois.	Gaz. méd., 1857.
39 à 45	Guerre de Crimée. Chir. franç.	1853	64	—	Coup de feu.	—	id.	6 en vie	id.	—	Gaz. hôpit., 1856.
46 47	Id.	1853	24	—	id.	—	id.	2 morts	—	—	id.
48	Marmy.	1853	m.	40	Coup de feu. Tiers supérieur.	—	id.	vie	id.	Continue à servir dans l'armée.	Gaz. méd., 1857.
49	Id.	1855	m.	23	id.	—	18e jour.	vie	id.	—	id.
50	Semen Buchanec.	1857	m.	33	Tiers supérieur.	—	—	vie	id.	—	Journal russe.
51	Esmarch.	1857	m.	15	id.	5 1/2 centim.	primitive.	vie	id.	Raccourc. de 5 1/2 centim. Mobilité de l'articul. scapulo-humér.	Niessen, Dissert., loc. cit.

Ces 51 cas furent suivis 13 fois de mort et 3 fois de pseudarthrose. La mortalité forme donc le 1/4 et la somme des insuccès le 1/3 des cas.

Trente et une de ces résections ont été faites pour blessures d'armes à feu, avec 11 décès, 4 pseudarthrose. La mort est donc survenue dans le 1/3 des cas.

Parmi ces résections pour coups de feu il y en a 3 qui ont été faites dans des conditions presque désespérées, et qui auraient plutôt réclamé l'amputation. La première est celle de Hériot, où l'on fut obligé de lier l'artère brachiale et où le nerf médian fut divisé; la réunion se fit néanmoins très-rapidement. Dans le cas de M. Paul, la diaphyse humérale était brisée dans l'étendue de 10 centimètres et le nerf cubital déchiré. Il survint des hémorrhagies secondaires, une plaie par décubitus à la main, et le malade guérit avec une pseudarthrose. Enfin M. Chassaignac réséqua la moitié de la diaphyse humérale et obtint une consolidation régulière et un membre utile.

Les 20 cas qui restent et qui n'ont pas été réséqués pour blessures d'armes à feu se sont terminés 2 fois par la mort et 2 fois par pseudarthrose, c'est-à-dire que la mortalité a été de 1/10 et les insuccès de 1/5. Dans cette dernière catégorie, le traitement expectant n'aurait pas donné de meilleurs résultats. Il n'en est pas de même pour les fractures par coups de feu. Pour celles-ci on doit poser la règle de ne faire de résection que dans les cas urgents, quand la réduction est tout à fait impossible.

Dans deux cas de fracture, où la peau était intacte, mais où les fragments avaient pénétré dans les muscles et ne se laissaient pas réduire, Champion et Jæger ont entrepris la résection et ont obtenu d'excellents résultats. Leur exemple paraît donc digne d'imitation (?).

Sur les 51 résections que nous avons réunies, 8 ont porté sur le milieu de la diaphyse, 40 sur le tiers supérieur, 5 sur le tiers inférieur, dont quelques-

unes immédiatement au-dessus des condyles. Les résections du milieu de l'humérus paraissent avoir été les plus meurtrières; par contre les 15 cas, où il est dit expressément que la résection a porté sur le tiers supérieur ou inférieur, n'ont donné lieu à aucun décès.

Pseudarthroses. La résection est indiquée dans le traitement d'une fausse articulation, quand on a épuisé sans résultat la série des moyens plus doux. L'opération n'est pas sans danger, quoiqu'elle en offre moins que dans les cas de fracture récente, et, de plus, elle donne moins de succès que les autres moyens de traitement des pseudarthroses.

Sur 29 opérés, 3 succombèrent, 1 fut amputé et 14 seulement obtinrent la guérison, c'est-à-dire à peine la moitié, tandis que le séton a donné 9 succès sur 15 opérations; ce qui fait près des 2/3.

La première résection pour pseudarthrose a été faite, en 1760, par Ch. White[1]. Il fut imité par J. Bell[2], Long[3], Dupuytren[4], Boyer[5], Roux[6], Wardrop[7], Inglis[8], Newton[9], Vallet[10], Rodger[11], Andrew[12], Fricke[13], Textor[14], Langenbeck[15] père,

[1] Cases in surgery, London 1770. — [2] Allon, Syst. of surgery. — [3] S. Cooper, Dict. de chir. — [4] Journ. hebdom. de méd., juillet 1838. — [5] Traité des mal. chir. — [6] Bérard, Des causes qui empêchent la consolid. des fract. — [7] Med. chir. Transactions, 1814. — [8] Paul, loc. cit. — [9] Gibson, Inst. and pract. of surg. — [10] Jæger, Dict. de Rust. — [11] New-York med. u. phys. Journ., vol. IV. — [12] Journ. de méd., par Simmons, 1781. — [13] Hamb. Zeitschr. — [14] Wiederers. der Knochen. — [15] Neue Biblioth.

MM. Beck[1], Rossi, [2]Hysern[3], Syme, [4]Kirkbridge[5], Keate[6], Macferlane[7], Nélaton[8], Esmarch[9] etc.

Cals vicieux. Quand une fracture du bras se consolide sous un angle tel que le membre reste sans usage, la résection est indiquée. Le cas se présente rarement, et l'opération n'a été faite jusqu'ici que par Blandin[10], MM. Schouf[11] et Velpeau[12] et avec succès.

Maladies organiques. Ce sont principalement la carie et la nécrose qui donnent lieu à des résections de la diaphyse humérale.

Le Cat[13] a réséqué l'humérus dans une étendue de 9 centimètres; Moreau[14] le père a enlevé 5 centimètres de l'os pour une carie traumatique; il guérit son malade avec une pseudarthrose, qui ne l'empêcha pas de se servir du membre. Malago[15], Redeman[16] et Wilms[17] ont fait des opérations semblables. J'ai eu moi-même l'occasion de faire une résection de cette nature; le malade mourut de pyoëmie le troisième jour. Des 6 opérations, 4 furent suivies de guérison, 1 de pseudarthrose et 1 de mort.

Opération. La règle consistant à faire des incisions longitudinales dans la direction des interstices musculaires s'applique à toutes les résections de l'humérus. Autant que possible on place les incisions du côté externe où l'on n'a que le nerf radial à éviter à partir du tiers inférieur; tandis que du côté interne l'on est exposé à rencontrer l'artère brachiale, le nerf médian et le cubital. Les plaies à lambeau, proposées par M. Velpeau, ne sont nullement nécessaires. Souvent les rapports anatomiques sont altérés par le gonflement de l'os, et il devient difficile de s'orienter.

Quant à la section de l'os, elle se fait d'après les règles ordinaires. Le traitement consécutif consiste surtout à maintenir l'immobilité des fragments de l'humérus, tout en évitant l'ankylose des articulations voisines.

Le résultat des résections de l'humérus avec solution de continuité n'est pas extrêmement favorable. La réunion de tous les cas donne le tableau suivant :

[1] Schwörer, *Dissert. de pseud.* — [2] Velpeau. — [3] *Med. Report of New-York.* — [4] *Edinb. Journ.,* July 1835. — [5] *Americ. Journ. of med. sciences,* 1838. — [6] *Lancet,* 1835. — [7] *Edinb. Journ.,* 1837. — [8] *Gaz. hôpit.,* 1847, p. 154. — [9] *Loc. cit.* — [10] *Gaz. hôpit.,* 1847. — [11] *Jahresb. aus d. Pesther Kinderhosp.,* 1841. — [12] *Méd. opér.* — [13] à [16] Ried, *loc. cit.* — [17] *D. Klinik, loc. cit.*

	Nombre des opérés.	Restés en vie.	Guéris.	Morts.	Terminaison par pseudarthrose	Insuccès d'une autre nature.
Fractures récentes . .	51	38	35	13	3	—
Pseudarthroses	29	26	14	3	—	12
Cals vicieux.	3	3	3	—	—	—
Maladies organiques. .	6	5	5	1	1	—
Totaux. . . .	89	72	56	17	4	12

La mortalité générale est donc de 1/5, la somme des insuccès de 2/5, et il n'y a eu que 3/5 de guérisons véritables. Les résections pour fractures récentes sont les plus dangereuses pour la vie, mais donnent le moins d'insuccès d'un autre genre; le contraire arrive pour les résections appliquées aux pseudarthroses.

CHAPITRE XXI.

RÉSECTION DU COUDE.

Remarques anatomiques. L'extrémité inférieure de l'humérus s'élargit et porte deux éminences articulaires, la trochlée pour le cubitus et la petite tête pour le radius. De plus, le radius et le cubitus s'articulent entre eux. La jointure du coude est formée par ces trois articulations, réunies dans une même capsule synoviale et fibreuse. A la partie postérieure on trouve la saillie osseuse de l'olécrane; sur les côtés on rencontre les condyles dont l'externe donne insertion aux extenseurs de l'avant-bras, l'interne à des fléchisseurs et à des pronateurs. Les principaux liens sont les ligaments latéraux et le ligament annulaire du radius. La face antérieure de l'article est recouverte par des muscles épais et par les vaisseaux et nerfs principaux; en arrière, au contraire, on ne rencontre sous la peau que le tendon du triceps et le nerf cubital. On doit ménager ce dernier avec soin; il est logé dans une gouttière entre le condyle interne et l'olécrane. C'est toujours par la face postérieure qu'on pénètre dans l'article ; pour faire la résection on n'a qu'à diviser la peau, l'aponévrose et le tendon du triceps.

La résection du coude est dite *totale* quand on excise les trois extrémités articulaires ; *partielle* quand ce n'est que l'une ou l'autre : Il y a donc différentes espèces de résections partielles.

RÉSECTION TOTALE DU COUDE.

Historique. Bilguer avait extrait plusieurs fois des fragments d'os à la suite de lésions du coude; Wainmann et Görke firent des résections partielles; Park exécuta la résection totale sur le cadavre, mais c'est Moreau le père qui l'exécuta pour la première fois sur le vivant en 1794. Il répéta encore plusieurs fois l'opération, et fut imité par Percy, Dupuytren, Roux (ce dernier n'a pas fait moins de 16 résections) et d'autres chirurgiens. C'est en Angleterre que cette opération a été exécutée le plus grand nombre de fois, par Park le premier, ensuite 17 fois par M. Syme, de 1828 à 1834; dans ces dernières années par MM. Fergusson, Erichson etc.

En Allemagne, Jæger, Textor, Fricke, MM. J. F. Heyfelder, Dietz, Langenbeck, Stromeyer, Esmarch, Pitha ont fait chacun un grand nombre de résections de coude, sans compter beaucoup d'autres chirurgiens qui l'ont pratiquée moins souvent.

Percy et ses élèves ont été les premiers à faire l'opération sur le champ de bataille. Ils furent imités par MM. Langenbeck, Stromeyer et d'autres dans la campagne du Schleswig; par MM. Macleod, Pirogoff, Hubbenet, en Crimée.

Nous faisons suivre ici trois observations inédites de MM. J. F. et O. Heyfelder.

Anton Nefidieff, âgé de vingt-cinq ans, entre à l'hôpital des ouvriers pour des fistules du coude droit. On constate que les surfaces articulaires sont cariées et on fait la résection le 15 septembre 1858. Simple incision longitudinale. Division des os avec la scie à chaîne. Au milieu de décembre, la plaie est guérie, mais les mouvements du coude sont douloureux et peu étendus. Le malade est pris d'accidents pulmonaires et succombe le mois de mai suivant à une tuberculisation.

A l'autopsie on trouve les extrémités osseuses réunies par un tissu fibreux très-dense. Il existe de petites cavités remplies de masses tuberculeuses sur la surface de section de l'humérus et du cubitus.

Nicolas Fimozœff, âgé de vingt et un ans, entre à l'hôpital pour une variole. Pendant la convalescence il se forme au coude gauche un abcès, que l'on ouvre et qui laisse arriver le stylet sur des os cariés. On fait immédiatement la résection de la jointure malade, le 6 juillet 1859. Incision en +. Le quatrième jour, il se déclare de la diarrhée et des frissons; le malade succombe le 20 juillet. A l'autopsie on constate une hépatisation grise du poumon et des ulcères intestinaux.

Le troisième cas concerne une enfant de sept ans, Katharina Kouradieff, atteinte de carie du coude gauche. Je fis la résection de la jointure malade le 16 juillet 1859. Le septième jour elle fut atteinte de saignements de nez et succomba le 2 août, avec les symptômes les plus prononcés du scorbut.

Les *indications* à la résection du coude sont les mêmes que pour toutes les autres articulations. Les blessures par armes à feu, en particulier, permettent l'opération tant que l'artère brachiale et la peau des deux tiers de la circonférence du membre sont intactes. L'ankylose vraie, avec extension complète de l'avant-bras, est également un cas de résection, puisque la statistique de M. Biefel[1] a prouvé que l'ostéotomie sous-cutanée ou cunéiforme est tout aussi dangereuse et moins efficace. MM. Fergusson, Butcher, Erichson, Langenbeck ont fait la résection dans ces conditions.

Addition du traducteur. J'ai fait également une résection du coude pour ankylose rectiligne avec carie.

Mlle Sch...., âgée de seize ans, scrofuleuse, porte depuis l'âge de cinq à six ans une tumeur blanche du coude droit. Les os de l'avant-bras sont soudés en ligne droite avec l'humérus; de plus, la jointure est criblée de nombreuses fistules, qui laissent arriver le stylet sur des points cariés.

La constitution a été modifiée par des traitements antiscrofuleux prolongés; la malade a repris de l'embonpoint et des couleurs, et la résection me paraît indiquée pour enlever la carie et rendre au membre une partie de ses usages.

J'y procède le 17 juin 1861. Je fais une incision longitudinale sur le bord interne de l'olécrane, et une autre transversale part de la tête du radius pour rejoindre le milieu de la première. (Procédé de Maisonneuve et J. F. Heyfelder.) Je tâche de traverser le plus grand nombre de fistules avec le bistouri. Les parties molles sont ensuite disséquées, en rasant exactement les os et sans isoler le nerf cubital, que j'entrevois par transparence sous forme d'un cordon blanchâtre. Si je comprime légèrement ce dernier, le quatrième et le cinquième doigt se ferment vivement. En raison de l'ankylose je commence par sectionner l'humérus avec la scie à chaîne; puis je fais basculer les os de l'avant-bras et je les coupe avec une scie ordinaire. Les trois pièces qui composent la jointure sont totalement soudées ensemble; la tête du radius est luxée en avant et confondue avec le condyle externe. De plus, les os de l'avant-bras sont soudés au-dessous du point de section au niveau de la tubérosité bicipitale, et comme

---

[1] *D. Klinik*, 1858.

cette masse osseuse est saine et qu'il eût fallu pousser la résection trop loin, je la laisse en sacrifiant les mouvements de pronation.

Les plaies sont en partie réunies par des points de suture et le membre est placé légèrement fléchi dans une gouttière, qui est articulée et échancrée au niveau du coude.

La guérison avance sans incidents ; petit à petit on augmente la flexion jusqu'à l'angle droit. Mais les dernières fistules sont très-longues à se fermer, et sitôt qu'on imprime des mouvements à l'avant-bras, il survient du gonflement. La guérison se fait donc par ankylose et n'est tout à fait complète qu'au bout d'un an ; mais dès la sixième semaine, l'opérée se servait de son membre pour des ouvrages de couture et elle était en état d'écrire et de faire sa toilette ce qu'elle n'avait plus pu entreprendre depuis des années.

J'ai insisté à dessein sur les détails de l'opération, pour suppléer à la description trop rapide de M. O. Heyfelder.

Opération. Le malade est couché dans une position telle que la jointure malade soit accessible par sa face postérieure. Ordinairement on le couche sur le côté sain, en mettant le bras malade dans une forte rotation en dedans. Un aide est chargé de la compression de l'artère humérale en cas de besoin.

Pour la *division des parties molles* on a proposé des incisions variées ; mais il n'y en a que deux d'un usage général : c'est l'*incision longitudinale* et l'*incision en H.*

Park proposa l'incision longitudinale simple ; MM. Chassaignac et Langenbeck l'emploient pour le coude, comme pour la plupart des articulations. On divise la peau à 5 centimètres au-dessus de l'olécrane et un peu vers le côté interne, et on conduit le bistouri directement en bas jusqu'à 5 centimètres au-dessous de cette apophyse. La plaie est dans la direction du nerf cubital ; on ouvre avec précaution la gaîne de ce nerf, on l'isole et on le récline avec des crochets mousses. Ensuite on coupe le triceps et les ligaments articulaires, on luxe les os et on les sépare des parties molles dans l'étendue nécessaire. Quand on peut fléchir l'avant-bras et lui imprimer des mouvements de rotation, l'incision simple suffit parfaitement. M. Langenbeck a même employé une seule incision passant par le milieu de l'olécrane, dans un cas d'ankylose à angle obtus. Mais l'isolement des os est alors moins facile.

L'incision en T renversé (⊣) de J. F. Heyfelder et Maisonneuve , celle en + de Park , Lizars et M. Syme, celle en T droit de Thore, Roux et Liston, l'incision longitudinale double de Jeffray ne sont que des modifications du procédé que nous venons de citer.

Textor a taillé quelquefois un lambeau triangulaire à base inférieure, Guepratte un lambeau semi-lunaire à base supérieure. Moreau et Dietz employèrent un lambeau quadrilatère supérieur et y ajoutèrent en cas de besoin un lambeau inférieur, de façon à obtenir une incision en H.

Quel que soit le procédé qu'on emploie , il n'est pas indispensable de disséquer et d'isoler le nerf cubital pour être sûr de le ménager. Si l'on fait les incisions jusqu'à l'os et qu'on sépare les parties molles, en conduisant la pointe du bistouri le long de l'os, on évite toute lésion du nerf et on ne risque pas plus tard de le voir comprimer douloureusement par la rétraction de la cicatrice. M. Erichson [1] indique ce procédé, et j'ai pu m'assurer dans l'opération citée plus haut qu'il est facile à imiter.   (*Note du traducteur.*)

Pour rendre l'opération plus rapide, M. Maisonneuve a proposé de couper le nerf cubital. Il a vu la sensibilité et la motilité se rétablir après cette section. Ce procédé ne doit pas être admis comme règle, car les deux bouts du nerf peuvent subir un déplacement tel que la régénération soit impossible. Tout au plus y aura-t-on recours dans certains cas exceptionnels, quand les rapports des parties sont tellement altérés qu'on ne puisse s'orienter.

La *division des os* se fait en général après désarticulation préalable. Cette manière d'agir permet de mieux juger de l'étendue des lésions et du point sur lequel il convient d'appliquer la scie. Après avoir coupé les ligaments, on fléchit l'avant-bras pour faire saillir les extrémités articulaires au dehors de la plaie; on peut alors les diviser avec une scie ordinaire.

Si l'on a employé une seule incision longitudinale, la scie à chaîne est cependant préférable.

Quelques chirurgiens divisent les os au-dessus et au-dessous de l'article, sans ouvrir ce dernier. Ce procédé rend la dissection des chairs plus difficile, mais il est de rigueur dans les cas d'ankyloses.

[1] *Science and Art of surgery*. Third édit.

Autant que possible il s'agit de conserver les insertions du muscle biceps et du muscle brachial antérieur ; cependant quelques observations prouvent qu'on peut étendre la résection avec succès au delà de ces points.

Pour conserver l'attache du muscle triceps, M. Bruns[1] scie l'olécrane à sa base ; il le récline avec le muscle et achève la résection comme à l'ordinaire. En dernier lieu il fixe l'apophyse détachée sur le cubitus au moyen d'une suture métallique. Si la surface articulaire de l'olécrane est atteinte de carie, il la résèque superficiellement.

Traitement consécutif. Après s'être assuré que toutes les parties malades sont enlevées, on lie les artères articulaires qui donnent du sang et l'on réunit la plaie par quelques points de suture, à l'exception des parties déclives. Le membre est ensuite entouré d'un appareil de Scultet, fixé par une attelle dans la demi-flexion et couché mollement sur un coussin élevé. M. Dietz conseille de maintenir les doigts à demi-fléchis autour d'un petit rouleau. Au début, il s'agit de laisser le bras dans la plus grande immobilité, tout en rendant les pansements aisés pour le chirurgien et pour le malade. Pour remplir cette double indication, différents chirurgiens ont proposé des gouttières articulées au niveau du coude ; j'ai employé dans le même but l'appareil suivant : deux attelles en fer, bien matelassées à leur face interne, parcourent toute la longueur du membre opéré et sont maintenues en haut et en bas dans l'écartement voulu par des bracelets en acier. Sur leur face externe se trouvent une série de crochets, auxquels on fixe des bandelettes de caoutchouc de 3 à 4 centimètres de large. Le bras opéré repose ainsi sur ces sangles élastiques, qu'on peut détacher successivement sans secousse pour procéder au pansement. Tout l'appareil appuie sur un coussin ou est suspendu par quelques cordes. Il forme un angle de 100 à 130 degrés au niveau du coude ; dans le courant du traitement on peut faire changer le degré de courbure.

Aussitôt que la plus grande partie de la plaie est fermée et que la consolidation commence, il faut imprimer à l'avant-bras des mou-

[1] *D. Klinik*, 1858, nº 9.

vements passifs de plus en plus étendus. En moyenne, c'est dans la troisième semaine qu'il faut commencer ces exercices; chez des sujets robustes ce sera un peu plus tôt; chez les individus cachectiques, un peu plus tard. Des mouvements trop hâtifs empêchent la consolidation, produisent des inflammations et des abcès; des mouvements tardifs sont très-douloureux et n'empêchent plus l'ankylose. M. Stubbs a commencé les exercices dès le douzième jour, M. Bickersteth dès le huitième, et les deux avec succès. Quand on est menacé de raideur de l'avant-bras, il faut répéter les mouvements de pronation et de flexion plusieurs fois dans la journée et même ordonner quelques mouvements actifs. L'expérience a prouvé que des bains locaux, prolongés pendant une, deux, trois heures par jour, contribuent au confort du malade et hâtent la guérison. Chez les sujets cachectiques on remplace l'eau simple par une décoction aromatique.

Les résultats de l'opération sont très-favorables. Sur 350 cas de résections que j'ai rassemblés, on en connaît 199 dans leurs détails[1]. Sur ce nombre il ne se trouve que 23 morts, 5 amputations consécutives avec conservation de la vie; 5 fois il y eut ankylose, mais le membre put servir; 7 fois les mouvements étaient limités; dans tous les autres cas, la guérison a été parfaite. La mortalité est donc de 1/9, et la somme des insuccès, y compris les décès, de 1/7. Les 5/6 du nombre total des malades ont obtenu une guérison parfaite.

Des 199 résections, 4 ont été pratiquées pour ankylose, 31 pour blessures (presque toutes par armes à feu), 164 pour carie et tumeurs blanches.

Nous distinguerons les résultats d'après le degré d'utilité du membre.

1° *L'avant-bras pend inerte le long du corps et ne jouit pas de mouvements actifs.* Une constitution affaiblie, l'âge avancé du malade, une maladie intercurrente, une perte de substance trop considérable des os sont les causes prédisposantes de cet état. On peut en dimi-

---

[1] Outre les cas du tableau on en a fait 100 dans les ambulances russes de la Crimée; Textor en a fait 30 à 40, M. Sédillot de 6 à 10, M. Wutzer un même nombre, qui tous ne sont pas mentionnés.

nuer les inconvénients en fixant par des moyens mécaniques l'avant-bras à angle droit sur le bras. Du reste, ce résultat est rare. M. Dietz ne l'a observé sur aucun de ses 9 opérés; un seul d'entre eux se rapproche de cette catégorie.

Sur 12 opérés de Textor, le cas s'est présenté une fois, et le malade s'est fait amputer quelques années plus tard par M. J. F. Heyfelder. Enfin, M. Esmarch a également observé la même terminaison. Elle s'est donc présentée 2 ou 3 fois sur 199 cas.

2° *Les mouvements actifs se rétablissent complétement.* C'est la terminaison la plus heureuse et aussi la plus fréquente. Elle est due à la bonne santé de l'individu, à la direction judicieuse du traitement consécutif, à la conservation des insertions du muscle brachial et du biceps. D'un autre côté, les résections totales se terminent plus souvent de cette façon que les partielles.

Les 5/6 des opérés appartiennent plus ou moins complétement à cette catégorie.

Pour ma part j'ai vu l'un des opérés de M. Stromeyer de la guerre du Schleswig. Les mouvements de son coude droit réséqué étaient aussi parfaits que ceux du côté gauche. Le malade était devenu forestier, prenait part aux tirs à la cible et à tous les exercices de sa profession. MM. Textor, Ried, Heyfelder, Fergusson etc. ont constaté des résultats tout aussi parfaits au bout de quatre, six, huit ans.

3° *Les mouvements sont bornés.* Ce résultat est produit par la rétraction des cicatrices, par la production de liens fibreux trop serrés entre les deux os, par des ostéophytes. S'il reste un peu de mobilité, l'extrémité n'en sera pas moins fort utile, et d'ailleurs par des frictions, des bains, des mouvements forcés, au besoin pendant le sommeil chloroformique, on arrive souvent à obtenir une mobilité plus étendue.

4° *L'ankylose vraie* se produit surtout chez les jeunes gens, où le travail de réparation est très-actif. M. Dietz pense qu'elle est aussi causée par une espèce de luxation de l'extrémité du radius, qui vient arc-bouter contre l'humérus. Du reste, si l'avant-bras s'ankylose dans la flexion et la pronation moyennes, le membre reste fort utile.

5° Une dernière cause d'insuccès est l'*endolorissement* du membre, ou la paralysie d'un tronc nerveux important. Ces états se produisent lorsqu'un nerf est comprimé dans la cicatrice, ou pincé entre les extrémités osseuses, ou qu'il a été divisé.

Le cas suivant de M. J. Heyfelder paraît rentrer dans cette catégorie :

Jean Hartmann, âgé de vingt-quatre ans, entre à la clinique d'Erlangen le 14 juillet 1854 pour une tumeur blanche suppurée du coude droit, avec fistules nombreuses et carie des os. On fait la résection totale, en employant l'incision en H. La convalescence marcha régulièrement, le malade guérit et cependant six mois plus tard, le professeur Tiersch fut obligé d'amputer le membre à cause d'un endolorissement persistant. On trouva les extrémités osseuses renflées et couvertes d'ostéophytes mamelonnées, qui avaient sans doute irrité les parties molles et comprimé les nerfs.

M. de Textor fils eut l'occasion d'examiner un coude qu'il avait réséqué six ans auparavant avec un succès complet. Le cubitus s'était allongé de 3 centimètres et s'articulait régulièrement avec l'extrémité du radius ; la trochlée humérale s'était reproduite d'une façon si complète qu'on ne pouvait guère la distinguer d'une trochlée normale.

RÉSECTIONS PARTIELLES DU COUDE.

Ces résections atteignent soit l'humérus seul, soit les deux os de l'avant-bras isolément, soit le radius ou le cubitus avec le condyle huméral correspondant.

L'opération se fait, à de petites modifications près, de la même façon que la résection totale et pour les mêmes causes. Cependant les traumatismes y ont donné plus souvent lieu que les caries. La luxation du coude irréductible est une cause spéciale de résection partielle.

Addition du traducteur. Dans la plupart des luxations anciennes du coude, avec fausse ankylose rectiligne, on arrivera à rendre au malade l'usage de son membre par une simple flexion forcée. On endort le malade et l'on essaie de réduire la luxation ; si l'on n'y parvient pas, on place du moins les os de l'avant-bras à angle droit avec l'humérus. Ce degré de flexion s'obtient ordinairement sans efforts trop considérables ; mais il est rare qu'on puisse la porter plus loin sans danger de fracture. On pourra essayer de maintenir un peu de mobilité par des mouvements passifs régulièrement répétés, mais d'après ce que j'ai vu, la douleur empêche presque toujours le malade de persévérer et l'on obtient en défi-nitif une fausse ankylose à angle droit, ce qui n'est pas un mauvais résultat. D'ailleurs la résection partielle de l'extrémité humérale n'en donne guère de meilleur et expose à des dangers sérieux.

J'ai vu M. Sédillot traiter ainsi un maçon qui était arrivé à la clinique avec une luxation du coude datant de deux à trois mois. Après des tentatives inutiles de réduction, faites avec des moufffes et combinées avec des sections sous-cuta-nées, on finit par laisser l'avant-bras fléchi à angle droit. Quelques semaines plus tard, le maçon avait repris son travail.

Sur une petite paysanne de douze ans, qui m'a été amenée récemment pour une luxation du coude en arrière et en dehors, datant de cinq semaines, j'ai suivi les mêmes errements.

Le 20 février 1862 je la chloroforme et j'essaie de réduire la luxation par des tractions manuelles et des mouvements de bascule. Voyant que je n'y réussis pas, je force la flexion de l'avant-bras jusqu'au delà de l'angle droit, quand un craquement m'indique que le sommet de l'olécrane est fracturé, mais avec un écartement à peine sensible. Après cinq jours d'immobilité et de fomentations froides je commence les mouvements passifs, et en trois semaines je puis ren-voyer la petite malade avec un peu de mobilité antéro-postérieure du coude et des mouvements de pronation et de supination très-complets.

D'après ces cas, auxquels il ne serait probablement pas difficile d'en ajouter d'autres, je conclus que la résection est généralement inutile dans le traitement des luxations anciennes du coude avec ankylose de l'avant-bras en ligne droite.

1° RÉSECTION DE L'EXTRÉMITÉ DE L'HUMÉRUS ET DE L'UN DES OS DE L'AVANT-BRAS.

A. La *décapitation de l'humérus et du radius* a été faite 3 fois pour carie et 1 fois pour une blessure par arme à feu; l'un des opérés mourut d'épuisement.

B. La *décapitation de l'humérus et de l'olécrane* a été pratiquée 11 fois pour des caries, des luxations et des fractures compliquées, ou pour des coups de feu. Une opération a été suivie de mort, 2 d'ankylose, 2 de raideur articulaire; les 6 autres ont donné des succès complets.

C. La *décapitation de l'humérus et de toute l'extrémité du cubitus* n'a donné qu'une guérison sur 4 opérations. 2 malades sont morts, le 3ᵉ a été amputé.

2° RÉSECTION DE L'EXTRÉMITÉ INFÉRIEURE DE L'HUMÉRUS.

A. *Excision de toute cette extrémité*. 19 opérations de ce genre ont donné lieu à 1 décès, 1 amputation consécutive, 3 ankyloses, 3 cas de raideurs arti-culaires. Les autres malades ont conservé les mouvements de l'article.

B. *Excision de l'un des condyles*. 8 cas, 3 ankyloses, 1 amputation consé-cutive, 1 mort.

3° RÉSECTION DE L'EXTRÉMITÉ SUPÉRIEURE DES DEUX OS DE L'AVANT-BRAS.

L'opération a été faite 14 fois pour des lésions diverses, 1 fois entre autres pour une luxation ancienne du radius avec fausse ankylose rectiligne. 11 fois les résultats ont été très-satisfaisants; 4 fois il resta une mobilité bornée, 2 fois il survint une ankylose, et 1 fois une pyoèmie mortelle.

4° DÉCAPITATION D'UN SEUL OS DE L'AVANT-BRAS.

A. *Décapitation de l'extrémité supérieure du cubitus.* Cette opération n'a été faite que 4 fois, toujours avec succès, sauf une ankylose. Le malade opéré pour carié par M. J. F. Heyfelder a été revu par nous huit ans plus tard. Il est garçon de labour et se sert de son bras pour les travaux les plus rudes; il bat en grange et n'éprouve aucune douleur ni gêne dans les mouvements de l'avant-bras.

B. *Décapitation de l'olécrane.* 12 opérations pour des lésions variées, 1 seul décès, 1 ankylose; 5 fois les mouvements du coude sont conservés; 5 observations incomplètes.

L'observation suivante de M. J. F. Heyfelder est encore inédite.

Antoine Bagdanoff, âgé de vingt ans, tailleur de pierre, tombe d'un échafaudage le 15 septembre 1858. Commotion cérébrale, fracture de l'extrémité inférieure du radius gauche. Contusion du coude droit. Le 19 septembre on ouvre un abcès sur l'olécrane droit et on trouve l'os carié. Le 29 septembre on fait la résection de cette apophyse avec la scie à chaîne, après avoir allongé l'incision de l'abcès. La plaie est réunie par des points de suture et le coude maintenu dans l'angle droit. A la fin de décembre la plaie est guérie; les mouvements de l'avant-bras sont encore limités, mais ils s'améliorent tous les jours par l'emploi de bains et de frictions mercurielles.

C. *Décapitation du radius.* L'opération a été faite par Textor, Roux et M. Küchler. Dans les deux premiers cas il en est résulté une ankylose en ligne droite et le membre est resté sans usage. L'opéré de M. Küchler, au contraire, a recouvré tous les mouvements du coude.

Les résections partielles de l'avant-bras que nous avons réunies, sont au nombre de 79.

Tableau des résections partielles du coude.

NATURE DE LA RÉSECTION.	Nombre.	Décès.	Ankyloses.	Mouvements bornés.	Amputations consécutives.	Guérisons partielles.
Résections de l'humérus et du radius	4	1	—	—	—	3
» de l'humérus et de l'olécrane.	11	1	2	1	—	7
» de l'humérus et du cubitus	4	2	—	—	1	1
» de l'humérus en totalité	19	1	3	4	1	11
» de l'un des condyles de l'humérus . . .	8	1	3	—	1	3
» du cubitus et du radius.	14	1	2	4	—	7
» du cubitus	4	—	—	—	—	3
» de l'olécrane	12	1	1	5 (?)	—	5
» du radius	3	—	2	—	—	1
Totaux	79	8	13	14	3	41

La mortalité dans les cas de résection partielle du coude n'est que de 1/10, tandis qu'elle est de 1/9 dans les cas de résections

totales du coude. Du reste, cette différence n'est pas due à une moindre gravité de l'opération, mais plutôt à la nature des lésions. Les amputations consécutives sont à peu près en même proportion dans les deux catégories. Par contre, dans les résections partielles, 1/6 des cas ont été suivis d'ankylose et un autre sixième de raideur articulaire, tandis qu'après la résection totale, ces terminaisons n'ont été observées que 1 fois sur 40 et 1 fois sur 30 cas. L'ankylose angulaire laisse encore un membre fort utile, et elle ne constitue pas un motif suffisant de rejeter tout à fait les résections partielles, comme le font MM. Jæger et Ried, au profit des résections totales. Mais ce sera une raison de n'être pas trop parcimonieux dans l'excision des surfaces articulaires.

De ces 79 résections partielles, 11 ont été pratiquées pour luxation compliquée, 6 pour fracture compliquée, 29 pour coups de feu, 2 pour ankylose, 2 pour nécrose, 29 pour carie; par conséquent 46 ont été faites pour lésions traumatiques et 31 pour affections organiques.

Résections du coude.

Numéros.	NOM du chirurgien.	Date de l'opération.	Sexe du mal.	Age du mal.	NATURE de la lésion.	NATURE de l'opération.	RÉSULTAT au point de vue de la vie.	RÉSULTAT au point de vue des usages du membre.	REMARQUES.	SOURCES.	Numéros.
							I. Résection totale.				
1	Moreau père.	1704	m.	23	Carie.	—	vie	Bon.	Guérison en 7 mois.	Loc. cit, Thèse de Paris, 1803.	1
2	Id.	1797	m.	26	id.	—	vie	Parfait.	Guérison lente.	id.	2
3	Id.	—	f.	18	id.	—	vie	id.	—	id.	3
4	Percy.	—	m.	—	Coup de feu.	—	vie	Bon.	—	Dict. des sc. méd., loc. cit.	4
5	Id.	—	m.	—	id.	—	vie	id.	—	id.	5
6	Id.	—	m.	—	id.	—	vie	id.	—	id.	6
7	Park.	—	—	—	Carie.	—	vie	id.	—	Jeffray, loc. cit.	7
8	Dupuytren.	1810	—	—	id.	—	vie	?	—	Velpeau, loc. cit.	8
9	Id.	1819	—	—	id.	—	vie	?	—	id.	9
10	Roux.	1819	m.	—	id.	—	mort	—	—	Velpeau, loc. cit., et Rev. méd., 1830.	10
11	Crampton.	1823	m.	—	id.	—	vie	Bon. Ankylose.	—	id.	11
12	Roux.	1826	m.	—	id.	—	vie	Partiel.	—	id.	12
13	Id.	1820	f.	19	id.	—	vie	Parfait.	Elle gagne sa vie par la couture.	id.	13
14	Id.	—	f.	—	id.	—	mort	—	par hémorrhagie.	id.	14
15 à 27	Id.	—	—	—	id.	—	9 en vie / 3 morts	—	dont deux par suite de l'opération.	id.	15 à 27

Numéros.	NOM du chirurgien.	Date de l'opération.	Sexe du mal.	Age du mal.	NATURE de la lésion.	NATURE de l'opération.	RÉSULTAT au point de vue de la vie.	RÉSULTAT au point de vue des usages du membre.	REMARQUES.	SOURCES.	Numéros.
28 à 30	Delpech.	—	—	—	Carie.	—	3 en vie	Bon.	—	Velpeau, *loc. cit.*, et *Rev. méd.*, 1830.	28 à 30
31	Syme.	1828	m.	24	id.	—	vie	id.	—	*Edinb. Journ.* et Velpeau.	31
32	Id.	1828	m.	8	id.	—	vie	id.	—	id.	32
33	Id.	1829	m.	41	id.	—	vie	id.	—	id.	33
34	Id.	1829	f.	25	Arthrite supp.	—	vie	id.	—	id.	34
35	Id.	1829	m.	2	id.	—	vie	indéterminé.	—	id.	35
36	Id.	1829	f.	15	id.	—	vie	Bon.	—	id.	36
37	Id.	1830	—	—	Carie.	—	vie	Amputation.	—	id.	37
38	Id.	1830	—	—	id.	—	mort	—	—	id.	38
39	Id.	1830	—	—	id.	—	mort	—	—	id.	39
40	Id.	1830	—	—	Arthrite supp.	—	mort	—	—	id.	40
41 à 46	Id.	1831	—	—	6 caries.	—	6 en vie	6 bons.	—	id.	41 à 46
47 à 59	Textor.	—	—	—	—	—	10 en vie / 2 morts	1 amputation, 9 bons.	1 par pyoémie, 1 par phthisie.	Ried et Schiertinger, *Dissert.*, Wurzb. / id.	47 à 59
60	Fergusson.	1830	m.	8	Carie.	—	vie	Bon, mobilité.	—	*Edinb. Journ.* et *Lancet.*	60
61	Jæger.	1833	m.	15	id.	—	vie	id.	mort 2 ans plus tard de phthisie.	*Rust's Handwörterb. der Chir.*	61
62	Id.	1834	m.	17	id.	—	vie	id.	—	id.	62
63	Id.	1834	m.	17	id.	—	mort	—	Phthisie.	id.	63
64	Jæger et Ried	1834	m.	—	id.	—	vie	Bon.	Mobilité constatée au bout de deux ans.	Ried, *loc. cit.*	64
65	Dietz.	—	—	—	id.	—	vie	id.	—	*Ærzl. Intelligbl.*, 1859.	65
66	Id.	—	—	—	id.	—	mort	—	Phthisie.	id.	66
67 à 74	Id.	jusqu'en 1838	—	—	id.	—	7 en vie	4 bons. 3 ankyloses.	—	id.	67 à 74
75 à 80	Fricke.	—	—	—	id.	—	4 en vie / 1 mort	Bon. —	—	*Archiv. gén.*, 1837, et Velpeau	75 à 80
81	Spence.	1830	m.	—	id.	—	vie	Bon.	—	Velpeau.	81
82	Marore.	—	f.	14	Fract. compliquée	—	vie	id.	—	id.	82
83	Moisisoviez.	—	—	—	—	—	—	—	—	id.	83
84	Kern.	—	—	—	Carie.	—	vie	id.	—	i .	84
85	Santon.	—	—	—	id.	—	vie	id.	—	Velpeau, *loc. cit.*	85
86	Morgan.	1835	—	—	id.	—	vie	id.	—	id.	86
87	Harris.	1837	—	—	id.	—	vie	id.	Mobilité.	id.	87
88	Warren.	—	—	—	id.	—	mort	—	—	id.	88
89	Davidson.	—	—	—	id.	—	vie	id.	—	id.	89
90	J.F. Heyfelder	1843	m.	13	Carie et ankylose.	—	vie	Parfait.	Au bout de 6 ans on le voit terrassier.	*Resect. u. Amput.*	90
91 à 93	Blasius.	—	—	—	Carie.	—	3 en vie	3 bons.	—	Paul, *Cons. Chir.*, *loc. cit.*	91 à 93
94	Langenbeck.	1848	m.	—	Coup de feu.	—	vie	Bon.	Mobilité.	Riefel, *D. Klinik*, 1858.	94
95	Stromeyer.	1840	m.	—	id.	—	vie	id.	id.	Esmarch, *loc. cit,*	95
96	Harald Schwartz.	1849	m.	—	id.	—	vie	id.	—	id.	96
97	Hansen.	1849	m.	—	id.	—	vie	id.	—	id	97
98	Esmarch.	1849	m.	—	id.	—	vie	Mobilité bornée.	—	id.	98
99	Gœze.	1849	m.	—	id.	—	vie	Fausse ankylose.	—	id.	99
100	Maisonneuve.	1849	f.	32	Arthrite supp.	—	vie	Bon.	—	*Gaz. hôpit.*, 1849.	100
101	Id.	1849	m.	40	id.	—	vie	id.	—	id.	101
102	Id.	—	—	—	Carie.	—	mort	—	—	id.	102

Numéros	NOM du chirurgien.	Date de l'opération.	Sexe du mal.	Âge du mal.	NATURE de la lésion.	NATURE de l'opération.	RÉSULTAT au point de vue de la vie.	RÉSULTAT au point de vue des usages du membre.	REMARQUES.	SOURCES.	Numéros.
103	Maisonneuve.	—	—	—	Carie.	—	vie	—	—	Gaz. hôpit., 1849.	103
104	Harald Schwartz.	1850	m.	—	Coup de feu.	—	vie	Fausse ankylose.	—	Esmarch, loc. cit.	104
105	Dohrn.	1850	m.	—	id.	—	vie	Bon.	Mobilité très-grande.	id.	105
106	Cock.	1850	m.	52	Carie traumat.	—	vie	Parfait.	Guérison en 6 mois.	The Lancet.	106
107	Chassaignac.	1850	m.	45	Arthrite supp.	—	vie	Bon.	—	Gaz. hôpit., 1850.	107
108	Maisonneuve.	1850	f.	25	Carie.	—	vie	id.	—	id.	108
109	Id.	1852	m.	21	id.	—	vie	id.	—	id.	109
110	Cock.	1852	m.	37	id.	—	vie	Ankylose.	Insensibilité du 5e doigt.	Lancet, 1854.	110
111	Fergusson.	1852	—	—	id.	—	vie	Parfait.	Constaté au bout de 2 ans.	id.	111
112	J. F. Heyfelder	1852	f.	61	id.	—	mort	—	—	Resect. u. Amput.	112
113	Teale.	1853	—	—	id.	—	vie	Bon.	—	Lancet, 1854.	113
114	Fothergill.	1854	—	—	id.	—	vie	id.	—	id.	114
115	J. F. Heyfelder	1854	m.	24	id.	—	vie	Amputation.	—	Resect. u. Amput.	115
116	Fergusson.	1854	m.	25	id.	—	vie	Bon.	—	Med. Times.	116
117	Id.	1854	m.	19	id.	—	vie	id.	—	id.	117
118	Cock.	1854	m.	60	Arthrite supp.	—	mort	—	Amputation.	Lancet.	118
119	Id.	1854	m.	44	Carie.	—	vie	Bon.	—	id.	119
120	Butcher.	1854	m.	52	id.	—	vie	id.	Guérison rapide.	Med. Times.	120
121	Heusser.	1854	f.	13	id.	—	vie	id.	Guérison en 7 semaines.	Schmidt's Jahrb., 1855.	121
122	Id.	1854	m.	—	id.	—	vie	Amputation	pour récidive.	id.	122
123	Id.	1854	f.	61	id.	—	vie	Bon.	Guérison en 5 semaines.	id.	123
124	Id.	1854	—	—	id.	—	vie	id.	—	id.	124
125 à 128	Pitha.	1854 à 1855	—	—	id.	—	4 en vie	—	—	Prag. Vierteljahrschr., 1857.	125 à 128
129 à 145	Macleod.	1854 à 1856	m.	—	Coups de feu.	—	15 en vie 2 morts	—	en Crimée.	Med. Times., 1858.	129 à 145
146	Syme.	1855	—	—	Carie.	—	vie	Bon.	—	Edinb. journ.	146
147	Smith.	1855	f.	—	Arthrite supp.	—	vie	id.	Guérison par première int. Mouvem. passifs au bout de 15 jours.	Med. Times.	147
148	Erichsen.	1855	m.	4 1/2	Carie.	—	vie	Amputation	pour récidive.	id.	148
149	Butcher.	1855	—	—	Ankylose.	—	vie	Bon.	—	id.	149
150	Addenbrocke	1855	m.	9	Carie.	—	vie	Parfait.	—	id.	150
151	Hilton.	1855	m.	13	id.	—	vie	id.	—	id.	151
152	Walton.	1855	m.	0	Carie traumat.	—	vie	Parfait.	—	Med. Times, 1858.	152
153	Fergusson.	1855	—	—	Ankylose.	—	vie	Bon.	—	id.	153
154	O. Weber.	1855	m.	50	Carie.	—	vie	id.	—	D. Klinik.	154
155	Wilms.	1856	—	—	id.	—	vie	id.	—	D. Klinik, 1857.	155
156	Bartels.	1856	—	—	id.	—	vie	id.	—	Prag. Vierteljahrschr., 1857.	156
157	Bruns.	1856	f.	19	id.	—	vie	id.	—	D. Klinik, 1858.	157
158	Canton.	1856	m.	14	Fracture compl.	—	vie	id.	—	Med. Times.	158
159	Erichsen.	1856	m.	11	Carie.	—	vie	id.	—	id.	159
160	Solly.	1856	f.	57	id.	—	vie	id.	—	id.	160
161	Stubbs.	1856	m.	18	Tumeur blanche.	—	vie	id.	Mouvements passifs dès le 12e jour.	id.	161
162	Garner.	1856	m.	12	Carie.	—	vie	id.	Mouvem. bornés. Guérison en 3 mois.	id.	162
163	Wright.	1856	f.	21	id.	—	vie	id.	—	id.	163
164	Bickersteth.	1856	m.	24	id.	—	vie	id.	Mouvements passifs dès le 8e jour.	id.	164
165	Meade.	1856	m.	16	id.	—	vie	id.	Guérison lente.	id.	165
166	Id.	1856	m.	12	id.	—	vie	id.	—	id.	166
167	Paget.	1856	m.	25	id.	—	vie	id.	—	id.	167
168	Fergusson.	1856	f.	11	id.	—	vie	id.	—	id.	168
169	Erichson.	1856	m.	63	Carie et ankylose.	—	vie	id.	—	id.	169
170	Holthouse.	1856	f.	17	Carie.	—	vie	id.	—	id.	170

Numéros.	Nom du chirurgien.	Date de l'opération.	Sexe du mal.	Âge du mal.	Nature de la lésion.	Nature de l'opération.	Résultat au point de vue		Remarques.	Sources.	Numéros.
							de la vie.	des usages du membre.			
171	Lawrence.	1856	f.	25	Carie.	—	vie.	Bon.	Guérison en 4 mois.	Med. Times.	171
172	Birket.	1856	f.	20	id.	—	vie.	Amputation.	au bout de 11 mois.	id.	172
173	Moore.	1856	f.	31	Carie et ankylose.	—	vie.	Bon.	—	id.	173
174	Erichsen.	1857	m.	35	Carie.	—	mort.	—	par phthisie.	id.	174
175	Langenbeck.	1857	g.	—	id.	—	vie.	Parfait.	—	D. Klinik, 1858.	175
176	Id.	1857	g.	—	id.	—	vie.	id.	—	id.	176
177	Id.	1857	m.	24	Ankylose.	—	vie.	Bon.	Mobilité.	id.	177
178 à 188	Id.	—	—	—	—	—	10 succès	—	—	id.	178 à 188
189 à 191	Fergusson.	1857	—	—	3 carie.	—	3 en vie.	3 bons.	—	id.	189 à 191
192	J. F. Heyfelder	1858	m.	25	Carie	—	vie.	Bon.	—	Resect. u. Amput.	192
193	Id.	1858	m.	24	id.	—	mort.	—	par pyémie, après la guérison de la plaie.	Obs. p. 180 de cet ouvrage.	193
194	Erichsen.	1858	m.	16	Ankylose.	—	vie.	—	—	Med. Times.	194
195	Esmarch.	1858	f.	24	Arthrite supp.	—	vie.	—	Guérison en 11 semaines.	Esmarch, loc. cit.	195
196	Id.	1858	m.	56	Fract. compl.	—	vie.	Succès partiel.	Avant-bras flottant; fonctions possibles au moyen d'un appareil.	id.	196
197	Id.	1859	f.	58	Carie.	—	vie.	Bon.	—	id.	197
198	J. F. Heyfelder	1859	m.	21	id.	—	mort.	—	—	Obs. p. 180 de cet ouvrage.	198
199	O. Heyfelder.	1859	f.	7	id.	—	mort.	—	par pyémie.	id.	199
200	Humphrey.	1859	m.	45	id.	—	vie.	Parfait.	par scorbut.	Med. Times.	200
201	Sandfort.	1859	m.	32	id.	—	vie.	Amputation.	—	id.	201
202	Humphrey.	1859	m.	25	Carie et ankylose	—	mort.	Bon.	par phthisie au bout de 8 mois.	id.	202
203	Smith.	1859	f.	21	Carie.	—	vie.	id	—	id.	203
204	King.	1859	m.	16	Carie et ankylose.	—	vie.	id.	—	id.	204
205	Wright.	1859	m.	13	Carie.	—	vie.	id.	—	id.	205
206	Cadge.	1859	m.	20	Tumeur blanche.	—	vie.	Amputation.	au bout de 6 mois.	id.	206
207	Husband.	1859	m.	13	Carie.	—	vie.	Bon.	Guérison en 2 mois.	id.	207
	Bœckel.	1861	f.	16	Carie et ankylose.	—	vie.	Bon, ankylose.	Guérison lente.	Obs. p. 181 de cet ouvrage.	

II. Résections partielles.

A. Résection des extrémités articulaires de l'humérus et du radius.

Numéros.	Nom du chirurgien.	Date de l'opération.	Sexe du mal.	Âge du mal.	Nature de la lésion.	Nature de l'opération.	de la vie.	des usages du membre.	Remarques.	Sources.	Numéros.
1	Moreau père.	1794	—	—	Carie.	—	vie.	Parfait	Guérison en 6 semaines. Mobilité complète.	Loc. cit. Essai sur les résections.	1
2	Jæger.	1829	m.	37	id.	—	vie.	id.	Guérison en 2 1/2 mois.	Rust, Dict. chir.	2
3	Texter.	1846	—	—	id.	—	mort.	—	le 8e jour.	Wiederers. der Knochen, loc. cit.	3
4	Har. Schwarz	1848	m.	—	Coup de feu.	—	vie.	Parfait.	Mobilité.	Esmarch, loc. cit.	4

B. Résection de l'humérus et de l'olécrane.

Numéros.	Nom du chirurgien.	Date de l'opération.	Sexe du mal.	Âge du mal.	Nature de la lésion.	Nature de l'opération.	de la vie.	des usages du membre.	Remarques.	Sources.	Numéros.
5	Park.	—	—	—	Fracture compl.	—	vie.	Bon.	—	Jeffray, Case, loc. cit.	5
6	Champion.	—	—	—	Luxation compl.	—	vie.	id	—	Velpeau.	6
7	Crampton.	1827	—	—	Carie.	—	vie.	Id.	—	Dublin hosp. rep., 1827.	7
8	Texter.	1841	—	—	id.	—	vie.	id.	—	Ried, loc. cit.	8
9	Rey.	—	—	—	id.	—	vie.	id.	—	Guy. hosp. rep., vol. I.	9
10	Stromeyer.	1840	m.		Coup de feu.	—	vie.	id.	Mouvements bornés.	Esmarch, loc. cit.	10
11	Id.	1849	m.		id.	—	vie.	Bon, ankylose.	—	id.	11
12	Dohrn.	1849	m.	(jeunes soldats)	id.	—	mort.	id.	par pyémie	id.	12
13	Bartels.	1850	m.		id.	—	vie.	Bon, ankylose.	—	id.	13
14	Id.	1850	m.		id.	—	vie.	Bon.	Mobilité complète.	id.	14
15	Herrich.	1850	m.		id.	—	vie.	id.	id.	id.	15

Numéros.	NOM du chirurgien.	Date de l'opération.	Sexe du mal.	Age du mal.	NATURE de la lésion.	NATURE de l'opération.	RÉSULTAT au point de vue de la vie.	RÉSULTAT au point de vue des usages du membre.	REMARQUES.	SOURCES.	Numéros.

C. Résection de l'humérus et de toute l'extrémité du cubitus.

Numéros.	NOM du chirurgien.	Date de l'opération.	Sexe du mal.	Age du mal.	NATURE de la lésion.	NATURE de l'opération.	de la vie.	des usages du membre.	REMARQUES.	SOURCES.	Numéros.
16	Gœtze.	1849	m.	—	Coup de feu.	—	mort.	—	par pyoémie.	Esmarch, loc. cit.	16
17	Langenbeck.	1849	m.	—	id.	—	mort.	—	par hémorrhagie. Amputé au bout de 14 jours.	id.	17
18	Bruns.	1855	m.	20	Carie.	—	vie.	Amputation.	pour ankylose en ligne droite.	D. Klinik, 1858.	18
19	Morgan.	1837	m.	41	Fracture compl.	—	vie.	Bon.	—	Med. Times, July 1856.	19

D. Résection de l'extrémité inférieure de l'humérus.

Numéros.	NOM du chirurgien.	Date de l'opération.	Sexe du mal.	Age du mal.	NATURE de la lésion.	NATURE de l'opération.	de la vie.	des usages du membre.	REMARQUES.	SOURCES.	Numéros.
20	Walnmann.	—	—	—	Luxation compl.	—	vie.	Bon.	—	H. Parck letter to M. Pott.	20
21	Hey.	1783	—	—	Carie.	—	vie.	id.	—	Edinb. journ., 1850.	21
22	Evans.	1801	—	—	Luxation compl.	—	vie.	id.	—	Observ. on compl. disloc.	22
23	Champion.	—	—	—	id	—	vie.	id.	—	Velpeau, loc. cit.	23
24	Hublier.	—	—	—	id.	—	vie.	id.	—	Gaz. hôpit., 1836.	24
25	Metz.	—	—	—	Carie.	—	vie.	id.	—	Generalb. der rhein. Med. Colleg., 1838.	25
26	Riese.	1849	m.	} jeunes soldats.	Coup de feu.	—	vie.	id.	Mobilité restreinte.	Esmarch, loc. cit.	26
27	Stromeyer.	1849	m.		id.	—	vie.	Douteux.	Nécrose de l'humérus.	id.	27
28	Id.	1849	m		id.	—	vie.	Ankylose.	—	id.	28
29	Id.	1849	m.		id.	—	mort.	—	Amputé par les chirurgiens danois.	id.	29
30	Kunkel.	1850	m.		id.	—	vie.	Parfait.	—	id.	30
31	Riese.	1850	m.		id.	—	vie.	id.	—	id.	31
32	Gœtze.	1850	m.		id.	—	vie.	id.	—	id.	32
33	J. F. Heyfelder	1853	m.	34	Carie.	—	vie.	Bon.	—	Amput. u. Resect., loc. cit.	33
34	Id.	1855	m.	26	id.	—	vie.	Amputation.	—	id.	34
35	Bruns.	1855	m.	14	id.	—	vie.	Succès partiel.	—	D. Klinik, 1858.	35
36	Addenbrocke.	1855	m.	22	Fracture compl.	—	vie.	id.	—	Med. Times, 1856.	36
37	Frera.	1856	—	—	Luxation compl.	—	vie.	Bon.	—	Paul, loc. cit.	37
38	Windsor.	1856	m.	14	id.	—	vie.	id.	En même temps fracture de l'avant-bras.	Med. Times, 1856.	38

E. Résection de l'un des condyles de l'humérus.

Numéros.	NOM du chirurgien.	Date de l'opération.	Sexe du mal.	Age du mal.	NATURE de la lésion.	NATURE de l'opération.	de la vie.	des usages du membre.	REMARQUES.	SOURCES.	Numéros.
39	Hey.	1801	—	—	Fracture compl.	Condyle interne.	vie.	Bon.	—	Loc. cit.	39
40	Moreau fils.	1806	—	—	Carie.	Condyle externe.	vie.	Parfait.	—	id.	40
41	Jæger.	1820	—	—	id.	id.	vie.	Bon. Ankylose à	angle droit.	Ried.	41
42	Langenbeck.	1848	m.	—	Coup de feu.	id.	vie.	Bon.	—	Esmarch, loc. cit.	42
43	Id.	—	—	—	—	Condyle interne.	vie.	id.	—	id.	43
44	Husband.	1850	m.	8	Carie.	Condyle externe.	vie	Ankylose.	—	Med. Times, 1857.	44
45	Puparef.	1856	m.	—	id.	id.	vie	Amputation.	—	Journal russe.	45
46	Strohschnei-der.	1858	m.	19	id.	id.	mort	—	par pyoémie.	id.	46

F. Résection des deux os de l'avant-bras.

Numéros.	NOM du chirurgien.	Date de l'opération.	Sexe du mal.	Age du mal.	NATURE de la lésion.	NATURE de l'opération.	de la vie.	des usages du membre.	REMARQUES.	SOURCES.	Numéros.
47	Justamond.	—	—	—	Carie.	—	vie	Bon.	—	Journ. de méd., vol. LXXXIX.	47
48	Textor.	1834	—	—	id.	—	vie	id.	—	Wiederers., loc. cit.	48
49	Blasius.	1836	—	—	id.	—	vie	id.	—	Klingerich, Dissert.	49
50	Emmert.	1844	—	—	Luxation compl	—	vie	id.	—	Beitr. z. Pathol., vol. II.	50
51	Stromeyer.	1840	m.	} jeunes soldats.	Coup de feu.	—	vie	id.	Mobilité restreinte ; continue à servir comme offic.	Esmarch, loc. cit.	51
52	Id.	1849	m.		id.	—	vie	Parfait.	Mobilité complète.	id.	52
53	Id.	1850	m.		id.	—	vie	id.	id.	id.	53
54	Uahrn.	1849	m.		id.	—	vie	Bon.	—	id.	54
55	Id.	1850	m.		id.	—	vie	id.	Mobilité bornée.	id.	55
56	Id.	1850	m.		id.	—	vie	Bon, ankylose	presque complète.	id.	56

Numéros.	Nom du chirurgien.	Date de l'opération.	Sexe du mal.	Age du mal.	Nature de la lésion.	Nature de l'opération.	Résultat au point de vue de la vie.	Résultat au point de vue des usages du membre.	Remarques.	Sources.	Numéros.
57	Esmarch.	1840	m.	jeunes soldats.	Coup de feu.	—	vie	Parfait.	—	Esmarch, *loc. cit.*	57
58	Markus.	1840	m.	jeunes soldats.	id.	—	vie	Bon, ankylose.	Reste au service comme sous-officier.	id.	58
59	Har. Schwarz	1849	m.	jeunes soldats.	id.	—	mort	—	par pyoémie.	id.	59
60	Herrich.	1850	m.	jeunes soldats.	id.	—	vie	Parfait.	Mobilité parfaite.	id.	60

G. Résection de l'un des os de l'avant-bras.

Numéros.	Nom du chirurgien.	Date de l'opération.	Sexe du mal.	Age du mal.	Nature de la lésion.	Nature de l'opération.	Résultat au point de vue de la vie.	Résultat au point de vue des usages du membre.	Remarques.	Sources.	Numéros.
61	Görke.	—	—	—	Coup de feu.	Décapit. du cubitus.	vie	Ankylose.	—	id.	61
62	Textor.	1840	m.	19	Carie.	id.	vie	Parfait.	Mobilité parfaite.	Schierlinger, *Dissert.*	62
63	Meyer.	1845	f.	11	id.	id.	vie	id.	Mobilité.	*D. Klinik*, 1856.	63
64	J.F. Heyfelder	1846	m.	23	id.	id.	vie	id.	Mobilité. Résultat constaté au bout de 27 jours.	*Amput. u. Resect.*	64
65	Bilguer.	—	—	—	Coup de feu.	Décapit. de l'oléc.	vie	Bon.	—	*Loc. cit.*	65
66	Larrey.	—	—	—	id.	id.	vie	id.	—	Ried.	66
67	Ch. Bell.	—	—	—	Luxation compl.	id.	vie	id.	—	Velpeau	67
68	Textor père.	1840	—	—	Fracture compl.	id.	?	?	—	*Wiederers. der Knochen.*	68
69	Jæger.	1840	f.	70	id.	id.	mort	—	—	Ried.	69
70	Lehmann.	—	—	—	id.	id.	vie	Bon.	—	*Casper's Wochenschr.*, 1839.	70
71	Buck.	—	—	—	Ankylose.	id.	vie	id.	—	*Gaz. méd.*, 1844.	71
72	Textor père, 3 cas.	—	—	—	3 carie.	id.	3 vie	Bon (!)	—	*Loc. cit.*	72
73	Textor fils, 3 cas.	—	—	—	2 carie.	id.	2 vie	Succès partiels.	—	id.	73
74	J.F. Heyfelder	1858	m.	20	Carie et fracture.	id.	vie	Parfait.	—	Obs. p. 189 de cet ouvrage.	74
75	Esmarch.	1850	—	—	Coup de feu.	id.	vie	Ankylose.	—	*Loc. cit.*	75
76	Heine.	—	—	—	Carie.	id.	?	?	—	Ried.	76
77	Textor.	1823	m.	45	Luxation compl.	Décapit. du radius.	vie	Insuccès.	Ankylose en ligne droite.	*Operationslehre.*	77
78	Roux.	—	—	—	id.	id.	vie	id.	id.	Ried.	78
79	Küchler.	1857	m.	18	Carie.	id.	vie	Parfait.	Mobilité complète.	*D. Klinik*, 1859.	79

CHAPITRE XXII.

RÉSECTION DES OS DE L'AVANT-BRAS.

Remarques anatomiques. Le squelette de l'avant-bras est représenté par deux os, le radius et le cubitus, dont le premier s'articule principalement avec le carpe et le second avec l'humérus. De plus les deux sont articulés ensemble, de telle façon que la tête arrondie de l'un os se roule dans une échancrure que présente l'extrémité élargie de l'autre. Supérieurement c'est le radius dont l'extrémité amincie supporte une tête, inférieurement le cubitus. Les deux os sont légèrement courbés en S et interceptent entre eux un espace fusiforme, dans lequel est tendu l'aponévrose interosseuse. Cette membrane sépare les muscles de la face palmaire et dorsale de l'avant-bras. Le radius et le cubitus ne sont recouverts que par la peau le long de leur bord externe (externe par rapport à l'axe du membre). Ils sont donc faciles à atteindre par une incision longitudinale faite sur cette ligne. Seule, l'extrémité supérieure du radius est enveloppée par des muscles assez épais.

1° *L'excision d'une couche superficielle* de ces os se fait d'après les règles générales (voy. p. 22). Ruland [1], dans un cas de carie superficielle du cubitus, ragina tous les jours les parties malades et obtint une guérison complète. Les résections superficielles de l'olécrane qui n'empiètent pas sur l'articulation du coude, méritent une mention particulière. On fend la peau par une incision longitudinale simple (Jæger) ou une incision en croix (Velpeau) et on sépare l'os malade avec l'ostéotome, une scie ordinaire, la scie

[1] Lisfranc, *Méd. opér.*

de Martin, une couronne de trépan (Curling), ou même la gouge (Stanley et Jæger).

Jæger[1], Textor[2] et M. Velpeau[3] ont exécuté ces opérations avec un succès complet et en conservant à leurs malades les mouvements du coude. Tout récemment M. Curling[4] a opéré deux fois pour nécrose et M. Stanley[5] deux fois pour carie.

2° La *résection d'une paroi osseuse* a été faite plus rarement sur les os de l'avant-bras que sur les os de la jambe.

Un cas de M. J. F. Heyfelder[6] mérite d'être cité parce qu'il concerne l'extrémité inférieure du radius. Une paysanne de dix-huit ans garda, à la suite d'une violente périostite, deux fistules qui pénétraient dans le radius à 2 et 4 centimètres au-dessus du poignet et qui faisaient reconnaître un séquestre mobile. On l'enleva en excisant le pont osseux intermédiaire, et la malade guérit en gardant les mouvements de la main parfaitement libres.

3° *Résections de toute l'épaisseur de la diaphyse.* Nous les distinguerons encore selon la lésion qui y a donné lieu.

Fractures compliquées. Dupuytren[7], Marville[8], Baudens[9] ont réséqué des morceaux de la diaphyse cubitale pour des blessures par armes à feu; Severin[10], Textor[11] (2 fois), M. Rothmund[12] ont opéré pour des fractures compliquées d'une autre nature. La résection dans la continuité du radius a été faite par Champion[13], Baudens[14], Zahner[15] Bruns[16]. Dans la campagne du Schleswig[17] on a pratiqué 7 opérations de ce genre.

Bilguer[18], Saint-Hilaire[19], Fricke[20] ont réséqué en même temps les deux os de l'avant-bras.

De ces 20 opérés aucun ne mourut; par contre tous n'ont pas obtenu une guérison parfaite. Les mouvements se rétablirent au complet dans les cas de Champion, Dupuytren, Marville et Fricke. MM. Zahner et Bruns mentionnent que la main s'est déviée et que la mobilité est restée incomplète. MM. Stromeyer et Esmarch font remarquer, à propos des plaies par armes à feu, que la guérison est

---

[1] Ried, *loc. cit.* — [2] et [3] Velpeau, *Méd. opér.* — [4] *Med. Times*, Febr. 1853. — [5] *Med. Times*, July 1856. — [6] *Jahresbericht*, 1852-1853. — [7] Lisfranc, *loc. cit.* — [8] *Annales de chirurg.*, 1842. — [9] *Gaz. méd*, 1838. — [10] Velpeau, *loc. cit.* — [11] Ried, *loc. cit.* — [12] Ried, *loc. cit.* — [13] Velpeau. — [14] *Gaz. méd.*, 1838. — [15] Ried, *loc. cit.* — [16] *D. Klinik*, 1858. — [17] Esmarch, *loc. cit.* — [18] *Am. Wahrn. u. Beob.* — [19] Velpeau, *loc. cit.* — [20] *Hamb. Zeitschr.*, vol. III.

bien plus lente et plus imparfaite après la résection qu'après l'expectation.

Quand un seul des os de l'avant-bras a été réséqué, la réunion
par un cal osseux est l'exception, parce que l'os intact empêche le
rapprochement des fragments. La résection est donc indiquée par
une fracture compliquée, avec issue irréductible de l'un des fragments, ou dans les cas de carie ou de nécrose de ces derniers. Les
blessures par armes à feu, au contraire, doivent être traitées autant
que possible par l'expectation.

Pseudarthroses. Pour remédier à dès lésions de cette nature, Fahnestock[1]
et Tripler[2] ont réséqué le radius; Cittadini[3] et Warmuth[4] le cubitus, Fricke[5],
Holscher[6] et M. Pitha[7] les deux os de l'avant-bras. Le cas de Warmuth fut seul
suivi d'insuccès. Norris[8] rapporte également 4 opérations de cette espèce, suivis
3 fois de succès et 1 fois d'amélioration. En tout nous aurions donc 11 opérations, 9 guérisons complètes, 2 incomplètes, point de décès.

Maladies organiques. Fleming[9] et Hameny[10] opérèrent sur le radius nécrosé
en se servant de la scie à chaîne; la perte de substance se combla par du tissu
fibreux. Heine[11] enleva 12 centimètres de la diaphyse et Rklitzky[12] toute la diaphyse avec l'ostéotome; dans le second cas l'os se régénéra en trois mois; Carnochan[13] extirpa toute la diaphyse du cubitus avec succès.

Withusen[14] opéra sur le cubitus pour enlever une tumeur osseuse; M. F. Robert, dans un cas d'anévrysme traumatique avec carie de l'os, extirpa 10 centimètres de cet os au moyen de l'ostéotome; il guérit son malade en sept semaines
et constata au bout d'un an que l'os s'était régénéré et que les mouvements
étaient parfaitement rétablis.

Adelmann[15] opéra avec succès dans un cas de nécrose; Wutzer (voy. plus
haut, p. 29) dans un cas d'exostose. Ces deux opérateurs se servirent de la scie
à chaîne.

L'opération se fait à peu près comme au fémur ou à la jambe.
Une incision longitudinale sur le bord correspondant de l'avant-
bras divise les parties molles, et pour les os on usera de préférence
de la scie à chaîne.

[1] *Hamb. Zeitschr.*, vol. XV. — [2] *Hamb. Zeitschr.*, vol. XXII. — [3] *Fricke's Annal.*,
vol. I. — [4] Ried, *loc. cit.* — [5] *Annalen*, vol. I. — [6] Ried. — [7] *Prag. Vierteljahrschr.*,
vol. XV. — [8] *Hamb. Zeitschr.*, vol. XX. — [9] Lisfranc. — [10] Velpeau. — [11] Velpeau. —
[12] Noodt. d. Osteotom. — [13] *Amer. journ. of med. sc.*, 1858. — [14] *Acta. nov. soc. med.
Havn.*, vol. III. — [15] *Ueber Knochenresect.*, loc. cit.

Résections des os de l'avant-bras avec ouverture du canal médullaire.

	Nombre des opérés.	Restés en vie.	Succès.	Succès partiels.	Morts.	Insuccès.	Inconnus.
Fractures compliquées	20	20	4	13	—	—	3
Pseudarthroses.	11	11	9	1	—	1	—
Maladies organiques	8	8	7	—	—	—	1
Total.	39	39	20	14	—	1	4

Ces 39 résections de l'avant-bras n'ont donné lieu à aucun décès; il n'y eut qu'un seul insuccès véritable, et 34 guérisons plus ou moins complètes. Ces résultats sont bien plus favorables que ceux que l'on obtient dans des cas semblables sur l'humérus ou sur le fémur.

4° *Extirpation de l'un des os de l'avant-bras.*

Butt[1], en 1825, et M. Carnochan[2], en 1858, ont fait l'extirpation du radius avec un succès complet. Malagodi[3] et Metz[4] ont enlevé tout le cubitus à l'exception de l'extrémité supérieure. Enfin Jones[5], en 1856, et M. Carnochan[6], en 1858, extirpèrent cet os en totalité. Tous ces cas furent suivis de succès.

Pour enlever le cubitus, on commence l'incision sur l'olécrane et on la conduit le long du bord interne de l'os jusqu'au poignet. Les muscles et les tendons sont écartés, puis on cherche à séparer le périoste avec une aiguille ou un corps mousse et l'on passe la scie à chaîne sous l'os à l'endroit le plus accessible pour le diviser en deux moitiés. Celles-ci sont extirpées isolément.

Le radius s'enlèverait de la même manière, à moins qu'on ne préférât le laisser entier; on commencerait alors l'extirpation par l'extrémité supérieure.

Le pansement et les soins consécutifs sont les mêmes que dans toutes les opérations de ce genre.

[1] *Gaz. méd.*, 1840. — [2] *Amer. journ. of med. sciences*, April 1858. — [3] Gerdy, *loc. cit.* — [4] *D. Klinik*, 1851. — [5] *Med. Times*, 1856. — [6] *Loc. cit.*

CHAPITRE XXIII.

RÉSECTIONS A LA MAIN.

Remarques anatomiques. La main termine le membre supérieur et est destinée à des usages divers et compliqués. Les articulations qui entrent dans sa composition sont nombreuses et lui permettent de prendre les positions les plus variées. Aussi la conservation de la moindre partie a son importance, et la résection de la main, si elle est possible, doit toujours être préférée à l'amputation. Nous ne parvenons pas toujours à prévenir les mutilations et la gêne fonctionnelle qui en est la conséquence, mais une main mutilée est encore plus utile que l'appareil prothétique le plus parfait.

Nous distinguons à la main : l'*articulation radio-carpienne* ou du poignet, formée d'une part par les os de l'avant-bras, et de l'autre par la première rangée du carpe; l'*articulation carpo-métacarpienne;* les cinq *articulations métacarpo-phalangiennes;* enfin les *articulations des phalanges entre elles.* Chacune de ces articulations peut être l'objet d'une résection; la plus importante est l'articulation radio-carpienne; on excise aussi les 8 os du carpe, les 5 du métacarpe et les 14 phalanges soit chacun isolément, soit plusieurs ensemble, d'après les combinaisons les plus variées. Parmi ces opérations, celles qui concernent le premier métacarpien ont le plus d'importance.

Le squelette de la main est accessible au couteau par sa face dorsale et ses bords, beaucoup moins par sa face palmaire, où l'on rencontre les tendons, les vaisseaux et les nerfs. Aux doigts les artères et nerfs collatéraux suivent les faces latérales, et c'est plutôt par la face dorsale ou palmaire qu'il faut pénétrer jusqu'à l'os.

Les affections qui se rencontrent à la main sont les fractures et les luxations qu'on voit surtout aux doigts; les entorses, les inflammations et les caries qu'on trouve plutôt au carpe et au poignet; les nécroses, qui s'observent principalement aux métacarpiens, aux os de l'avant-bras et aux phalanges. Parmi les néoplasmes, le cancer est rare; la tuberculisation est plus fréquente, enfin la tumeur la plus commune est l'exostose et l'enchondrome aux doigts.

I. RÉSECTION TOTALE DU POIGNET.

HISTORIQUE. En 1762 Bilguer réséqua l'articulation du poignet sur un soldat, qui avait eu cette partie fracturée par un éclat d'obus. La guérison fut complète. M. Dietz imita cette opération en 1839 sur un homme atteint de carie, mais quatre ans plus tard il fut obligé de l'amputer pour une récidive. M. J. F. Heyfelder fit la même opération en 1849, au moyen d'une incision en H et de la scie à chaîne.

Depuis cette époque, cette résection a surtout été pratiquée par les Anglais.

Les *indications* à la résection totale du poignet sont des blessures par armes à feu et la carie. Les luxations compliquées ne la réclament que rarement, et seulement quand les os sont tellement broyés qu'ils ne peuvent être conservés.

Opération. Le malade est couché sur le dos; la main malade repose par sa face palmaire sur un coussinet de crin.

La *division des parties molles* se fait d'après trois procédés principaux :

1º L'*incision longitudinale simple*, que M. Maisonneuve fait sur le dos de la main, M. Chassaignac sur le bord cubital, et M. Danzel sur le bord radial;

2º La *double incision longitudinale*, l'une sur le bord radial, l'autre sur le bord cubital, est un des procédés les plus anciens, employé déjà par Doublet. Ce chirurgien commence par l'incision sur le cubitus; en renversant fortement la main, il coupe le ligament interne, puis désarticule et réséque l'os. Il répète ensuite les mêmes manœuvres sur le radius. Ce procédé est surtout applicable quand on ne veut enlever que l'extrémité inférieure des os de l'avant-bras. MM. Adelmann et Sprengler l'ont de nouveau recommandé.

M. Simon a employé deux incisions longitudinales, l'une sur le milieu du dos, l'autre dans la paume de la main.

3º *Des lambeaux* de toutes les espèces ont été taillés par Roux, Velpeau, Guepratte, Butcher etc.

a) Le procédé de Roux et de Jæger consiste à ajouter à l'extrémité inférieure des incisions de Doublet, deux petites incisions transversales de 3 à 4 centimètres, se dirigeant vers le dos de la main. On obtient ainsi une double plaie en L.

b) Les deux incisions transversales ne laissent entre elles qu'un pont de peau très-mince sur le dos de la main. Pour éviter cet inconvénient, j'ai proposé de diriger l'incision (ABC) qui part du radius vers le dos, celle du cubitus (DEF) vers la paume de la main (voy. pl. VII, fig. 1).

c) MM. Dürr et Erichsen forment un lambeau quadrangulaire à base supérieure.

d) M. Fergusson fait une incision en H.

e) M. Velpeau emploie un lambeau dont la base est du côté de la main.

f) MM. Guepratte et Butcher taillent des lambeaux semi-lunaires à base supérieure. Guepratte commence son incision un peu au-dessus de l'apophyse styloïde du radius et la termine à la même hauteur sur le cubitus.

M. Butcher, au contraire, enfonce le couteau au côté externe du tendon du long extenseur du pouce, à 1 centimètre au-dessous de l'article, et le conduit par une ligne courbe le long de la base des métacarpiens vers le cubitus, où il termine 1 à 2 centimètres plus haut qu'il n'avait commencé.

Pour tous ces procédés il faut remarquer que les incisions transversales ne doivent atteindre que la peau et le tissu cellulaire. Quand les lambeaux sont ainsi disséqués, on pénètre dans la profondeur en ménageant soigneusement les tendons. Il n'y a que celui du grand supinateur qui est forcément atteint puisqu'il s'insère sur l'extrémité du radius.

Si l'on a employé le procédé de Doublet, on ouvre l'articulation du poignet successivement du côté du radius et du cubitus, on désarticule ces os et on les résèque ; ou bien on les coupe d'abord avec la scie à chaîne et on les désarticule ensuite. Quand on se sert d'un procédé à lambeau, on attaque la jointure par la face dorsale en écartant les tendons extenseurs, puis on luxe les os de l'avant-bras hors de la plaie et l'on achève de les dégager avec précaution. On protége ensuite les parties molles par l'interposition d'une compresse ou d'une plaque de cuir et l'on abat les os avec une scie ordinaire ou avec la scie à chaîne. On procède alors à l'excision des os du carpe, si on les trouve malades. A cet effet on les saisit avec une pince, un crochet ou tout autre instrument et on les enlève avec un scalpel, des tenailles incisives ou la gouge.

Après l'opération on cherche à rendre aux tendons leur position normale, on rapproche les os du carpe restants de l'extrémité des os de l'avant-bras et l'on fait le pansement comme à l'ordinaire. Il s'agit d'obtenir au poignet une consolidation suffisante, pour empêcher que la main ne pende inerte au bout de l'avant-bras, et cependant il est utile de conserver un peu de mobilité. Avant tout il faut garder au pouce la faculté de s'opposer aux autres doigts : c'est la fonction la plus importante de toute la main.

Pour obtenir la consolidation du poignet, il faut réduire le plus possible les incisions transversales et réunir par première intention celle qu'on a été obligé de faire. Puis on place tout le membre sur une attelle et on ne fait de mouvements passifs qu'après le commencement de la consolidation. De toute façon il faut maintenir le membre dans la position qui serait la plus favorable en cas d'ankylose, c'est-à-dire mettre le poignet et les doigts dans une légère flexion. Dès les premiers jours et pendant que le poignet est encore maintenu parfaitement immobile, on exerce journellement les doigts et surtout le pouce, pour empêcher les tendons de se souder avec la cicatrice.

La terminaison la plus défavorable, hormis la mort, c'est la trop grande laxité de la nouvelle articulation. Si le relâchement n'est pas trop considérable, on peut y remédier par une mitaine élastique qui remonte très-haut sur l'avant-bras. S'il existe à un degré plus prononcé encore, on soutient la main par une attelle en acier en même temps résistante et élastique. Ou bien on peut employer l'appareil suivant : deux demi-gouttières, modelées sur le membre malade, embrassent le poignet et envoient des prolongements vers le dos et la paume de la main. Ces attelles sont maintenues en place par de petites courroies ou des rubans élastiques.

Cet appareil peut rendre des services avant la cicatrisation complète. Si l'on prévoit un manque de consolidation, on entourera la main d'un appareil inamovible, fenêtré au niveau du pouce. Mais cet accident n'est pas survenu une seule fois à ma connaissance. La guérison avec liberté des mouvements du poignet et des doigts est la terminaison la plus favorable ; elle survint 9 fois sur 15 résections totales, et 27 fois sur 40 résections partielles. Dans 2 cas de résection totale et 3 partielles, les mouvements restèrent bornés ; dans 2 autres cas on observa une ankylose du poignet, mais les mouvements des doigts n'eurent pas à souffrir, ce qui constitue un résultat meilleur que celui de l'amputation de l'avant-bras. Quatre de ces résections exigèrent une amputation secondaire ; mais dans l'un des cas (cas de M. Dietz) la seconde opération ne fut faite que cinq ans après la première et elle ne doit plus guère compter.

Neuf opérations sur 55 furent suivies de décès (1/6) et la somme des insuccès forme à peu près le 1/5 des cas.

Comme pour d'autres articulations, les résections totales sont moins graves ici que les partielles ; la mortalité générale est moindre que celle de l'amputation de l'avant-bras, qui est de 1/4.

Addition du traducteur. De toutes les résections des grandes articulations, celle du poignet a été pratiquée le moins souvent. On n'a qu'à consulter le tableau général à la fin de cet ouvrage, ou le compte rendu des résections faites par M. Langenbeck [1], qui est plus significatif encore ; car, à côté de 35 résections du coude, de 12 de la hanche, de 10 du genou, on n'en trouve qu'une seule du poignet, et encore n'était-ce qu'une résection du radius et du cubitus dans un cas d'ankylose.

J'attribue cet abandon à trois raisons : d'abord aux difficultés inhérentes à l'opération, si l'on veut ménager les tendons ; en second lieu à la crainte de ne pouvoir enlever toutes les parties cariées ; et enfin à l'inconvénient, même en cas de guérison, de n'obtenir qu'un membre impotent ou même gênant.

La plupart de ces inconvénients peuvent être surmontés par un procédé opératoire bien choisi. M. O. Heyfelder ne me semble pas assez explicite à cet égard, et je vais essayer de le compléter, en me basant sur deux résections du poignet que j'ai pratiquées dans ces derniers temps.

Quel que soit le procédé qu'on emploie, il est impossible de ménager tous les

___

[1] Lucke, *Beitr. zur Lehre v. d. Resect. ; Archiv f. Chirurgie*, 1862, vol. III, p. 291.

tendons du poignet, dans une résection totale. Celui du long supinateur est coupé nécessairement, puisqu'il se fixe à l'extrémité inférieure du radius; les tendons des radiaux sont difficiles à conserver, et d'ailleurs on n'a que peu d'intérêt à le faire, parce que les mouvements du poignet ne se rétablissent guère. Par contre on aurait tout intérêt à ménager l'extenseur commun des doigts et le long extenseur du pouce, seuls tendons qui gênent l'opérateur, car le court extenseur, l'abducteur et le cubital postérieur sont faciles à éviter. Quand on choisit l'un des procédés à incisions latérales, l'extenseur commun n'est pas en danger, mais le long extenseur du pouce traverse obliquement la plaie du côté du radius et empêche d'arriver jusqu'au carpe. On pourrait l'écarter avec beaucoup de soins, mais il faudrait isoler complétement ce tendon, et il est peu probable qu'il conserverait ses usages après la cicatrisation. C'est ce qui m'a décidé à le couper dans la résection totale que j'ai pratiquée; j'avais employé le procédé décrit par M. Danzel [1] dans un excellent article sur la résection du poignet, procédé qui consiste à faire une seule incision du côté du radius.

M. Butcher, au contraire, ne vise qu'à conserver les mouvements du pouce dans leur intégrité, sauf à sacrifier ceux des doigts. Il pense avoir obtenu un résultat très-satisfaisant si le pouce peut être opposé aux autres doigts, tandis que ceux-ci ne présentent qu'une résistance passive, mais suffisante pour tenir des objets légers. A cet effet M. Butcher enfonce son couteau à 1 ou 2 millimètres du bord cubital du long extenseur et à 2 centimètres à peu près au-dessous de l'apophyse styloïde du radius; puis il fait une incision semi-lunaire qui passe sur l'articulation carpo-métacarpienne, *coupe les tendons extenseurs* (ce que M. O. Heyfelder ne dit pas) et remonte sur le cubitus.

Il est certain que c'est là le seul procédé qui découvre complétement le carpe, ce qui est un grand avantage quand ces os sont affectés de carie constitutionnelle et qu'il est important de les extirper en totalité. Pour obvier à la section des extenseurs, je propose de pratiquer la suture des tendons, qu'on coupera vers le quart postérieur des métacarpiens, de façon que la cicatrice tendineuse ne coïncide pas avec la grande plaie de la résection.

L'extirpation des os du carpe est décrite d'une manière très-sommaire dans tous les traités. Cependant c'est le point le plus difficile de l'opération, et si son exécution est imparfaite le succès est compromis.

La face dorsale du carpe se laisse isoler assez facilement avec le bistouri ou une spatule; mais il n'en est plus de même de la face palmaire. Là les os tiennent fortement à la capsule fibreuse et il existe un certain nombre de saillies difficiles à énucléer. Si l'on voulait disséquer les os avec la pointe du couteau, on risquerait fort de blesser l'arcade palmaire profonde et d'ouvrir la synoviale commune des fléchisseurs. Il vaut donc mieux extraire, avec une spatule ou une pince, ceux des os dont les ligaments sont détruits par la carie, et attaquer les

[1] *Archiv f. Chirurgie*, 1862, vol. II, p. 512.

autres avec la gouge-rugine. Tant qu'on trouvera dans la plaie des parties cariées, on y reportera l'instrument. On peut ainsi enlever tout le carpe par une
ouverture relativement étroite, sans blesser les tissus environnants. On opère
d'une façon moins brillante, mais plus sûre. Cependant il reste presque toujours
quelques parcelles osseuses suspectes, le crochet de l'unciforme, le tubercule
antérieur du scaphoïde, ou une partie de la base des métacarpiens. D'un autre
côté, les restes de la synoviale sont couverts de bourgeons fongueux, qui
donnent beaucoup de sang et qu'il serait dangereux d'extirper. Je me suis bien
trouvé, chez mes deux malades, de tamponner la plaie avec des boulettes im-
bibées de perchlorure de fer dilué de moitié d'eau. L'inflammation et les douleurs
sont assez vives dans les premiers jours ; on les modère par des applications de
glace ; mais plus tard la plaie se trouve avantageusement modifiée et le tissu
spongieux des os se couvre de granulations de bonne nature.

De cette manière on évite la formation de ces fistules interminables entrete-
nues par quelque débris de capsule ou un fragment d'os carié.

Première observation. Sur ma première malade [1] j'ai fait la résection du
quart inférieur du cubitus, de la moitié interne du carpe et du troisième métacarpien en totalité, en laissant le doigt médius.

La femme B..., blanchisseuse, âgée de cinquante-cinq ans, se donne en 1860
une entorse du poignet gauche, en tordant du linge. Il lui survient un abcès à
l'extrémité inférieure du cubitus ; plus tard il s'établit une fistule sur le trajet
du troisième métacarpien et vers le milieu du dos du poignet. En 1862 cette femme
me consulte et je constate que toutes ces fistules laissent arriver le stylet sur
des os cariés. Du côté du métacarpien on trouve même un fragment mobile. Le
médius est rentré en quelque sorte dans la main, il est dépassé par ses voisins.
La main dans son ensemble n'est pas gonflée, l'articulation radio-carpienne
paraît intacte ; le cubitus est dénudé dans son quart inférieur et à ce niveau la
malade éprouve des douleurs continuelles et très-vives. Tous les doigts sont
fort raides.

Le 6 septembre 1862, je fais l'opération avec l'aide de M. Münch, premier
interne à l'hôpital. M. Elser chloroforme la malade. Une première incision de
10 centimètres met la partie inférieure du cubitus à nu. Je trouve cet os carié
dépouillé de périoste ; le quart inférieur est séparé des trois quarts supérieurs
et logé dans une capsule séquestrale fort incomplète. Je l'enlève après avoir
détaché quelques fibres ligamenteuses. Plus en dehors je trouve un fragment
osseux assez considérable, un peu mobile, que j'extrais également après dissection ; c'est probablement un morceau de la capsule séquestrale. Je pratique alors
une incision sur la face dorsale du troisième métacarpien à côté du tendon
extenseur. La moitié antérieure de l'os est détachée ; la moitié postérieure est
malade et je l'enlève. Puis je reconnais que les os de la partie interne du carpe

---

[1] Les deux observations seront publiées avec détail dans la *Gaz. médic. de Strasb.*

se laissent pénétrer par le stylet. Je les attaque avec la gouge-rugine par les deux plaies existantes, et je creuse sous les parties molles intactes. J'extrais ainsi le grand os, l'unciforme, le pyramidal; le pisiforme est sain. M'étant assuré avec le stylet et le doigt qu'il n'y a plus d'os malade, je tamponne les plaies avec de la charpié imbibée de perchlorure, et je place la main sur une palette.

La réaction est assez vive; la malade prend deux bains d'une demi-heure par jour. Bientôt les plaies se remplissent de bourgeons, et le 30 octobre elles sont à peu près cicatrisées. Le pouce et l'index ont déjà repris de la mobilité, grâce à des exercices journaliers et, chose singulière, l'articulation radio carpienne a gardé ses mouvements dans presque toute leur étendue. L'extrémité du cubitus réséqué est libre dans les parties molles, quoique le périoste ait été conservé [1].

Deuxième observation. Cette malade a subi une résection totale. Il s'agit encore d'une femme N...., mariée, âgée de trente et un ans, habitant Kehl. Je la vois en août 1862. Elle souffre de son poignet gauche depuis deux ans. Il y a dix mois, à la suite d'un accouchement, il s'y forme un abcès, suivi de plusieurs autres. Actuellement il existe une fistule à la paume et trois sur le dos de la main. Les téguments sont complétement décollés de ce côté. Le stylet rencontre les os du carpe cariés. Cependant des incisions et des ponctions exploratrices, faites avec une aiguille, me montrent que le cubitus et la base des métacarpiens ne sont pas malades et résistent aux instruments. L'état général est bon; je finis donc par me décider à la résection, malgré l'état des doigts, qui sont effilés et complétement raides.

Je fais une incision longitudinale, qui commence à une fistule située un peu en dehors de la base du second métacarpien et je la prolonge de 6 à 8 centimètres sur le radius. Une petite incision transversale va jusqu'au bord externe des tendons extenseurs et réunit deux fistules voisines sur le dos de la main. Cette plaie suffit pour achever la résection. Je commence par dénuder le radius et le divise avec une scie à chaîne à 4 centimètres au-dessus de l'article; puis j'enlève tous les os du carpe et la base du second métarcarpien avec des pinces et la gouge rugine Le cubitus est sain et je le laisse en entier, quoiqu'il fasse une saillie considérable. Plusieurs petites artérioles sont liées; mais la radiale dans la tabatière est intacte. Dans le fond de la plaie il reste plusieurs parcelles osseuses suspectes. Je ne fais aucune tentative de réunion; mais je remplis la cavité de bourdonnets imbibés de perchlorure dilué.

Dans ce cas encore l'inflammation est assez vive; mais elle tombe le quatrième jour et, à partir de ce moment, la plaie se remplit sans le moindre accident [2].

---

[1] En mars 1863, au moment de la publication de cet ouvrage, il reste encore trois fistules étroites, qui du reste ne conduisent pas sur des os.

[2] Actuellement (mars 1863) la plaie est *complétement* cicatrisée, mais les doigts sont encore fort raides.

Tableau des résections du carpe.

NATURE DE L'OPÉRATION.	Nombre des opérés.	Résultats connus.	Restés en vie.	Succès.	Succès partiels.	Décès.	Insuccès d'une autre nature.
Résections totales	15	14	13	9	3	1	—
»　　du radius et du cubitus.	9	9	7	6	—	2	1
»　　du radius	13	11	7	7	—	4	—
»　　du cubitus	13	12	10	10	—	2	—
»　　du carpe	5	4	4	4	—	—	—
Total.	55	50	41	36	3	9	1
Résections totales	15	14	13	9	3	1	—
Résections partielles en général	40	36	28	27	—	8	1

II. RÉSECTIONS PARTIELLES DU POIGNET.

1° *Résection de l'extrémité inférieure des deux os de l'avant-bras.*

Cette opération a déjà été pratiquée dans l'antiquité pour des lésions traumatiques; mais le premier cas sur lequel nous ayons quelques détails est celui de Cooper, du milieu du siècle dernier. Depuis cette époque, l'opération a été répétée un certain nombre de fois.

L'observation suivante est encore inédite :

Artemig Jevanow, âgé de quarante-quatre ans, terrassier, est pris dans un éboulement et est atteint d'une fracture de l'avant-bras gauche à 4 centimètres au-dessus du poignet, avec plaie et dénudation du radius. Le malade n'entre à l'hôpital des ouvriers de Saint-Pétersbourg qu'au bout de quelques semaines, quand déjà les os sont nécrosés et qu'il s'est fait des décollements du côté de la main. Le 22 septembre 1859 je lui résèque l'extrémité des deux os de l'avant-bras, au moyen d'une double incision longitudinale. Je coupe d'abord le radius, puis le cubitus avec la scie à chaîne, à 5 centimètres au-dessus du poignet et j'en enlève ensuite les différents fragments. La plaie est réunie et le membre placé dans un bain tiède.

Au commencement le malade se trouve soulagé par l'opération; mais bientôt la suppuration devient très-abondante et les forces diminuent. Le 12 octobre on lui ampute l'avant-bras, et le 24 il succombe à des accidents de pyoèmie.

L'autopsie montre qu'il n'y avait aucun travail de réparation; les surfaces de section étaient en voie de nécrose et les os du carpe commençaient à se carier.

Neuf résections de ce genre furent suivies de 2 décès, d'une amputation secondaire pour récidive et de 6 guérisons.

Quatre de ces opérations furent faites pour lésions traumatiques et 5 pour carie.

2° *Résection de l'extrémité inférieure du radius.*

Cette opération a été faite 13 fois, 6 fois pour traumatisme, 5 fois pour carie, par différents chirurgiens, dont les noms sont consignés dans le tableau statistique de la fin de ce chapitre. Quatre des opérés succombèrent, 7 furent guéris et gardèrent un membre propre à tous les usages, malgré une demi-ankylose qui survint dans trois cas. Dans deux cas la terminaison est inconnue.

3° *Résection de l'extrémité inférieure du cubitus.*

Les résections de ce genre parvenues à ma connaissance sont également au nombre de 13. Deux observations de M. J. F. Heyfelder n'ont pas encore été publiées, nous en donnons un résumé.

Michaël Condratjew, âgé de dix-huit ans, d'une constitution assez délicate, présentant quelques signes de scrofules, est admis, le 28 décembre 1857, à l'hôpital des ouvriers de Saint-Péterbourg, pour un abcès de l'avant-bras gauche. L'examen des parties malades fait reconnaître une carie de l'extrémité inférieure du cubitus. On la met à nu par une incision longitudinale, et on la détache avec la pince de Liston. En très-peu de temps la guérison est complète, si bien que le 7 février on peut renvoyer le malade, qui se sert de sa main presque aussi bien qu'auparavant.

Nasili Kostromenoff, âgé de trente-sept ans, est renversé par une voiture, et dans la chute il se produit une luxation compliquée de l'extrémité inférieure du cubitus. On essaie en vain de réduire l'os luxé, et il survient un phlegmon diffus de l'avant-bras, qui nécessite des incisions. M. J. F. Heyfelder se décide alors à réséquer l'os dénudé, qui fait saillie en dehors de la peau dans une étendue de 5 centimètres. Le bras est pansé, mis dans une écharpe, et le malade continue à se promener. En sept semaines, la guérison est complète; le poignet est raide, mais les doigts jouissent de tous leurs mouvements.

Des 13 opérations citées, 7 ont été faites pour traumatisme et 6 pour carie; 2 opérés succombèrent, les autres furent rétablis en gardant une main propre à tous les usages.

4° *Extirpation des os du carpe.*

Cette opération doit être rangée parmi les résections partielles du poignet, puisqu'on enlève l'une des moitiés de l'article.

MM. Cock et Stanley ont réséqué lês os du carpe ; MM. Baudens et Wilczkowsky ont enlevé en plus la base des métacarpiens. Il n'y a que la carie qui puisse indiquer une opération de ce genre, et on l'exécute d'après des procédés semblables à ceux de la résection totale.

L'extirpation isolée d'un ou de plusieurs os du carpe est plus facile et a été faite par différents chirurgiens pour des lésions soit traumatiques soit organiques. La convalescence est assez longue, les doigts gardent ordinairement leurs fonctions ; mais il n'en est pas de même de l'articulation du poignet, qui s'ankylose plus ou moins complétement. Pour exécuter ces opérations, M. Ried propose une incision longitudinale, M. Syme une incision cruciale.

Résections du poignet.

I. Résection totale.

Numéros	NOM du chirurgien.	Date de l'opération.	Sexe du mal.	Age du mal.	NATURE de la lésion.	NATURE de l'opération.	de la vie.	des usages du membre.	REMARQUES.	SOURCES.	Numéros
1	Bilguer.	1762	m.	25	Coup de feu.	Totale.	vie	Bon.	—	Chir. Wahrnehm., p. 448.	1
2	Dieta.	1839	m.	40	Carie.	id.	vie	Succès partiel.	Récidive et amputation au bout de 4 ans	Ried, loc. cit.	2
3	J. F. Heyfelder	1849	m.	59	id.	Cubitus et carpe.	vie	Parfait.	—	Resect, u. Amputat.	3
4	Fergusson.	1851	m.	22	id.	Totale et base de 3 métacarpiens.	vie	Bon.	—	Dublin med. Journ., Nov. 1855	4
5	Maisonneuve.	1852	m.	36	id.	Totale.	vie	id.	—	Gaz. hôpit., 1852.	5
6	Simon.	1852	m.	19	id.	Totale, et 1er métacarpien en totalité.	vie	id.	—	Dublin med. Journ.	6
7	Erichsen.	1853	m.	25	id.	Totale.	vie	id.	—	id	7
8	Fergusson.	1853	m.	25	id.	Radius et carpe.	vie	?	—	id.	8
9	Stanley.	1855	m.	13	id.	Totale.	vie	Bon.	—	id.	9
10	Butcher.	1855	f.	58	id.	id.	mort	—	le 9e jour avec des symptômes cérébraux.	id.	10
11	Id.	1855	m.	20	id.	id.	vie	Bon.	—	id.	11
12	Sprengler.	1855	m.	—	id.	id.	vie	id.	Mort par phthisie au bout de 15 mois.	Canst. Jahresb., 1859, vol. V.	12
13	Farn.	1856	f.	28	id.	Cubitus et carpe.	vie	Succès partiel.	Un peu de mobilité	Med. Times, 1857, n° 23.	13
14	Scymanowsky	1857	f.	20	id.	Cubitus, radius et 2 os du carpe.	vie	id.	Mouvem. de pronation et supinat. impossibles.	Med. Zeit. Russl., 1860, n° 4.	14
15	Bickersteth.	1859	m.	30	id.	Totale.	vie	?	—	Med. Times.	15

II. Résection de l'extrémité inférieure des deux os de l'avant-bras.

Numéros	NOM du chirurgien.	Date de l'opération.	Sexe du mal.	Age du mal.	NATURE de la lésion.	NATURE de l'opération.	de la vie.	des usages du membre.	REMARQUES.	SOURCES.	Numéros
1	Cooper.	1750	—	—	Traumatisme.	—	vie	Bon.	—	Velpeau, Méd opér.	1
2	Moreau père.	1794	m.	71	Inflammation.	—	mort	—	—	id.	2
3	Clémot.	1800	—	—	Luxation compl.	—	vie	Parfait.	—	Gaz. de Montpellier, an V.	3
4	Saint-Hilaire.	—	—	—	id.	—	vie	Bon.	—	Lisfranc, Méd. opér.	4
5	Roux.	—	f.	42	Carie.	—	vie	id.	—	Gerdy, Des résections.	5
6	Hublier.	1828	f.	23	Luxation compl.	—	vie	id.	—	id.	6
7	Adelmann.	1842	f.	19	Carie.	—	vie	id.	—	Archiv f. physiol. Heilk., 1846, vol. V.	7
8	OEttinger.	1855	m.	25	id.	—	vie	Amputation.	—	Adelmann, Ueber Knochenresect.	8
9	O. Heyfelder.	1859	m.	—	id.	—	mort	id.	—	Voy. obs. p. 213.	9

III. Résection de l'extrémité inférieure du radius.

Numéros	NOM du chirurgien.	Date de l'opération.	Sexe du mal.	Age du mal.	NATURE de la lésion.	NATURE de l'opération.	de la vie.	des usages du membre.	REMARQUES.	SOURCES.	Numéros
1	Verbeck.	—	m.	14	Luxation compl.	—	vie	Parfait.	—	Bullet. de l'Acad. de méd. de Belg. vol. III, n°1.	1
2	Moreau fils.	—	f.	20	Carie.	—	vie	id.	—	Loc. cit.	2
3	Roux.	—	—	—	id.	—	mort	—	—	Gerdy, loc. cit.	3
4	Textor.	—	—	—	id.	—	mort	—	—	Wiederers. d. Knochen, loc. cit.	4
5	Deck.	1833	m.	58	Luxation compl.	—	mort	—	—	Der. der Klinik zu Freiburg von Schwörer.	5
6	Ried.	1837	m.	25	Fracture compl.	—	vie	Bon. Ankylose.	Mobilité des doigts.	Loc. cit.	6
7	Just.	1838	m.	55	id.	—	vie	Parfait.	Pronat. et supinat. conservées.	Dissert. de resect., epiphys	7
8	Ricord.	1841	m.	23	Carie.	—	vie	Bon.	—	Gaz. méd. de Paris, 1842.	8
9	Blandin.	—	—	—	—	—	—	—	—	Ried, loc. cit.	9
10	Angelstein.	—	—	—	—	—	—	—	—	id.	10
11	Adelmann.	1847	m.	46	Luxat. Gangr.	—	vie	Bon.	Mouvem. du poignet limités. Doigts libres.	Loc. cit.	11
12	Semen Bu-chanec.	1857	m.	20	Carie.	—	mort	—	—	Journ. russe etc.	12
13	Carnochan.	1858	f.	51	id.	les 4/5 du radius.	vie	Parfait.	—	Amer. journ. of med. sciences, 1858.	13

IV. Résection de l'extrémité inférieure du cubitus.

Numéros	Nom du chirurgien.	Date de l'opération.	Sexe du mal.	Âge du mal.	Nature de la lésion.	Nature de l'opération.	Résultat au point de vue de la vie.	Résultat au point de vue des usages du membre.	Remarques.	Sources.	Numéros
1	Severinus.	—	—	—	Luxation compl.	—	vie	Bon.	—	Chirurg. effic., p. II, p. 142.	1
2	D'après Orred	1779	—	—	Carie.	—	vie	id.	Régénération de l'os.	Philos. Transact., vol. LXIX.	2
3	Breschet.	—	—	—	Luxation compl.	—	vie	id.	—	Velpeau, loc. cit.	3
4	Jæger.	1834	m.	48	Coup de feu.	—	mort	Amputation.	—	Ried, loc. cit.	4
5	Roux.	1834	m.	42	Luxation compl.	—	vie	Bon.	—	Archiv. gén. médic., août 1834.	5
6	Textor.	1839	f.	34	Carie.	—	vie	Parfait.	Légère déviation.	Wiederers. der Knochen	6
7	Jobert.	1839	m.	21	Fracture compl.	—	vie	id.		Archiv. gén., oct. 1839.	7
8	Fergusson.	1842	m.	20	Carie.	—	vie	Bon.		Lancet, 1842-1843, vol. II.	8
9	Blandin.	1843	—	—	id.	—	mort	—		Gas. méd. de Paris, 1843.	9
10	Schintzinger.	1856	m.	22	Luxation compl.	—	vie	Bon.	Flexion et extension du poignet conservées.	Dissert., loc. cit.	10
11	Fuckel.	1857	—	—	—	—	—	—		id.	11
12	J. F. Heyfelder	1857	m.	18	Carie.	—	vie	Parfait.		Voy. obs. p. 214.	12
13	Id.	1858	m.	27	Luxation compl.	—	vie	Bon. Ankylose.	Mouvements des doigts libres.	id.	13

V. Résection des os du carpe.

Numéros	Nom du chirurgien.	Date de l'opération.	Sexe du mal.	Âge du mal.	Nature de la lésion.	Nature de l'opération.	Résultat au point de vue de la vie.	Résultat au point de vue des usages du membre.	Remarques.	Sources.	Numéros
1	Baudens.	—	—	—	—	Carpe et base des métacarpiens.	—	—	—	Blasius, Chirurg., vol. III.	1
2	Cock.	1855	—	—	—	Carpe en totalité.	vie	Bon.		Lancet, 1855, vol. II.	2
3	Stanley.	1855	g.	—	—	id.	vie	Parfait.		id.	3
4	Wilczkowsky	1859	m.	35	—	id.	vie	Bon.		Communication verbale.	4
5	Erichsen.	1859	m.	34	—	Carpe et base des métacarpiens.	vie	id.	Guérison en 2 mois.	Science and art of surg.	5
6	A. Cooper.	1822	m.	22	—	Scaphoïde.	vie	id.		Abh. ü. Luxat. u. Fract.	6
7	Velpeau.	—	—	—	—	Pyramidal.	—	—		Méd. opér.	7
8	Jæger.	1834	m.	14	—	Grand os.	vie	Bon.		Ried, loc. cit.	8
9	Stadelmann.	1840	m.	24	—	id.	vie	id.		id.	9

III. RÉSECTION DES MÉTACARPIENS.

Ces résections ou sont des extirpations totales ou elles concernent la diaphyse, la base ou la tête de l'os.

1° Extirpation d'un métacarpien.

L'extirpation d'un os du métacarpe avec conservation du doigt correspondant a été proposée par Froccon[1], en 1816, et mise la première fois à exécution par Roux[2], en 1821. Il enleva le premier métacarpien atteint d'ostéosarcome. Blandin[3] a répété cette opération: deux fois sur le premier, une fois sur le quatrième métacarpien. Gensoul[4], Lisfranc[5], Walther[6], MM. Langenbeck[7], Dietz[8], Jæger[9],

[1] Amput. part. de la main. — [2] Velpeau, loc. cit. — [3] Gas. hôpit., 1840, et Anatom., vol. I, p. 458. — [4] et [5] Lisfranc, loc. cit. — [6] à [9] Ried, loc. cit.

Adelmann[1], A. Guérin[2], Martin[3] et l'auteur de cet ouvrage[4] ont fait la même résection.

L'extirpation du métacarpien, conjointement avec celle du doigt correspondant, est une opération très-fréquente. (Ce n'est plus une résection d'après la définition que nous avons admise, mais bien une amputation ou désarticulation. Traducteur).

Les procédés opératoires et le traitement consécutif sont, du reste, les mêmes que pour les opérations analogues au pied. Les résultats paraissent très-favorables, puisque les 15 opérations que nous avons réunies ont donné 15 succès.

[1] Loc. cit. — [2] Gas. hôpit., 1849. — [3] D. Klinik, 1839. — [4] Praq. Vierteljahrschr., vol. XXXI, p. 5.

2° *Résection de la diaphyse d'un métacarpien.*

Cette opération, proposée en 1845 par Champion, a été exécutée pour la première fois par Græfe ; puis deux fois par M. Demme (de Berne), enfin par MM. Gore et Chassaignac. Ce dernier opéra une femme de vingt et un ans, affectée de *spina ventosa* du cinquième métacarpien. Il fit une incision longitudinale sur le bord de la main, coupa l'os avec la scie à chaîne et conserva un doigt mobile.

3° *Résection de la base des métacarpiens.*

L'opération est bornée aux métacarpiens, ou elle atteint en même temps les os du carpe voisins. Ce sont des résections totales ou partielles de l'articulation carpo-métacarpienne, qui peuvent s'étendre à plusieurs de ces jointures à la fois.

D'après M. Ried, Baudens a réséqué la base des cinq métacarpiens, en même temps que tous les os du carpe. Mais le résultat de l'opération n'est pas indiqué.

M. A. Mayer[1] a fait une résection de ce genre en 1845 sur un maçon, âgé de soixante-huit ans, atteint de carie des articulations carpo-métacarpiennes, à la suite de traumatisme. M. Mayer mit les parties malades à nu par une incision en H et s'assura du diagnostic. Un premier trait de scie, donné au moyen de l'ostéotome, sépara la base du IIe, IIIe, IVe et V^e métacarpien ; par un second trait on enleva les surfaces articulaires du trapézoïde, du grand os et de l'os crochu. La main fut couchée sur une planchette et guérit après une inflammation très-vive et une suppuration d'une durée de trois mois, mais elle avait perdu presque tous ses mouvements.

M. Velpeau[2] enleva sur un malade la base du quatrième et du cinquième métacarpien avec l'os crochu. Roux[3] réséqua les 2/3 postérieurs du premier métacarpien dans un cas de luxation compliquée et obtint un succès complet, malgré un raccourcissement notable. Textor et Wardrop ont fait des opérations analogues, mais dont on ne connaît pas les résultats.

Quand il s'agit de réséquer la base de 4 ou de 5 métacarpiens, il faut se créer du jour en taillant un lambeau ou en faisant une incision en H ou en T. Pour un seul métacarpien, une incision longitudinale peut suffire.

[1] *D. Klinik*, 1856, n° 18. — [2] *Dict. des sciences méd.*, vol. XXXVI, suppl. — [3] Gerdy, *loc. cit.*

4° *Résection de la tête des métacarpiens.*

Selon qu'on enlève ou non la surface articulaire de la phalange, en même temps que la tête du métacarpien, ce sera une résection totale ou partielle de l'articulation métacarpo-phalangienne.

L'opération a été faite assez souvent pour des caries ou des luxations compliquées. Dans un cas, M. A. Guérin[1] enleva en même temps deux métacarpiens en totalité et la moitié antérieure du troisième ; il conserva une main utile à son malade.

L'opération se fait d'après les mêmes règles qu'au pied. Ordinairement une incision longitudinale suffit ; s'agit-il du Ier, du IIe ou du Ve métacarpien, on la placera sur le côté ; pour les deux autres on la ferait sur le dos de la main.

IV. RÉSECTION DES PHALANGES.

On extirpe les phalanges en totalité, ou l'on en réséque la diaphyse et les extrémités articulaires.

Les extirpations ont été pratiquées quelquefois pour carie, mais ordinairement elles se font dans des cas de nécrose, et ce sont alors plutôt de simples extractions de séquestres.

L'opération se fait d'après le procédé que nous avons indiqué pour les orteils.

La *résection de la diaphyse* est peu praticable à cause de la petitesse des parties ; elle n'a été faite qu'une fois par B. Heine[2], sur une phalange du médius.

La *décapitation d'une phalange* a été pratiquée quelquefois pour des luxations compliquées. Bobe[3], Novis[4], Evans[5] et M. Busch[7] ont fait cette opération avec succès.

Addition du traducteur. En 1853, étant interne à l'hôpital de Strasbourg, j'ai eu l'occasion de faire la même résection. Un jeune homme de vingt ans, atteint par une poutre, eut une luxation de la phalange onguéale du pouce droit. La poulie de la première phalange faisait saillie à travers une large plaie, qui se prolongeait jusqu'à la base du doigt. La réduction ne pouvait s'opérer sans beau-

[1] *Gaz. hôpit.*, 1849. — [2] Noodt, *dos Osteotom.* — [3] Gerdy, *loc. cit.* — [4] *Hamb. Zeitschr.*, vol. XXVII. — [5] Lisfranc, *loc. cit.* — [6] O. Weber, *Chir. Erfahr.*, Berlin 1859.

coup de violence et, en l'absence du chef de service, M. Heldt, je me décidai à réséquer par un trait de scie la surface articulaire luxée. Le malade guérit en trois semaines et fut très-heureux d'avoir conservé son pouce avec un léger raccourcissement et une ankylose de la phalange onguéale.

La *résection totale d'une articulation inter-phalangienne* pourrait être indiquée pour une carie; mais l'opération n'a encore été faite, à ma connaissance, que par M. Erichsen[1]. Il enleva la seconde phalange de l'index en totalité, en même temps que la poulie de la première et conserva un doigt fort utile.

C. Résections des os du tronc.

CHAPITRE XXIV.

RÉSECTION DE L'OMOPLATE.

Remarques anatomiques. L'omoplate est un os plat, de forme triangulaire, appliqué contre la partie supérieure et postérieure de la poitrine, à laquelle elle est unie médiatement par des muscles nombreux. Elle s'articule d'une part avec la clavicule, de l'autre avec la tête de l'humérus.

La face postérieure et externe de l'omoplate est divisée en deux parties inégales, une supérieure et une inférieure, par une crête osseuse, l'épine de l'omoplate, qui se sent sous la peau dans toute son étendue. Cette épine se termine en avant par une extrémité aplatie, triangulaire, l'acromion, qui s'articule avec la clavicule. Les fosses sus et sous-épineuses sont remplies par les muscles du même nom et recouvertes par de fortes aponévroses ainsi que par le muscle trapèze et le deltoïde.

La face antérieure ou costale de l'omoplate est concave et donne insertion dans toute son étendue au muscle sous-scapulaire.

Un grand nombre de muscles du tronc naissent des bords de cet

[1] *Dublin journ. of med. sciences*, November 1855.

os. Des trois angles, l'angle supérieur et antérieur est seul remarquable. Il est épais, creusé d'une surface articulaire, la cavité glénoïde, et supporté par une portion rétrécie, le col de l'omoplate. Près de cette cavité et sur le bord supérieur de l'os naît l'apophyse coracoïde, recourbée en crochet par-dessus l'articulation scapulo-humérale. Cette apophyse est unie par un fort ligament à l'acromion.

L'omoplate est entourée par un réseau artériel assez compliqué. La dorsale scapulaire longe son bord spinal, la scapulaire supérieure se rend dans la fosse sus-épineuse; ces deux artères proviennent de la sous-clavière. Enfin l'artère axillaire fournit la sous-scapulaire, qui chemine le long du bord axillaire de l'os et envoie de forts rameaux dans les fosses sous-scapulaires et sous-épineuses. De calibre moyen dans l'état normal, ces artères sont quelquefois fort développées dans des cas pathologiques et donnent alors lieu à des hémorrhagies inquiétantes. Un opéré de M. Barrier mourut d'hémorrhagie quarante-huit heures après la résection de l'angle inférieur de l'omoplate. Pendant l'opération il peut être utile de comprimer l'artère sous-clavière pour modérer l'écoulement du sang.

Malgré les muscles qui la protégent, l'omoplate est souvent atteinte par des lésions traumatiques, et presque toutes les nécroses et caries de cet os ont une cause pareille pour origine.

Ces accidents sont cependant moins fréquents de nos jours que du temps où l'on dressait les recrues avec la canne [1]. Les tumeurs cancéreuses, les enchondromes, les sarcomes siégent assez fréquemment dans cette portion du squelette.

On a réséqué l'omoplate en totalité ou partiellement. La perte de la partie inférieure de l'omoplate ou celle de l'angle supérieur et interne passe presque inaperçue; cela se comprend facilement. Mais il a fallu les faits pour prouver qu'on peut enlever l'os en totalité, sans gêner notablement les fonctions du bras.

[1] Voyez une notice intéressante à ce sujet dans Heyfelder : *Amput. u. Resect.*

I. EXTIRPATION DE L'OMOPLATE.

HISTORIQUE. On commença par enlever des portions de l'omoplate, après avoir pratiqué la désarticulation du bras. Les deux opérations se faisaient en même temps, ou à une certaine distance. Nous connaissons des cas heureux de ce genre de Cumming [1] (1808), Gaëtani-Bey [2] (1830), de MM. Rigaud [3] (1843), Mussey [4], Fergusson [5], Hunt [6]. D'un autre côté on avait fait une série de résections partielles. Mais la première extirpation proprement dite fut tentée par M. Langenbeck [7], en 1855; puis viennent les opérations de MM. J. F. Heyfelder [8], Syme [9], Jones [10]. M. Heyfelder enleva en même temps la tête de l'humérus, MM. Langenbeck et Jones l'extrémité de la clavicule.

Le malade de M. Langenbeck était un garçon de douze ans, affecté d'une tumeur cancéreuse, occupant toute l'omoplate. Le 22 mai 1855 M. Langenbeck fit une première incision verticale partant de l'extrémité postérieure de l'épine scapulaire. La peau qui recouvre la fosse sus-épineuse et l'acromion était malade et fut circonscrite entre deux incisions elliptiques. Puis on ouvrit l'articulation scapulo-humérale, on scia l'extrémité externe de la clavicule et on enleva l'os avec la tumeur. La plaie était énorme; mais elle se combla rapidement, et le quarante-neuvième jour déjà le petit malade se promenait dans la cour et remuait librement la main et l'avant-bras. Le cent neuvième jour il mourut d'une récidive dans le poumon et l'os pariétal.

M. Syme extirpa en 1856 l'omoplate d'une femme de soixante-dix ans; c'était pour une tumeur. Il fit une incision en T et commença par désarticuler l'os d'avec l'humérus et la clavicule. D'abord la plaie marcha vers la guérison; mais au bout de cinq semaines la malade tomba tout à coup dans le marasme et mourut.

M. J. F. Heyfelder opéra dans la même année un invalide de quarante ans, d'une constitution assez chétive et ayant une carie de l'omoplate. Il fit d'abord la résection de l'épine seulement; mais au bout de trois mois l'extension de la maladie au reste de l'os et à l'articulation de l'épaule le força d'enlever toute l'omoplate ainsi que la tête de l'humérus. Le malade succomba au bout de huit jours à une suppuration excessive.

Enfin Jones, en 1857, enleva toute l'omoplate et une partie de la clavicule sur une jeune fille de seize ans, qui portait une tumeur bénigne dans cette région. Son opérée guérit et il se forma une pseudarthrose autour de la tête humérale. La position de la tête et du bras était normale; ce dernier pouvait être écarté du tronc à un angle de 90 degrés, et la malade le portait à la bouche, à l'oreille du côté opposé et s'en servait pour coudre, couper etc.

[1] *Ried*, loc. cit. — [2] *Mém. de l'Acad. de méd.*, vol IX. — [3] *Extirpat.*, *Gaz. méd. de Strasb.*, 1850. — [4] *Amer. journ. of med. sciences*, Febr. 1858. — [5] *Ampul. u. Resect.*, loc. cit. — [6] *Gaz. méd. de Paris*, 1860. — [7] *D. Klinik*, 1855. — [8] *D. Klinik*, 1855. — [9] *Med. Times*, March 1857. — [10] *Med. Times*, Dec. 1858.

Indications. En présence de ces résultats, 3 morts sur 4 opérés, on pourrait se demander si l'opération est justifiable. Mais en examinant de plus près les observations, on arrive à la conclusion que l'opération est très-bien supportée par l'organisme ; qu'elle peut laisser le bras dans de bonnes conditions pour l'usage ultérieur, mais qu'elle est rarement indiquée.

Le malade de M. Langenbeck non-seulement survécut à l'opération, mais guérit même rapidement et se servait très-bien de son membre, quand il succomba à une récidive du cancer dans d'autres organes. La malade de M. Syme avait soixante-dix ans et c'est un âge très-avancé pour une opération aussi grave. Enfin l'opéré de M. Heyfelder était un sujet cachectique, qui succomba à une suppuration profuse et de mauvaise nature, comme nous n'en voyons que trop souvent dans le climat de la Russie. Jones seul opéra dans de bonnes conditions et obtint un résultat parfait.

L'opération ne doit donc jamais être entreprise sur des sujets âgés ou trop affaiblis ; elle est également contre-indiquée par des tumeurs de mauvaise nature. Une carie étendue à toute l'omoplate ne peut guère exister sans un certain degré de marasme, et on sera rarement dans le cas de recourir à l'extirpation totale pour cette cause. Il ne reste donc comme indication à l'opération que les tumeurs bénignes, la nécrose, et peut-être certains traumatismes, à supposer qu'il reste assez de peau pour recouvrir à peu près la plaie. La nécessité d'enlever en même temps une partie de la clavicule ou la tête de l'humérus n'empêche pas le succès de l'opération.

Opération. En raison de la forme même de l'omoplate, on est toujours obligé de recourir à des incisions à lambeaux. Dans presque tous les cas on commence par une incision le long de l'épine de l'omoplate. En suivant M. Syme, on fait partir du milieu de celle-ci une seconde incision verticale se dirigeant vers l'angle inférieur du scapulum, de façon à avoir une plaie en T (pl. VII, fig. 5).

Dans un autre procédé on fait aux extrémités de la première plaie AB deux incisions convergentes, qui circonscrivent un lambeau quadrilatère inférieur EABF. M. Ried taille deux lambeaux, l'un supérieur, l'autre inférieur, au moyen d'une incision en H (fig. 6).

M. Velpeau a proposé deux lambeaux triangulaires HAB et FBA, placés en sens inverse (fig. 6).

Enfin on peut découvrir l'omoplate au moyen d'un seul lambeau triangulaire à angle droit OMN, ou obtus ABN. C'est de ce dernier procédé que l'incision de M. Langenbeck se rapproche le plus, mais il fut obligé d'emporter une partie des téguments altérés (fig. 3).

En général les incisions ne doivent pénétrer que jusqu'aux muscles. On détache ces derniers de la face externe de l'os en partant soit de l'épine (M. Ried), soit du bord spinal (M. Langenbeck). Puis on sépare le muscle sous-scapulaire et l'on avance ainsi jusque vers la jointure de l'épaule. Si l'apophyse coracoïde, la cavité glénoïde ou l'acromion sont malades, il faut ouvrir l'article en rasant la tête humérale et en luxant au fur et mesure le scapulum. On s'assure ensuite de l'état de la clavicule et de la tête de l'humérus, pour les enlever en cas de besoin.

Traitement consécutif. La plaie qui reste après l'opération est énorme ; on la réunit en partie, en laissant une ouverture suffisante à la région déclive, puis on couvre le tout de charpie et de compresses pour réappliquer les lambeaux. Il faut surveiller avec soin les décollements qui pourraient se faire et les ouvrir de bonne heure. Pendant la convalescence le bras est porté dans une écharpe, et on fera lever le malade le plus tôt possible pour le faire aller à l'air. C'est là un avantage précieux de cette opération d'ailleurs si grave sur les résections du membre inférieur.

Les cas que nous avons cités, ainsi que ceux de Cumming, Gaëtani-Bey, de MM. Rigaud, Mussey et Fergusson, prouvent que la perte de l'omoplate est facilement supportée. Un seul de ces 9 opérés est mort directement à la suite de l'opération. Les cas de MM. Langenbeck et Jones démontrent d'ailleurs que le bras, privé de ce point d'appui, peut encore être fort utile.

II. RÉSECTIONS PARTIELLES DE L'OMOPLATE.

1° *Amputation de l'omoplate.*

L'amputation de l'omoplate est la résection du corps de l'os, moins la partie articulaire. Selon les indications on respecte ou on enlève l'acromion et l'apophyse coracoïde. Le trait de scie passe soit par le col du scapulum, soit un peu plus loin par l'épine scapulaire.

Cette opération a le grand avantage de respecter l'articulation scapulo-humérale et les insertions des principaux muscles du bras, tels que le biceps, le coraco-brachial, le long chef du triceps.

HISTORIQUE. En 1811 déjà, Ph. de Walther [1] eut l'idée de cette opération et s'y exerça sur le cadavre. Mais l'ayant entreprise sur le vivant, il n'osa pas l'achever à cause de l'hémorrhagie, et perdit son malade.

Liston, en 1819, réséqua les 3/4 du scapulum pour arriver sur un anévrysme de l'artère sous-scapulaire qui avait altéré et en partie détruit cet os.

Haymann, Janson, Wutzer réséquèrent l'omoplate pour des affections cancéreuses.

Jæger opéra dans un cas de carie. La malade avait déjà subi l'amputation du bras dans son tiers inférieur pour une carie du coude. C'est le cas que M. Pétrequin [1] a rangé à tort parmi les désarticulations du bras avec résection de l'omoplate.

D'autres opérateurs encore ont fait cette opération; on les trouvera cités dans le tableau à la fin de ce chapitre.

L'*opération* se pratique d'après les mêmes règles que l'extirpation totale, sauf que les incisions sont un peu moins étendues. Pour diviser le col de l'omoplate, on se sert de la scie à chaîne, de l'ostéotome ou d'une petite scie-couteau; si la section se fait plus en arrière à travers l'épine, on peut employer une scie ordinaire.

Les *résultats* de cette résection ne sont nullement brillants; sur 15 opérés, 7 succombèrent. Il est vrai que pour 3 d'entre eux la mort ne survint qu'au bout de neuf mois ou un an, à la suite de récidives, de sorte qu'elle n'est pas le résultat de l'opération; mais ces cas n'en constituent pas moins des insuccès.

Les opérations faites dans des cas de carie et de cancer ne donnent pas en général de bons résultats; la récidive est trop fréquente. Le cancer est presque une contre-indication absolue à cette résection.

La mort survint dans 2 cas quelques heures seulement après l'opération (1 fois peut-être par suite de l'emploi du chloroforme); dans 2 autres cas elle fut amenée au bout de trois semaines par la

[1] *Journ. de Grœfe et Walther*, vol. V, p. 572. — [1] *Gaz. méd.*, 1860, n° 3.

pyoèmie ; enfin les autres terminaisons fatales arrivèrent plus tard et sont à mettre sur le compte de récidives.

Les 8 malades qui se rétablirent eurent une convalescence assez rapide, de deux à trois mois en moyenne. Le bras reprit ses mouvements, sauf ceux d'élévation, qui restèrent quelquefois gênés à cause de la section partielle des insertions du deltoïde. L'opéré de M. Walter (de Pittsburg) put continuer ses travaux dans les champs.

2° Résection de l'un des angles de l'omoplate.

C'est ordinairement l'angle inférieur qu'on est dans le cas d'enlever. MM. Ried et J. F. Heyfelder ont réséqué chacun une fois l'angle supérieur et interne. 12 opérations de ce genre n'ont donné que 2 morts ; les autres malades se rétablirent promptement. Pour mettre à nu la partie malade, on fait d'ordinaire une incision en † ; mais on a aussi employé l'incision simple et celle en H

3° Résection de l'un des bords.

On n'a réséqué jusqu'à présent que le bord spinal de l'omoplate ; M. Godard opéra pour carie et se servit du trépan et des cisailles de Liston ; M. Textor fils opéra une fois pour un enchondrome et une seconde fois pour un cancer. Les 3 cas se terminèrent favorablement.

L'opération consiste à faire une incision droite, ou mieux semi-lunaire le long du bord à enlever ; l'os est divisé avec l'un ou l'autre des instruments indiqués ; pour le rendre plus accessible, on imprime au bras des mouvements qui font saillir le point malade.

4° Excision d'une portion du scapulum sans solution de continuité des bords.

Cette opération s'exécute d'ordinaire avec le trépan ou l'ostéotome. Elle se fait pour des abcès sous-scapulaires, pour l'extraction de corps étrangers logés sous ou dans l'os, dans des cas de fracture, de nécrose ou de carie circonscrites, pour des tumeurs à pédicule étroit etc.

Dupuytren [1] enleva ainsi une exostose de la partie inférieure du scapulum. Lobstein [2] parle d'un cas semblable.

[1] Lisfranc, *Méd. opér.* — [2] *Compte rendu du Musée de Strasbourg*, 1834.

5° *Résection de l'épine de l'omoplate.*

Cette opération, exécutée par différents chirurgiens, est la plus facile de toutes les résections partielles de l'omoplate. La forme de la crête osseuse indique la direction des incisions, et quant à la section de l'os, elle se fait avec toute espèce de scie. Après guérison, le bras n'est gêné en rien dans ses fonctions ; néanmoins elle se termine quelquefois d'une manière fatale. L'observation suivante de M. Heyfelder en est un exemple :

Wasili Iwanoff, brasseur, âgé de vingt et un ans, très-robuste, entre à l'hôpital des ouvriers pour un phlegmon circonscrit au-dessus de l'épine scapulaire droite. Après l'incision on constate que cette arête osseuse est dénudée et rugueuse dans toute son étendue. Bientôt la suppuration devient profuse et séreuse, les forces diminuent, la plaie prend mauvais aspect et est le siége d'hémorrhagies. On se décide le 1er mars 1858 à faire une incision le long de l'épine jusqu'à l'acromion et l'on reconnaît que toute cette portion est nécrosée. Après avoir divisé l'articulation acromio-claviculaire, on coupe l'épine à sa base au moyen de la scie à chaîne et des pinces incisives. La plaie est réunie avec quelques points de suture. Au bout de huit jours il se déclare des symptômes d'infection purulente et le malade meurt trois semaines plus tard.

6° *Résection de l'acromion.*

L'acromion a été réséqué plusieurs fois en même temps que l'articulation scapulo-humérale ; mais on a également enlevé cette apophyse à elle seule dans des cas de carie ou de nécrose.

Pour mettre cet os à nu, on fait une incision semi-lunaire le long de son bord, ou l'on taille un lambeau en forme de L. On sépare par la dissection les insertions musculaires, puis on coupe l'apophyse vers sa base, on la luxe et on la désarticule d'avec la clavicule. Si ce dernier os est malade, on le coupe également.

7° *Résection de l'apophyse coracoïde.*

Cette apophyse ne s'enlève d'ordinaire qu'avec d'autres portions de l'omoplate. Cependant B. Heine en a fait la résection isolée à Paris, dans la clinique de Roux, en 1834.

Résections de l'omoplate.

Numéros	Nom du chirurgien.	Date de l'opération.	Sexe du mal.	Âge du mal.	NATURE de la lésion.	NATURE de l'opération.	RÉSULTAT au point de vue de la vie.	RÉSULTAT au point de vue des usages du membre.	REMARQUES.	SOURCES.	Numéros
									Extirpation.		
1	Langenbeck.	1855	m.	12	Cancer.	Ext. tot.; plus ext. part. clavic.	mort	Bon.	Récidive, mort le 109e jour de l'opération.	D. Klinik, 1855.	1
2	Syme.	1856	f.	70	Tumeur.	—	mort	—	au bout de 2 1/2 mois.	Med. Times, March 1857.	2
3	J. F. Heyfelder	1856	m.	40	Carie.	Ext. tot.; plus décapit. de l'humér.	mort	—	le 10e jour, d'épuisement.	D. Klinik, 1857.	3
4	Jones.	1856	f.	16	Tumeur.	Ext. tot.; plus rés. part. clavic.	vie	Parfait.	—	Med. Times, Dec. 1858.	4
									Amputation.		
5	Liston.	1819	m.	16	Anévrysme.	3/4 du scapulum.	vie	Parfait.	—	Edinb. med. Journ., 1820.	5
6	Haymann.	1823	m.	22	Cancer.	Sect. à trav. l'épine.	mort	Bon.	D'abord guérison en 2 mois; récidive au bout d'un an.	Græfe u. Walther Journ., vol. V.	6
7	Janson.	1824	f.	45	Sarcome.	3/4 du scapulum.	vie	id.	Guérison en 2 mois.	Mél. de chir., 1844.	7
8	Wutzer.	1825	m.	44	Cancer.	id.	vie	Très-bon.	Récidive au bout de 4 ans.	Orsbach, Dissert., Bonn 1855.	8
9	Lucke.	1828	f.	14	Sarcome	—	vie	id.	Mouvements d'élévation difficiles.	London med. Gaz., 1829.	9
10	Jæger.	1830	f.	8	Carie.	Sect. du col de l'omopl.	mort	Bon.	Mort au bout de 9 mois.	Ried, loc. cit.	10
11	Pétrequin.	1844	m.	20	Sarcome.	id.	mort	—	Mort le 25e jour, d'épuisement.	Gaz. méd., 1850, n° 3.	11
12	Langenbeck.	1848	m.	32	Fracture compl.	id.	mort	—	Mort au bout de 3 sem., de pyohémie.	D. Klinik, Fock, loc. cit.	12
13	Id.	1850	m.	30	Enchondr.	id.	mort	—	Mort au bout de 17 heures (du chloroforme).	Id.	13
14	Walter (de Pittsburg).	1854	m.	44	Sarcome.	id.	vie	Parfait.	Guérison rapide.	Brit. med. Journ., 1859.	14
15	Herz.	1852	m.	20	Carcinome.	id.	mort	—	Mort au bout d'une heure.	Stern, Dissert., 1852.	15
16	Engelhardt.	1853	m.	27	Nécrose.	3/4 de l'omopl.	vie	Parfait.	—	Riguer, Beiträge, vol. III.	16
17	South.	1855	—	—	Sarcome	Sect. du col.	vie	id.	—	Lancet, 1855, vol. II.	17
18	Langenbeck.	1855	m.	35	id.	id.	vie	Bon.	—	Loc. cit.	18
19	J. F. Heyfelder	1856	m.	40	Carie.	3/4 de l'omopl.	mort	—	Récidive, et extirpation de l'omoplate.	D. Klinik, 1857.	19
									Résection d'un angle ou d'un bord.		
20	Sommeiller.	1790	—	—	—	Angle inférieur.	—	Parfait.	—	—	20
21	Earle.	1835	m.	57	Tumeur.	id.	vie	Parfait.	—	London med. Gaz., Dec. 1835.	21
22	Beaumont.	1838	m.	12	Exostose.	id.	vie	id.	—	London med. Gaz., Oct. 1838.	22
23	Jæger.	1840	m.	17	Fracture compl.	id.	vie	id.	—	Ried, loc. cit.	23
24	Godard.	1842	—	—	Carie.	Bord postér.	vie	id.	—	Gaz. méd., 1842.	24
25	Barrier.	1844	m.	46	Enchondr.	Angle infér.	mort	—	par hémorrhagie au bout de 48 heures.	Gaz. méd., 1850.	25
26	Textor fils.	1846	e.	2	Exostose.	Bord postér.	vie	Parfait	—	Prenger, Dissert., Würzb.	26
27	Id.	1850	m.	50	Cancer.	id.	vie	Bon.	Récidive.	Id.	27
28	Heyfelder	1840	m.	18	Nécrose.	Angle infér.	vie	Parfait.	—	Resect. u. Amput.	28
29	Ried.	1840	m.	33	Exostose.	Angle supér. int.	vie	id.	—	Stern, Dissert., loc. cit.	29
30	Heyfelder	1851	m.	31	Carie.	Angle infér.	mort	—	par marasme.	Loc. cit.	30
31	Id.	1856	m.	—	id.	Angle sup. int.	vie	Parfait.	—	D. Klinik, 1857.	31
									Résection de l'épine.		
32	Champion.	—	—	—	Carie.	—	—	—	—	Thèse, loc. cit.	32
33	Fergusson.	1842	—	—	id.	—	—	—	—	Lancet, 1842, vol. 1.	33
34	Philipps.	—	m.	35	Enchondr.	—	vie	Parfait.	—	Bullet. acad. de Belg., vol. III.	34
35	Textor père.	1843	f.	42	Carie.	—	vie	id.	—	Prenger, loc. cit.	35
36	Heyfelder	1850	m.	18	Nécrose.	—	mort	—	—	Voy. obs. p. 229.	36

Numéros.	NOM du chirurgien.	Date de l'opération.	Sexe du mal.	Âge du mal.	NATURE de la lésion.	NATURE de l'opération.	RÉSULTAT au point de vue.	
							de la vie.	des usages du membre.
37	Velpeau.	—	m.	—	Nécrose.	—	vie	Parfait.
38	Götze.	1839	m.	19	—	—	vie	id.
39	Fergusson.	1841	—	—	—	—	—	—
40	Chassaignac.	1844	—	—	—	—	vie	Parfait.

Les résections de l'omoplate sont au nombre de 40; sur ce chiffre nous trouvons 19 extirpations ou amputations avec 10 décés, et 21 résections partielles avec 3 décès seulement.

Cette différence si considérable ne tient pas uniquement à la plus grande étendue de la plaie dans le premier cas, car M. Velpeau cite des observations où le bras a été arraché par des machines en même temps que l'omoplate et où les malades ont cependant guéri. M. Borel a vu un soldat, dont les deux omoplates furent enlevées par un boulet et qui se rétablit.

La gravité de l'extirpation provient surtout de ce qu'on est obligé d'ouvrir l'articulation scapulo-humérale et celle de l'amputation, de ce que la section de l'os se fait en un point très-riche en tissu spongieux. D'ailleurs ces deux opérations, en se rapprochant de l'épaule, exposent aux fusées purulentes dans l'aisselle, le long du thorax et jusque dans le bras.

Les résections partielles de l'omoplate sont donc à recommander, tandis que les extirpations et les amputations ne doivent être entreprises que dans des cas tout à fait favorables.

CHAPITRE XXV.

RÉSECTION DE LA CLAVICULE.

Remarques anatomiques et pathologiques. La clavicule s'étend de l'omoplate au sternum. Près de son extrémité interne elle croise la première côte, à laquelle elle est unie par un fort ligament. En

REMARQUES.	SOURCES.	Numéros.
l'acromion.		
Guérison en 2 mois. —	*Méd. opér.*, loc. cit.	37
	Schirlinger, *Dissert.*, loc. cit.	38
—	*Lancet*, 1842, vol. I.	39
—	*Arch. gén méd.*, 1845.	40

dehors elle s'articule non-seulement avec l'acromion, mais encore avec la base de l'apophyse coracoïde. Les muscles qui se fixent à la clavicule n'occupent que les bords et la face postérieure, de sorte que la face antérieure se trouve placée immédiatement sous la peau et le muscle peaucier, et est très-accessible au palper. Les doigts peuvent même l'entourer dans la plus grande partie de son étendue. Cette circonstance facilite singulièrement le diagnostic et les opérations qui se pratiquent sur la clavicule. Cet os se rapproche par sa forme des os longs ; mais son canal médullaire est rudimentaire.

La veine et l'artère sous-clavière ainsi que le plexus brachial passent derrière la clavicule, en la croisant obliquement de dedans en dehors et de haut en bas. Dans les cas pathologiques, les petits vaisseaux qui entourent normalement la clavicule sont souvent très-dilatés, et d'ordinaire la résection de cet os est accompagnée d'hémorrhagies très-fortes. Dans un cas, M. Mott fut obligé d'appliquer jusqu'à soixante ligatures. Les veines sous-cutanées subissent également des dilatations, qui rendent leur blessure dangereuse, non-seulement à cause de l'hémorrhagie, mais aussi à cause de la pénétration de l'air dans le torrent circulatoire.

En raison de sa position et de ses usages, la clavicule est exposée à des violences soit indirectes ou directes, qui à leur tour peuvent amener des dégénérescences. Elle est aussi l'un des siéges de prédilection de l'ostéite syphilitique. M. Chassaignac vit une fracture spontanée produite par cette cause. Quelquefois des anévrysmes de l'artère sous-clavière amènent une usure de l'os.

La clavicule a été extirpée totalement et soumise à des résections partielles. Celles-ci concernent le corps ou les extrémités articulaires et se font avec ou sans solution de continuité de l'os. La clavicule est, avec le tibia, les côtes et le maxillaire, la partie du squelette qui se régénère le plus facilement.

1º *Extirpation de la clavicule.*

La clavicule avait déjà été enlevée en même temps que l'omoplate et le bras ; on avait aussi fait des résections partielles plus ou moins étendues ; mais c'est Meyer, en 1823, qui fit la première extirpation totale pour une carie de l'os.

Depuis, l'opération a été répétée un certain nombre de fois pour des affections diverses, carie, nécrose, ostéosarcome etc. Les cas de MM. Mott et Regnoli ont été comptés à tort, par M. Velpeau, au nombre des résections totales.

L'opération se fait au moyen d'une incision parallèle à l'os ; on y ajoute, selon les besoins, une petite incision transversale à chaque bout. En cas d'altération de la peau, on l'excise en forme d'ellipse. On dissèque les parties molles de la face antérieure de l'os, puis on incise le périoste et on le sépare tout autour avec le manche du scalpel.

La désarticulation se commence par l'extrémité acromiale ; puis on soulève la clavicule et l'on finit par l'extrémité sternale. On peut aussi diviser l'os dans son milieu et désarticuler séparément les deux extrémités.

La plaie est réunie et pansée et le bras placé dans une écharpe. En quelques semaines, la guérison est ordinairement complète et le bras reprend sa force et ses fonctions. La partie enlevée est remplacée par un cordon de tissu inodulaire, dans lequel il se développe quelques noyaux cartilagineux et osseux.

Meyer a fait l'autopsie de son malade cinq ans après l'extirpation de la clavicule. Entre l'acromion et le sternum, il y avait une bande fibro-cartilagineuse, moins longue de 2 à 3 centimètres que la clavicule normale. Un os grêle et mince, de nouvelle formation, la doublait dans les trois quarts de son étendue et s'articulait avec le sternum; il était réuni à l'acromion par une bandelette fibreuse, contenant quelques noyaux osseux.

Sur 9 opérés, 3 succombèrent; les autres se rétablirent parfaitement, et chez 4 d'entre eux il y eut régénération osseuse.

2° *Résections partielles de la clavicule.*

Elles se divisent en résection de la diaphyse et de chacune des épiphyses. L'opération se fait de la même manière que l'extirpation totale, mais les incisions sont moins longues en proportion. L'os est divisé de dedans en dehors avec la scie à chaîne ou la scie-couteau, ou bien de dehors en dedans avec l'ostéotome ou même une scie ordinaire. Ces résections sont indiquées par la carie, la nécrose, des néoplasmes, des fractures et des luxations compliquées. Jæger a même proposé de réséquer la diaphyse claviculaire pour lier l'artère sous-clavière dans les cas d'anévrysme.

Sur 18 résections partielles, une seule s'est terminée fatalement; dans plusieurs cas on dit expressément que l'os s'est régénéré; cette régénération se fera d'autant plus complétement qu'on aura mieux ménagé le périoste.

La somme de toutes les résections de la clavicule est de 27, sur lesquels il y eut 4 décès ou 1/7. Pour 23 malades on connaît la cause de l'opération. C'était 9 fois la nécrose, 6 fois la carie, 6 fois des tumeurs, 1 fois une luxation compliquée et 1 fois une affection syphilitique. Le grand nombre de nécroses explique en partie les bons résultats de l'opération.

Note du traducteur. Beaucoup de ces résections, dans des cas de nécrose, n'étaient probablement que des extractions du séquestre. J'eus l'occasion de faire une opération de ce genre pendant que j'étais chargé de la clinique chirurgicale en 1861. Un garçon de douze ans se présenta avec une nécrose de la clavicule droite. Elle était à nu dans l'étendue de 3 à 4 centimètres et un peu mobile. Il suffit de couper le séquestre en deux, pour retirer facilement les deux moitiés, qui représentaient toute la clavicule, moins les extrémités articulaires. Au-dessous on sentait déjà une clavicule de nouvelle formation, très-bien conformée, qui se continuait avec les extrémités de l'ancienne. En trois semaines, la plaie fut fermée.

Résections de la clavicule.

Numéros	Nom du chirurgien	Date de l'opération	Sexe du mal.	Âge du mal.	Nature de la lésion.	Nature de l'opération.	Résultat au point de vue de la vie	Résultat au point de vue des usages du membre.	Remarques.	Sources.	Numéros.
Extirpations.											
1	Meyer.	1823	m.	34	Carie.	—	vie	Parfait.	Régénération osseuse.	Encycl. Wörterb. d. med. Wiss., vol. XXIX.	1
2	Wutzer.	1832	m.	10	id.	—	vie	id.	id.	Ortbach, Dissert., Bonn 1835.	2
3	Mazzoni.	1835	e.	4	Nécrose.	—	vie	id.	id.	Gaz. méd. de Paris.	3
4	Biangini.	1838	m.	15	id.	—	vie	id.	id.	id.	4
5	Roux.	—			Carie.	—	mort	—	le 3e jour.	Volpeau et Bullet. de thérap., vol. VI.	5
6	Warren.	—			Ostéosarcome.	—	mort	—	le 13e jour.	Amer. Journ. of med. sciences, vol. XIII.	6
7	Syme.	1858			Nécrose.	—	vie	Parfait.	Régénération osseuse. Mobilité parfaite.	Med. Times, Marsh 1857.	7
8	Esmarch.	1859	m.	33	Sarcome.	—	vie	id.	—	Nissen, Dissert., Kiliae 1859.	8
9	Heyfelder.	1860	f.	13	Nécrose.	—	mort	—	le 7e jour, d'épuisement.	—	9
Résection partielles.											
A. De la diaphyse.											
10	Cassebohm.	1719	m.	28		—	vie	Bon.	—	Act. med. Berol., vol. I.	10
11	Carus.	1839	m.	41		—	vie	id.	—	Noodt, Dissert., loc. cit.	11
12	Sadler.	—				—	vie	id.	—	id.	12
13	Welz.	—				—	vie	id.	—	id.	13
14	Rothmund.	—			Carie et fracture.	—	vie	id.	—	Ried, loc. cit.	14
15	Gay.	1858	m.	35	Fracture et nécrose.	—	vie	Parfait.	—	Med. Times, January 1858.	15
B. De l'extrémité sternale.											
16	Davie.	—			Luxation compl.	3 centim. de l'os.	vie	Parfait.	—	Jæger, loc. cit.	16
17	Mott.	1828			Ostéosarcome.	4/5 de l'os.	vie	Bon.	—	Amer. Journ. of med. sciences, vol. II.	17
18	Regnoli.	—	m.	40	Fracture et nécrose.	id.	vie	id.	—	Ried, loc. cit.	18
19	Chassaignac.	1852	m.	50	Ostéosarcome syphilit.	1/2 centim. de l'os.	vie	Parfait.	Régénération osseuse.	Gaz. hôpit., 1852.	19
20	E. S. Cooper.	1857	m.	—	Ostéosarcome.	—	vie	id.	En même temps résection partielle du sternum.	The pacif. med. Journ., 1858.	20
	Sédillot.	1848	m.	—	Carie.	1/3 de l'os.	vie	id.	—	Sédillot, Méd. opér., 2e édit., vol. I, p. 495.	
C. De l'extrémité acromiale.											
21	Velpeau.	1828	f.	46	Nécrose.	1/4 de l'os.	vie	Bon.	—	Méd. opér., loc. cit.	21
22	Wutzer.	1833	m.	19	Carie.	—	vie	id.	Régénération osseuse.	Ortbach, Dissert., loc. cit.	22
23	Roux.	1834	m.	40	id.	4 centim.	vie	id.	—	Gerdy, De la résect.	23
24	Travers.	1837	f.	10	Tumeur.	4/5 de l'os.	vie	id.	—	Med. surg. Transact., vol. XXI.	24
25	Malogo.	1840	m.	7	Nécrose.	2/3 de l'os.	vie	id.	—	Gaz. méd., 1840.	25
26	Blandin.	1840	—	—	id.	4/5 de l'os.	vie	id.	—	Bullet. soc. anatom., vol. XIX.	26
27	Kuechler.	1857	m.	22	Carcinome.	id.	mort	—	—	D. Klinik, 1859.	27

CHAPITRE XXVI.

RÉSECTION DES CÔTES ET DU STERNUM.

I. RÉSECTION DES CÔTES.

Remarques anatomiques et pathologiques. Les douze paires de côtes qui constituent avec le sternum et les vertèbres dorsales la cage thoracique, ne sont en général recouvertes que par la peau, une aponévrose et une couche musculaire. Cependant toutes les régions ne sont pas également accessibles au couteau ; la mamelle chez la femme, l'omoplate et la clavicule dans les deux sexes forment obstacle à toute espèce d'opération. Dans cette dernière il faut tenir compte de l'artère et du nerf intercostal, qui sont logés dans une

gouttière creusée aux dépens du bord inférieur et de la table interne
de l'os. L'artère mammaire interne n'est en rapport qu'avec les
cartilages costaux.

Les affections qui indiquent la résection des côtes sont la nécrose,
la carie, certaines fractures compliquées, peut-être des hémorrhagies et des anévrysmes des artères intercostales.

Dans les cas de cancer il vaut mieux s'abstenir, cár ordinairement la plèvre est plus ou moins englobée dans la tumeur, et il faut
l'exciser dans une grande étendue. Les tubercules pulmonaires sont
également une contre-indication. Par contre on peut entreprendre
l'opération sur deux ou plusieurs côtes en même temps.

HISTORIQUE. Presque toutes les résections de côtes ont été partielles. Les anciens
déjà, d'après Celse [1], faisaient ces opérations ; dans le moyen âge, Aymar [2] et
Severinus [3] ont également enlevé des portions de côtes malades. Percy, Riche-
rand et beaucoup de chirurgiens modernes les ont imités.

Une opération de Mac Dowell [4] mérite d'être relatée. Sur une femme de vingt-
cinq ans il désarticula l'extrémité postérieure de la sixième et de la septième côte,
et les enleva dans l'étendue de 15 centimètres.

L'extirpation totale d'une côte a été faite par Fiori, au dire de Metaxa, sur
un homme d'âge moyen. Il s'agissait de la douzième côte, atteinte de carie à la
suite d'un traumatisme. Le malade guérit en deux mois. M. J. F. Heyfelder extirpa,
en 1858, la deuxième fausse-côte sur un ouvrier de dix-sept ans, affecté de
carie ; mais il perdit son opéré de péritonite.

Opération. La résection d'une côte n'est ni dangereuse ni difficile,
d'après M. Velpeau. Nous ne pouvons accorder que le second point.
L'os est mis à découvert par une incision droite ou curviligne ; puis
on l'isole en conservant le plus de périoste possible, et on le divise
avec l'une ou l'áutre scie, soit de dehors en dedans, soit de dedans
en dehors. Chez les jeunes sujets on peut se servir de la pince
incisive. Pour ménager la plèvre, on attire l'os avec le doigt ou un
crochet mousse et l'on cherche à refouler la séreuse en même temps
que le périoste postérieur.

M. Larghi a surtout insisté sur ce point et, pour faciliter le pro-

[1] *De med.*, l. VII, c. 4. — [2] Riverii, *Op. medic.*, p. 577. — [3] *Pyrotechnis Chir.*, l. II,
p. 1. — [4] *Rust's Handw. d. Chirurg.*, loc. cit.

cédé, M. Ollier a décrit une sonde, qui est du reste pareille à celle de Blandin.

L'opération devient dangereuse si la plèvre ou le péritoine sont blessés ou si une inflammation vive s'empare de la plaie.

La guérison se fait par suppuration et granulation ; dans les cas les plus favorables, l'os se régénère. Textor et Karawajew ont constaté cette régénération sur le cadavre, six mois après l'opération. Quand la plèvre est entamée, le poumon contracte des adhérences avec la plaie.

Sur 37 résections des côtes que je connais de plus près, il y eu 8 décès ; les autres opérés se rétablirent assez promptement.

II. RÉSECTION DU STERNUM.

Le sternum placé à la partie antérieure et médiane de la cage thoracique n'est recouvert en avant que par la peau, les insertions du grand pectoral et le périoste. La face postérieure est doublée par une membrane fibreuse assez forte (*membr. sterni propria*) et en partie par le muscle triangulaire. L'assertion de M. Hyrtl[1], que cette membrane fibreuse pourrait empêcher l'extraction d'une rondelle d'os circonscrite par le trépan, est controuvée par les faits. M. J. F. Heyfelder a d'ailleurs fait observer que les affections pour lesquelles on opère amènent le décollement de la membrane.

Le sternum est formé en grande partie par du tissu spongieux ; sa couche corticale très-mince est seule composée de tissu compact. Il offre en général trois pièces qui ne se soudent qu'à un âge assez avancé. Sa position l'expose à des violences fréquentes ; il leur échappe souvent, grâce à l'élasticité des parois thoraciques. Par contre, les lésions organiques, la carie, la nécrose, les abcès sous-périostiques, les affections syphilitiques y sont très-fréquentes. M. Hipp. Larrey fait remarquer, dans sa clinique si instructive du Val-de-Grâce, que les baudriers croisés sur la poitrine des militaires sont une cause fréquente de maladie du sternum.

Toutes ces lésions, auxquelles on peut joindre l'enclavement de

[1] *Anat. topogr.*, vol. I, p. 399.

corps étrangers ou les accumulations de liquide derrière le sternum, rendent la résection de cet os nécessaire. Læennec a proposé la trépanation, comme premier temps de la ponction du péricarde ; M. Hyrtl la conseille dans certains cas pour la ligature de l'artère mammaire interne. Dans ces derniers temps on a réséqué l'apophyse xyphoïde, qui était déviée en dedans et causait des vomissements incoërcibles.

1° *Résections superficielles du sternum.*

Ces résections n'ont pas été faites souvent; la nécrose ou la carie en était le motif ordinaire. Les instruments dont on s'est servi sont la gouge, l'ostéotome ou la scie de Martin. Un cas de M. Fergusson s'est terminé par la mort, avec abcès du médiastin, péricardite et pleurite.

L'observation de M. J. F. Heyfelder est encore inédite :

Clemenz Pedroff, tailleur, âgé de treize ans, d'une constitution chétive, est atteint, en 1857, d'un abcès au milieu du sternum, qui finit par guérir après un traitement fort long. Une année plus tard, en 1858, la plaie se rouvre et le pus s'en écoule par saccade pendant les efforts de toux. Bientôt un nouvel abcès se forme au-dessus de l'appendice xyphoïde ; l'enfant entre à l'hôpital des ouvriers, où l'on constate une carie superficielle du sternum.

Le 18 octobre 1858, on fend les parties molles entre les deux fistules et l'on enlève les parties cariées avec l'ostéotome et la gouge sans intéresser la table postérieure de l'os. Le 2 janvier 1859, le garçon quitta l'hôpital complétement guéri.

2° *Résections de toute l'épaisseur du sternum.*

Les résections de toute l'épaisseur comprennent la partie moyenne, l'un des bords ou toute une pièce du sternum. Exécutées avec le trépan, elles constituent l'une des opérations les plus anciennes, que Galien a déjà mise en œuvre dans des cas de carie.

L'*opération* se fait après la préparation d'usage, le malade étant dans le décubitus dorsal. La peau est divisée par une incision en T, en H, en +, où l'on en excise une portion elliptique. Les incisions vont jusqu'à l'os, et le périoste est récliné avec les lambeaux cutanés.

En raison de sa structure, cela n'est pas toujours facile, à moins que des décollements pathologiques ne facilitent la tâche. Pour enlever l'os, on emploie une couronne de trépan, l'ostéotome, ou la gouge et les pinces incisives. Si l'os est très-friable, on ne peut plus se servir de l'ostéotome et, dans un cas, M. Heyfelder fut obligé de recourir à la scie à chaîne et aux cisailles pour achever la section.

Si l'un ou l'autre cartilage costal se trouve malade, on l'enlève en même temps, comme MM. Moreau, Blandin, Jæger et Küchler l'ont fait avec succès.

Le pansement s'achève comme à l'ordinaire ; il faut veiller à ce que le malade prenne une position convenable pour l'écoulement du pus.

Quant aux résultats de l'opération, ils sont favorables : sur 17 cas consignés dans notre tableau, il n'y a qu'un seul décès, quoiqu'on ait blessé plusieurs fois la plèvre et qu'une fois on ait même emporté un morceau du poumon. Le plus souvent l'os se régénère. M. Ried a constaté cette régénération sur un malade opéré par Siebold à la fin du siècle dernier. M. Küchler déclare que le même phénomène s'est produit sur un sujet auquel il avait enlevé un morceau du sternum avec un cartilage costal.

La *résection de l'appendice xyphoïde* n'a été pratiquée qu'une fois par M. Linoli[1], dans un cas d'incurvation occasionnant des vomissements. Ce chirurgien avait trouvé deux fois des appendices recourbés en crochets à l'autopsie de personnes ayant souffert de l'estomac ; c'est ce qui lui donna l'idée d'enlever l'appendice xyphoïde dans un troisième cas.

Un jeune homme de vingt-deux ans souffrait de cardialgie avec vomissements incoërcibles. Il maigrissait beaucoup et plusieurs médecins le croyaient atteint de cancer. Après chaque repas il survenait des douleurs et des vomissements, surtout si le malade faisait des mouvements ; jamais il n'y eut de fièvre. M. Linoli trouva que l'appendice était douloureux à la pression et fortement recourbé en dedans, ce que la maigreur du sujet permettait facilement de constater. En le comprimant, on provoquait immédiatement des envies de rendre. M. Linoli jugea, d'après les autopsies qu'il avait faites antérieurement, que l'affection stomacale était d'origine mécanique, et comme les accidents allaient en augmentant, il fit l'opération le 4 février 1857. Il pratiqua une incision sur l'appendice, ouvrit le péritoine, accrocha le cartilage avec le doigt et le coupa à sa partie recourbée. Le malade n'eut que très-peu de fièvre et de météorisme ; au bout de huit jours il se leva ; le dix-huitième, sa plaie était guérie. Huit mois

[1] *Annali universali di medicina*, 1851, et *Gaz. hôpit.*, 1852, p. 605.

plus tard on constata qu'il n'avait plus rien ressenti de ses accidents du côté de l'estomac.

Quelque heureux qu'ait été le résultat de cette opération, on ne

saurait conseiller d'imiter le chirurgien italien. L'ouverture du péritoine et l'introduction des instruments et des doigts dans la cavité abdominale présente toujours de grands dangers.

Résections du sternum.

Numéros.	Nom du chirurgien.	Date de l'opération.	Sexe du mal.	Âge du mal.	Nature de la lésion.	Nature de l'opération.	Résultat au point de vue de la vie.	Résultat au point de vue des usages du membre.	Remarques.	Sources.	Numéros.
									Résections de toute l'épaisseur.		
1	Gallen.	—	jeune h.		Carie.	—	vie	Parfait.	Le péricarde est mis à nu.	Op., lib. VII, c. 13.	1
2	Lecat.	1754	m.	40	Carie et abcès du médiastin.	—	vie	Bon.	—	Velpeau, loc. cit.	2
3	Siebold.	1780	—	—	—	—	vie	id.	Régénération osseuse constatée.	Ried, loc. cit.	3
4	Mesnier.	—	m.	26	Fract. compliquée.	—	vie	id.	Trépanation.	Lisfranc, Méd. opér.	4
5	Auran.	—	—	—	Carie.	—	vie	id.	id.	Velpeau, loc. cit.	5
6	Sedillier.	—	f.	22	Carie et abcès.	—	vie	id.	Guérison en deux mois.	id.	6
7	Moreau.	—	—	—	Carie.	Sternum et 2 cartil. cost.	vie	—	—	id.	7
8	Cittadini.	1812	f.	—	id.	id.	vie	—	—	Rust's Handwörterb. der Chirurg.	8
9	Ferrand.	—	—	—	id.	Sternum et 3 cartil. cost.	vie	Bon.	—	Velpeau, loc. cit.	9
10	Guenonville.	—	—	—	id.	—	vie	id.	—	Dict. des sciences méd., vol. LII.	10
11	Larrey.	—	—	—	Fract. compl.	Moitié du sternum.	vie	—	—	Lisfranc, loc. cit.	11
12	Boyer.	—	—	—	Carie.	1/3 du sternum.	vie	—	—	Mal. chirurg. etc., loc. cit.	12
13	Dietz.	1837	—	—	id.	Sternum et 2 cartil.	—	—	—	Jæger, Op. resect.	13
14	Jæger.	1830	m.	32	id.	Sternum et 1 cartil.	mort	—	—	Ried, loc. cit.	14
15	Blandin.	1840	m.	—	id.	Sternum et 2 cartil.	vie	—	Guérison en 6 semaines.	Lisfranc, loc. cit.	15
16	Heyfelder.	1852	m.	40	id.	5 centim. du sternum.	vie	Parfait.	—	Resect. u. Amput.	16
17	Bruns.	1856	f.	14	id.	—	vie	Mauvais.	Point de guérison.	D. Klinik, 1858.	17
18	Küchler.	1857	m.	52	id.	Sternum et 2 cartil.	vie	Parfait.	Régénération osseuse.	id., 1859.	18
19	Linoll.	1858	m.	22	Vomissem. incoérc.	Appendice xyphoïde.	vie	Bon.	—	Gaz. hôpit., 1852.	19
									Résections superficielles.		
20	Velpeau.	1830	—	—	Nécrose.	—	vie	—	—	Méd. opér., loc. cit.	20
21	Rothmund.	—	—	—	Carie.	—	vie	—	—	Ried, loc. cit.	21
22	Heyfelder.	1855	m.	13	id.	—	vie	Parfait.	—	Obs. p. 240 de cet ouvrage.	22
23	Velpeau.	—	—	—	Exostose.	—	vie	id.	—	Méd. opér.	23
24	Fergusson.	1857	m.	30	Nécrose.	—	mort	—	par abcès du médiast. et pleurite, au bout de 3 mois.	Med. Times, Febr. 1817.	24
25	Chir. anglais.	1857	—	—	id.	—	vie	Bon.	—	id.	25

CHAPITRE XXVII.

RÉSECTIONS DES VERTÈBRES ET DES OS DU BASSIN.

Les vertèbres sont revêtues d'un périoste proprement dit; la dure-mère rachidienne n'y adhère pas; c'est ce qui rend la résection de ces os plus facile. Mais il est évident qu'on ne peut réséquer que les apophyses épineuses des vertèbres et les parties avoisinantes des arcs postérieurs; tout le reste de l'os échappe par sa position aux tentatives opératoires.

1. La *résection des apophyses épineuses* est indiquée par des caries, des fractures, des néoplasmes. On enlève une ou plusieurs apophyses en totalité, ou l'on ne coupe que leur tubercule terminal.

Dupuytren [1] fut obligé d'emporter l'apophyse épineuse de la septième vertèbre cervicale, en même temps qu'une tumeur qui y adhérait. Roux [2] fit une opération semblable dans un cas de cancer de la région dorsale. Heine [3] enleva une apophyse cariée.

II. La *résection de l'arc postérieur des vertèbres* était désignée par les anciens sous le nom de *trépanation du canal rachidien.*

Matz [4] et Heister [5] parlent de cette opération, mais c'est Cline [6] qui l'exécuta le premier en 1814. Un homme de vingt-six ans s'était enfoncé, dans une chute, les apophyses épineuses de la septième, huitième et neuvième vertèbre dorsale de façon à comprimer la moëlle. Cline fit une longue incision, enleva deux des apophyses et une partie de la troisième. Il trouva la vertèbre supérieure luxée et réséqua les apophyses transverses, dans l'espoir de pouvoir réduire. Mais ce fut en vain: la paralysie persista et le malade mourut le dix-neuvième jour de l'opération. A l'autopsie on trouva la moelle complétement déchirée au niveau de la fracture. Ch. Bell a beaucoup blâmé cette tentative.

Wickham [7], de Manchester, fit la même opération en 1087, le huitième jour d'une fracture de la septième vertèbre cervicale, avec déplacement et compression de la moelle. La résection se fit sans difficulté; la paralysie diminua immédiatement, mais le malade mourut le lendemain.

Tyrrel [8] opéra deux fois sur la colonne lombaire; son premier malade mourut le quinzième jour de cystite, le second, le septième jour de pleurite.

Attenborow [9], Holscher [10], Boyer [11], Rhea Barton [12], Laugier [13] opérèrent également sans succès.

Alban Smith [14] réséqua les arcs postérieurs de la deuxième, troisième et quatrième vertèbre dorsale, réunis en une seule masse par un cal datant de deux ans et qui comprimait la moelle. Le résultat fut satisfaisant, la sensibilité se rétablit complétement, la motilité en partie. C'est le seul cas heureux.

M. Mayer [15] traita une malade qui avait éprouvé petit à petit une paralysie des extrémités inférieures à la suite de coups de bâton reçus dans le dos, six mois auparavant. Il trouva la septième vertèbre dorsale enfoncée et diagnostiqua un cal difforme comprimant la moelle. Il fit donc une incision et réséqua avec l'ostéotome l'arc postérieur de la vertèbre fracturée.

Les fonctions de la vessie et la sensibilité des membres inférieurs, suspendues depuis trois mois, se rétablirent presque immédiatement. Mais la malade mourut le vingt et unième jour de gangrène de la plaie. A l'autopsie on trouva une

---

[1] Velpeau et Lisfranc, *Méd. op.* — [2] *Loc. cit.* — [3] *Noodt. das Osteotom.* — [4] *Med. obs.*, vol. III. — [5] *Instr. chir.*, part. I, vol. II, chap. VI. — [6] *New journ. of med. and surg.*, vol. IV, n° 1. — [7] *Lancet.*, vol. XI, 1827. — [8] *Loc. cit.* — [9] *Loc. cit.* — [10] *Hannover. Annalen*, vol. IV, 2. — [11] à [13] Nélaton, *Path. chir.* — [14] *Hammink, Remarks on amputat.* etc. — [15] *Deutsche Klinik*, 1856, n° 19.

fracture du corps de la septième vertèbre, avec issue de substance médullaire dans le médiastin postérieur.

Les 11 résections des vertèbres que nous venons de rapporter n'ont donné qu'un seul succès et 10 décès. Ces chiffres sont significatifs. Nous voyons du reste, par les observations, que l'opération n'est ni bien difficile ni très-dangereuse, puisque la plupart des opérés ont survécu des semaines et que quelques-uns en ont même éprouvé un soulagement momentané. Ce n'est pas là le vrai motif de la rejeter, mais c'est l'impossibilité de reconnaître s'il n'existe pas en même temps une lésion du corps des vertèbres et de la moelle. Même dans le cas favorable de Smith il a dû y avoir une lésion de ce genre, puisque la paralysie du mouvement a persisté, et dans les autres cas ce sont les déchirures de la moelle plutôt que l'opération qui ont fait périr les malades.

La résection des vertèbres devra donc être bornée aux fractures comminutives de l'arc postérieur avec plaie, et l'on se bornera à retirer les esquilles et à régulariser les fragments restants.

Depuis Ch. Bell, la plupart des chirurgiens ont absolument rejeté cette opération. MM. Nélaton et Hyrtl se sont formellement prononcés à cet égard. Par contre, A. Cooper, Textor, MM. Velpeau et Blasius, ainsi que MM. Laugier et Sédillot l'admettent avec certaines restrictions.

La résection des apophyses épineuses, au contraire, est reconnue par tous les chirurgiens.

Pour toutes ces résections on fait une incision sur la ligne médiane du dos. Puis on dissèque les parties molles en rasant les os, et l'on divise ces derniers avec une scie à dos mobile ou avec l'ostéotome. Une apophyse épineuse s'enlèverait au besoin avec une pince incisive. S'il s'agit de diviser l'arc postérieur des vertèbres, on incline la scie obliquement de dehors en dedans, en dirigeant la lame vers l'axe du canal vertébral.

II. RÉSECTION DES OS DU BASSIN.

Les os du bassin, en raison des organes auxquels ils servent de soutien et de protection, sont en général peu accessibles aux résections. Cependant certaines parties, comme la crête et les épines iliaques, la symphyse pubienne et la branche descendante de cet os, le coccyx, peuvent être enlevées en totalité. D'autres portions, comme le sacrum, la tubérosité ischiatique, peuvent être entamées sur l'une de leurs faces. Ordinairement c'est la lésion d'une partie superficielle qui donne lieu à la résection ; d'autres fois l'opération se fait en vue des parties molles qui avoisinent les os. Je n'ai qu'à rappeler le travail de M. Christophoris, qui propose de réséquer la symphyse pubienne pour remplacer l'opération césarienne ; de mon côté j'ai proposé la résection de la branche descendante du pubis dans les cas où une fracture de cet os avec déplacement comprime le canal de l'urètre.

1° *Résection de l'os iliaque.*

La cavité cotyloïde et les parties avoisinantes ont été réséquées assez souvent avec la tête du fémur ; nous en avons parlé plus haut. Dans la fosse iliaque externe on a également fait des résections superficielles ou de toute l'épaisseur de l'os, soit pour des lésions organiques, des fractures compliquées ou des corps étrangers enclavés. La pénétration dans le bassin ne donne pas à l'opération de gravité particulière. Elle s'exécute du reste d'après les règles générales. Les résections dans les cas de fracture donnent de mauvais résultats, parce que la cause fracturante (balle, roue de voiture) étend ordinairement ses dégâts aux organes contenus dans le bassin.

Manne appliqua une couronne de trépan sur une fracture avec enfoncement ; Theden employa le même instrument pour extraire une balle, et M. Sédillot dit avoir opéré plusieurs fois dans les mêmes conditions.

M. J. F. Heyfelder enleva avec succès une portion nécrosée comprenant la grande échancrure sciatique.

Leauté réséqua la crête iliaque cariée avec des pinces incisives. M. Velpeau rapporte deux observations semblables. M. Sayre enleva également la crête, plus l'épine iliaque, sur un malade auquel il fit la résection de la hanche.

2° *Résection de l'os pubis.*

Des résections du pubis ont été faites plusieurs fois aux dépens du corps ou de la branche descendante, soit pour des exostoses ou des caries, soit pour des fractures compliquées. Celles-ci peuvent être accompagnées de déchirure des téguments ou de pénétration dans l'urètre avec troubles dans la miction. Dans les deux cas, la résection est indiquée.

Desault[1] a extrait un fragment de la branche descendante qui avait pénétré dans l'urètre et occasionné des accidents pendant quatre ans. Son malade guérit parfaitement.

Dans un autre cas de ce genre, M. Nélaton[2] préféra faire la ponction de la vessie, quoiqu'il eût établi le diagnostic fort exactement; mais le malade succomba.

. M. Christophoris[3] propose de remplacer la symphysiotomie par la résection sous-périostée de la symphyse pubienne et au besoin des branches descendantes.

Note du traducteur. Je trouve dans mes notes de la clinique de M. Stoltz que ce n'est pas la seule proposition de ce genre faite par des accoucheurs. M. Pitois, dans une thèse soutenue à Strasbourg, a conseillé la bi-pubiotomie, qui consiste à donner un trait de scie de chaque côté de la symphyse pour mobiliser cette pièce osseuse; ce serait une véritable résection temporaire. Il paraît que Galbiati a exécuté cette opération deux fois sur le vivant, mais que les deux personnes ont succombé. M. Stoltz lui-même avait proposé de faire une boutonnière au-dessus et à côté de la symphyse pubienne, d'y pénétrer avec une aiguille armée d'un fil et de passer entre la branche descendante du pubis et la racine du clitoris. Une scie à chaîne serait entraînée par cette voie et servirait à faire une section sous-cutanée du corps du pubis, analogue aux fractures de cet os.

Opération. Le malade est placé dans la position de la taille, on fait une incision longitudinale sur l'os à réséquer, qu'on divise avec la scie à chaîne ou l'ostéotome, après avoir récliné le périoste aussi bien que possible. Avec quelque précaution on ne risque pas de blesser l'artère honteuse interne ; mais la racine du corps caverneux est plus difficile à détacher sans blessure.

3° *Résection de l'ischion.*

La résection de la tubérosité a été faite par M. Maunoir pour carie, par M. Velpeau pour fracture compliquée. Il n'y a rien de particulier à en dire.

4° *Résection du sacrum.*

Dans le siècle dernier déjà, Maunoir enleva un morceau nécrosé du sacrum. M. Rothmund réséqua avec l'ostéotome une portion de la face postérieure, longue de 8 et large de 4 centimètres.

[1] Chopart, *Malad. des voies urinaires*, et Velpeau, *Méd. op.* — [2] O. Heyfelder, *Falsche Wege*, Breslau 1853. — [3] *Gaz. hôpit.*, 1859, p. 471.

Il faut que le malade soit couché sur le ventre ou sur le côté. Les parties molles sont divisées en forme de T ou de +. On ménage autant que possible les nerfs sacrés postérieurs et l'on excise l'os avec l'un des instruments connus.

5° Résection du coccyx.

Il n'existe qu'une seule extirpation authentique d'un coccyx carié ; elle est mentionnée par M. Velpeau et A. Ried, et fut exécutée par Van Onsenoort. Avec un doigt introduit dans le rectum il soutint

l'os, fit une incision en T pour l'isoler, le désarticula et obtint une guérison rapide.

Note du traducteur. M. Simpson[1] a extirpé le coccyx sain, pour remédier à une affection névralgique assez singulière, qu'il nomme *coccyodynie*. Avant lui déjà, M. Nott[2], chirurgien américain, avait pratiqué la même opération pour la même cause. Les deux malades ont bien guéri.

Sur les 20 résections des divers os du bassin, nous trouvons 3 décès, 11 guérisons complètes, 1 insuccès ; les autres terminaisons ne sont pas connues.

[1] *Med. Times*, 1860, July. — [2] *Med. Times*, 1860, March.

Résections des os du bassin.

Numéros.	NOM du chirurgien.	Date de l'opération.	Sexe du mal.	Age du mal.	NATURE de la lésion.	NATURE de l'opération.	RÉSULTAT au point de vue de la vie.	des usages du membre.	REMARQUES.	SOURCES.	Numéros.
							I. De l'iléon.				
1	Manne.	—	—	—	Enfoncement des os.	Fosse iliaque externe.	—	—	Par le trépan.	*Traité des maladies des os*, p. 189.	1
2	Theden.	—	—	—	Balle enclavée.	id.	—	—	id.	Ried, *loc. cit.*	2
3	Sédillot.	—	—	—	id.	id.	—	—	id.	Sédillot, *Méd. op.*, vol. I.	3
4	Id.	—	—	—	id.	id.	—	—	id.	id.	4
5	Heyfelder.	1847	m.	46	Nécrose.	Échancrure sciatique.	vie	Bon.	—	*Jahresb.*, 1847-1848.	5
6	Leauté.	—	—	—	Carie.	Crête iliaque.	—	—	—	Ledran, *Obs. de chir.*, vol. II.	6
7	Velpeau.	1836	—	—	Fracture compliquée.	Crête et épine ant. sup.	vie	id.	—	*Méd. op.*	7
8	Id.	1838	—	—	id.	id.	vie	id.	—	id.	8
9	Sayre.	1854	f.	9	Carie.	id.	vie	id.	—	Voy. *Résect. de la hanche.*	9
10	Heyfelder.	1857	m.	34	Fracture compliquée.	Épine ant. sup.	mort	—	par lésion des organes pelviens au moment de la fracture.	*D. Klinik*, 1859, p. 205.	10
							II. Du pubis.				
11	Velpeau.	1832	f.	15	Fracture compliquée.	De toute l'épaisseur.	mort	—	—	Velpeau, *Méd. opér.*	11
12	Maizel.	—	—	—	Fracture. Déplacem.	id.	vie	Bon.	—	Lisfranc, *Méd. op.*	12
13	Cooper.	—	m.	28	Nécrose.	id.	vie	id.	—	*Essays.*	13
14	Regnoli.	—	m.	43	Exostose.	Résection superficielle.	vie	id.	—	O. Weber, *loc. cit.*	14
15	Mayer.	1847	m.	13	Carie.	id.	vie	Incomplet.	La carie continue.	*D. Klinik*, 1856.	15
							III. De l'ischion.				
16	Maunoir.	1769	—	—	Carie.	Tubérosité.	vie	Bon.	—	Velpeau, *Méd. op.*	16
17	Velpeau.	1836	—	—	Fracture compliquée.	id.	vie	—	—	id.	17
							IV. Du sacrum.				
18	Maunoir.	1769	f.	30	Fracture. Nécrose.	—	vie	Bon.	—	id.	18
19	Rothmund.	1830	—	—	Nécrose.	—	vie	id.	—	Ried, *loc. cit.*	19
							V. Du coccyx.				
20	Onsenoort.	—	—	—	Carie.	Résection totale.	vie	Bon.	—	Velpeau, *Méd. op.*	20
	Nott.	—	f.	—	Coccyodynie.	id.	vie	id.	—	*Med. Times*, March 1861.	
	Simpson.	—	f.	—	id.	id.	vie	id.	—	*Med. Times*, July 1860.	

,D. Résection des os de la tête.

CHAPITRE XXVIII.

RÉSECTION DES OS DU CRANE.

La boîte crânienne est formée par sept os ; mais il n'y a que les parties appartenant à la voûte qui soient accessibles à des résections, la base du crâne y échappe complétement.

Les os du crâne sont plats, constitués par deux lames de tissu compact, entre lesquelles se trouve de la substance spongieuse ; la table interne est très-cassante. Ils sont réunis par des sutures, dans lesquelles se rencontrent quelquefois des os wormiens ; il faut avoir ces particularités présentes à la mémoire pour le diagnostic des lésions du crâne et les opérations qu'on est appelé à y pratiquer. Les os du crâne ne sont recouverts que par la peau, l'aponévrose épi-crânienne et un périoste très-mince ; ils sont donc faciles à atteindre. Dans la région frontale et occipitale, l'aponévrose est remplacée par des muscles membraneux ; dans la région temporale on rencontre le muscle du même nom un peu plus épais. Les parties molles sont alimentées par des vaisseaux assez nombreux, de calibre moyen, les artères frontales, temporales, auriculaires, occipitales. Les opérations pratiquées sur le crâne ressembleraient à celles de tous les os plats, si ce n'était le contenu, le cerveau et ses enveloppes. Toute la face interne de la cavité crânienne est tapissée par la dure-mère qui, en général, adhère assez lâchement aux os ; mais elle s'y soude d'une façon intime au niveau des sutures et dans certains cas pathologiques. A certains endroits les deux lames de la dure-mère s'écartent pour former les sinus, qui collectent le sang des veines de l'encéphale. La dure-mère reçoit son sang des artères méningées, qui envoient de petits prolongements dans l'intérieur des os.

Les os du crâne sont exposés à des lésions de toute espèce, fissures, fractures, enfoncements. En outre on y observe des exostoses, des néoplasmes, la carie, la nécrose, des ulcérations syphilitiques et cancéreuses. Ces altérations nécessitent des résections tantôt superficielles, tantôt de toute l'épaisseur de la voûte crânienne. Il faut y tenir compte du voisinage du cerveau, du trajet des vaisseaux et de l'épaisseur variable des os, qui sont quelquefois plus épais et plus durs, d'autres fois amincis à un haut degré.

Les résections des os du crâne sont presque toujours partielles; elles se divisent en superficielles et pénétrantes. Mais on ne les distingue pas selon les os sur lesquels ces opérations sont pratiquées, parce qu'il n'y a pas de différences notables; on ne peut pas non plus séparer les résections des trépanations.

1° *Résections superficielles.*

On les a pratiquées depuis les temps les plus reculés, avec des instruments souvent imparfaits. Anciennement on se servait du cautère actuel, plus tard du ciseau et de la rugine, ou du trépan et de la scie à champignon.

M. Heine a le mérite d'avoir trouvé dans son ostéotome l'instrument le plus propre à cette espèce de résections. Les ablations d'exostoses comptent aussi dans cette catégorie, mais elles peuvent s'exécuter avec les scies ordinaires.

Les résections superficielles ne pénètrent pas dans la boîte crânienne et sont infiniment moins graves que les autres.

2° *Résections de toute l'épaisseur des os du crâne ou résections pénétrantes.*

Ces opérations se pratiquent pour des lésions des os eux-mêmes ou des parties sous-jacentes. Ce sont les résections les plus anciennement connues. Jusqu'à la fin du siècle dernier on les pratiquait exclusivement avec le trépan et souvent sans motifs suffisants. Depuis cette époque, les chirurgiens ont cherché à limiter et à préciser les indications de ces résections pénétrantes. Hey [1] (1781 à 1809) inventa une scie, qu'il employa cinq fois dans des cas de fractures compliquées du crâne. Græfe [2], comme beaucoup d'autres, construisit une scie à mollettes et s'en servit, en 1819, pour réséquer une carie de la voûte crânienne. Quelques années plus tard, B. Heine inventa son ostéotome et, depuis cette

[1] Ried, *loc. cit.* — [2] Muhr, *Diss. de oss. part. excid.*

époque, les chirurgiens allemands s'en servent presque exclusivement pour enlever des parties cariées ou fracturées des formes les plus diverses, tandis que dans d'autres pays la couronne de trépan est encore en usage.

Les affections qui indiquent l'opération sont :

La *nécrose*, quand elle comprend toute l'épaisseur de l'os et que l'élimination se fait tardivement, ou qu'il y a menace d'inflammation des méninges.

La *carie*, les *néoplasmes* qui ont envahi toute l'épaisseur de la paroi.

Les *fractures récentes* avec enfoncement ou pénétration des fragments dans la substance cérébrale, ou avec formation d'abcès.

Les *fractures anciennes* avec cal difforme provoquant des symptômes de compression (?).

Opération. On commence par dénuder l'os au moyen d'une plaie à lambeau de forme variable. Le périoste est incisé et récliné jusqu'aux limites de la partie à réséquer. Avec l'ostéotome on circonscrit cette dernière entre deux traits de scie elliptiques, ou entre trois et quatre lignes formant un triangle ou un carré. Après l'éloignement de la portion d'os on extrait les esquilles, s'il en reste, et l'on enlève le pus et le sang qui se sont épanchés. Pour réséquer des parties cariées, M. Heine emploie une autre méthode, qui consiste à enlever couche par couche d'abord la table externe, puis le diploé, puis la table interne, si cela est nécessaire. De cette façon on peut souvent diminuer l'étendue de la perte de substance.

Le pansement est le même pour les résections pénétrantes et non pénétrantes. Après avoir bien nettoyé la plaie, on y rabat les lambeaux, en plaçant quelques brins de charpie dans l'angle le plus déclive. Puis on couvre le tout d'un linge cératé et de compresses froides. La tête est couchée sur un coussin un peu élevé et on maintient le malade à la diète et dans le repos le plus absolu. Le reste du traitement est dirigé d'après les règles ordinaires.

Quant à l'application du trépan proprement dit, nous nous dispensons d'en parler ici ; le manuel opératoire est exposé avec détail dans tous les traités classiques.

Il est rare que l'os se régénère; ordinairement la perte de substance est comblée par du tissu inodulaire dur, avec quelques points osseux isolés, en forme d'étoile. Les parties molles y adhèrent très-fortement, et le tout forme une enveloppe en même temps élastique et résistante au cerveau. J'eus l'occasion de voir à Munich un homme que M. Rothmund[1] avait opéré bien des années auparavant. On sentait très-bien une perte de substance quadrilatère, dont le fond résistant était uni solidement aux téguments. Chez un malade, auquel M. Küster[2] avait enlevé presque tout le frontal pour une ostéite et nécrose syphilitique, il se reforma une couche osseuse. On a rarement l'occasion de faire des observations semblables, car peu de malades survivent à l'opération, non que cette dernière soit très-grave en elle-même, mais parce que la plupart des résections se pratiquent pour des fractures compliquées du crâne qui, traitées ou non traitées, entraînent presque toujours la mort. Les opérations faites pour lésions organiques, carie ou nécrose, sans complications du côté du cerveau, donnent une forte proportion de guérisons.

<h2 style="text-align:center">CHAPITRE XXIX.</h2>

RÉSECTION DU MAXILLAIRE SUPÉRIEUR.

Remarques anatomiques et pathologiques. Le squelette de tout le tiers moyen de la face est constitué par les deux maxillaires supérieurs. La forme de cet os, sa situation, ses moyens d'union le rendent très-accessible aux opérations. Il est limité par trois cavités, la cavité nasale, buccale et orbitaire, et par trois canaux ou fentes, le canal lacrymal, la fente sphéno-maxillaire et la fente ptérygo-maxillaire; les parties molles qui le recouvrent ne présentent pas grande épaisseur et ses articulations avec les os voisins ne sont ni trop étendues ni trop résistantes.

La forme du maxillaire est à peu près celle d'un cube dont les bords et les angles sont les uns fortement émoussés, les autres allongés. Il présente une face supérieure ou orbitaire, une face

---

[1] Ried, *loc. cit.*, p. 221. — [2] Heyfelder, *Resect. u. Amp.*, p. 5.

inférieure ou palatine, une face interne ou nasale, une antérieure ou faciale, une externe ou temporale, une postérieure ou crânienne. Les parois de l'os sont minces et circonscrivent une cavité ; vers les apophyses la masse osseuse augmente beaucoup d'épaisseur.

La *face supérieure* forme le plancher de l'orbite, qu'on est obligé d'enlever dans la résection totale, mais dont on doit chercher à ménager le périoste pour conserver un soutien au bulbe oculaire. Vers le milieu de cette face on rencontre un sillon, qui aboutit en avant au canal sous-orbitaire, en arrière à la fente sphéno-maxillaire. Par son bord interne la face orbitaire s'articule en arrière avec l'apophyse orbitaire du palatin, au milieu avec l'os planum de l'ethmoïde, en avant avec l'unguis. Du côté externe elle s'articule avec l'os malaire. En avant elle se continue par un bord mousse avec la face antérieure du maxillaire.

La *face postérieure* de cet os s'articule avec la lame perpendiculaire du palatin et l'apophyse ptérygoïde du sphénoïde. Elle est creusée d'une gouttière qui concourt à former le canal palatin postérieur, dans lequel passe l'artère et le nerf du même nom.

Les autres faces sont libres, notamment la face antérieure et l'externe ; la face nasale ne supporte que le cornet inférieur. Les autres articulations avec le squelette de la tête se font par l'entremise des apophyses.

L'*apophyse montante* s'articule en haut avec le frontal ; son bord antérieur se joint à l'os propre du nez, son bord postérieur à l'unguis. Avec ce dernier elle concourt à former le sillon lacrymal.

L'*apophyse malaire* s'élève à l'angle supérieur et externe du maxillaire, et s'articule par une surface triangulaire avec l'os de la pommette. C'est la jointure la plus solide ; néanmoins sa division ne présente pas une grande difficulté.

L'*apophyse palatine*, continuation de la face inférieure, rencontre celle du côté opposé sur la ligne médiane. Elle concourt à former la cloison de séparation entre la bouche et le nez.

Le *sinus maxillaire* présente à peu près la même forme que l'os. Chez certains individus il se prolonge jusque dans les apophyses, non-seulement par un petit cul-de-sac, mais par une cavité ayant la forme même de l'apophyse. En opérant sur le cadavre, j'ai observé ce fait plusieurs fois sur l'apophyse zygomatique ; M. Billroth l'a vu sur l'apophyse nasale et M. Langenbeck a fait la même remarque sur le vivant. C'est au centre de la face antérieure et de la supérieure que les parois du sinus sont le plus minces. Son orifice se rencontre sur la paroi nasale, à peu près à 4 centimètres de l'ouverture du nez. Il n'a sur le vivant que 4 millimètres de diamètre. C'est par là que les néoplasmes pénètrent des fosses nasales dans le sinus et réciproquement. La cavité du sinus est revêtue par une muqueuse très-riche en glandules ramifiées, qui sont souvent le point de départ de kystes.

Le *canal lacrymal* constitué par une gouttière de l'apophyse montante, par l'unguis et le cornet inférieur, a en moyenne un diamètre de 4 à 5 et une longueur de 12 à 16 millimètres. Il s'ouvre à l'extrémité antérieure du méat inférieur. On avait proposé d'y faire passer la scie à chaîne au moyen d'un stylet ou d'une aiguille. Mais il est trop difficile de faire ressortir ces instruments par l'orifice des fosses nasales, et il est plus simple de traverser avec une aiguille la paroi interne du canal ou du sac lacrymal ; elle est très-mince et ne présente pas de résistance. On arrive ainsi directement dans le méat moyen.

La *fente sphéno-maxillaire* ou *orbitaire inférieure* établit dans les deux tiers postérieurs de l'orbite la limite entre la paroi externe et la paroi inférieure de cette cavité. Elle se dirige obliquement en avant, en dehors et un peu en bas. Son éloignement du rebord orbitaire inférieur est de 14 à 16 millimètres, du rebord externe de 12 à 13 millimètres. Le bord supérieur (externe) de cette fente est constitué par la grande aile du sphénoïde, le bord inférieur (interne) par le maxillaire supérieur et un peu par le palatin. Elle est limitée en arrière par le corps du sphénoïde et se réunit là avec la fente orbitaire supérieure et la fosse ptérygo-maxillaire. En avant la fente sphéno-maxillaire est limitée par un rebord osseux formé par le maxillaire, le malaire et la grande aile du sphénoïde. Quelquefois l'os malaire n'arrive pas jusqu'à la fente et est remplacé soit par un os wormien, soit par les deux autres os qui s'étendent plus loin que de coutume.

La fente sphéno-maxillaire[1] va en s'élargissant d'arrière en avant; son extrémité antérieure est d'ordinaire la partie la plus large (sinus de la fente) et elle a en moyenne 5 millimètres de diamètre ; les chiffres extrêmes sont 2 et 10 millimètres. Dans les maladies du maxillaire, la fente est aussi souvent élargie par la carie ou la résorption de l'os, que rétrécie par des tumeurs, et ce n'est pas toujours l'étroitesse de la fente qui est cause qu'on éprouve de la difficulté à passer la scie à chaîne.

La *peau* qui recouvre le maxillaire, à l'exception de celle du nez, est facile à déplacer ; c'est ce qui facilite les autoplasties qui pourraient être nécessaires.

Presque tous les muscles du visage, à l'exception de ceux du menton et de la lèvre inférieure, sont intéressés dans les résections du maxillaire, soit qu'on les divise dans l'incision de la peau, soit qu'on les prive de leur insertion à l'os, en enlevant ce dernier. D'autres encore, tels que le masséter et le temporal, doivent être évités avec soin lors de l'introduction de la scie à chaîne.

L'aponévrose de la joue, parotidéo-masséterine, est un feuillet superficiel, qui recouvre la surface externe de la parotide et du masséter et s'étend ensuite en avant sur le buccinateur, où elle se confond avec un feuillet profond, l'aponévrose génienne. La glande parotide est assez éloignée du champ de l'opération, mais son canal excréteur, qui traverse le buccinateur vis-à-vis de la seconde petite malaire supérieure, est exposé à être coupé dans l'incision à travers la joue.

La paroi interne de la joue est recouverte par une muqueuse fine, très-extensible et qui s'insère à l'extrémité supérieure de la fosse canine. Inférieurement elle se continue avec les gencives, revêt la voûte palatine et forme au bord postérieur de celle-ci, en se repliant sur elle-même, le voile du palais. Ce dernier est rendu plus épais par une couche de glandes et de muscles interposés entre les deux lames de la muqueuse.

Grâce à la dilatibilité de l'orifice buccal, ainsi qu'à l'insertion

---

[1] Pour plus de détails, voy. le *Traité complet de la résection du maxillaire supérieur* de O. Heyfelder, traduit par Pétard, Paris 1858.

élevée de la muqueuse de la joue, la trépanation de l'antre d'Highmore, et même, dans certains cas, l'amputation de tout le maxillaire sont possibles sans division des parties molles du visage.

En fait de vaisseaux nous avons à noter les branches de l'artère
faciale et de la maxillaire interne, notamment : 1° le tronc même
de la faciale qui se porte du bord antérieur du masséter vers l'angle
de la bouche et les côtés du nez, ainsi que ses branches, la coronaire labiale et l'angulaire ; 2° *l'artère transverse* de la face, qui part
de la temporale et se dirige horizontalement en dedans jusqu'au
niveau du tronc sous-orbitaire ; 3° *l'artère sous-orbitaire*, qui sort
du trou du même nom avec le nerf, et ne peut être épargnée quand
on détache les parties molles de la joue. Le calibre de toutes ces
artères n'est jamais tel que leur section puisse entraîner des hémorrhagies inquiétantes ; et si on les trouvait dilatées pathologique-
ment, il serait toujours facile d'en faire la ligature. Souvent même
une compression de quelques instants suffit pour fermer l'orifice
de l'une ou l'autre de ces artères.

En détachant l'os, on coupe nécessairement l'artère sous-orbitaire à
son entrée dans le canal, ainsi que les artères alvéolaires supérieures
et la palatine postérieure. On pourra même blesser le tronc de la
maxillaire interne. Pour s'en préserver, il faut raser l'os avec le
bistouri. Du reste la division complète de cette artère ne serait pas
un accident bien grave, puisque sa ligature ne présenterait pas
grande difficulté. Il serait plus grave de la piquer, parce qu'alors
l'hémostasie serait plus difficile, surtout dans des tissus dégénérés.

Les nerfs de la région du maxillaire supérieur viennent du facial
et de la seconde branche du trijumeau. Ils suivent à peu près le
même trajet que les artères et se trouvent intéressés dans les mêmes
incisions. Le nerf de mouvement du visage, le facial, qui traverse
la parotide pour se rendre aux muscles de la face, se divise en deux
branches principales, une supérieure et une inférieure. Les rameaux inférieurs de la branche supérieure et les rameaux supérieurs de la branche inférieure sont divisés dans l'incision de la
joue et il en résulte une paralysie temporaire de la face. Les nerfs
sensitifs du visage naissent de la deuxième branche du trijumeau,

le nerf maxillaire supérieur, dont le tronc, situé dans la fosse ptérygo-palatine, se dirige vers la fente sphéno-maxillaire et ne se trouve pas directement dans le champ de l'opération. L'incision naso-génienne, et surtout celle sur la ligne médiane, ne divisent que quelques branches musculaires sans importance. Mais les nerfs qui traversent l'os sont nécessairement atteints; ce sont les nerfs alvéolaires postérieurs et supérieurs, le grand nerf palatin et surtout le nerf sous-orbitaire et ses branches. Pour les préserver de tiraillements et de déchirements dangereux, il faudra les diviser nettement à leur entrée dans l'os, avant d'enlever ce dernier.

Les parties molles du visage se distinguent par leur peu de réaction après les blessures les plus graves, leur tendance à la guérison par première intention et la possibilité qu'elles offrent de réparer des pertes de substance étendues, presque sans difformité. Ces propriétés expliquent le succès des opérations autoplastiques souvent très-compliquées que l'on pratique au visage, et elles sont d'une haute utilité dans la résection du maxillaire supérieur.

Les *lésions traumatiques* du maxillaire, quelque compliquées qu'elles soient, donnent rarement occasion de pratiquer la résection; tout au plus sera-t-il nécessaire d'enlever ou de régulariser quelques esquilles ou d'extraire un corps étranger.

Les maladies qui exigent le plus ordinairement ces résections sont : la carie, la nécrose, les néoplasmes, et, parmi ces derniers, surtout les sarcomes, les cancroïdes et les carcinomes. Viennent ensuite les cystoïdes et les enchondromes; quant aux exostoses, aux télangiectasies, elles sont plus rares ; enfin on ne connaît qu'un seul cas de tumeur graisseuse du maxillaire supérieur.

Les résections de cet os se divisent en résections totales ou partielles d'un ou des deux maxillaires supérieurs. Les résections partielles d'un seul maxillaire se sous-divisent cu résections d'une apophyse, d'un bord libre, d'une paroi ou de la plus grande partie de l'os (amputation du maxillaire). Les résections partielles des deux maxillaires sont celles du bord alvéolaire, d'un morceau cunéiforme ou d'une partie du corps des deux os.

A. Résection totale ou extirpation d'un maxillaire supérieur.

Historique. Les premiers faits mentionnés sont à peine des résections, je veux parler de ces ponctions et trépanations du sinus maxillaire qu'on pratique depuis plus de deux siècles pour des empyèmes et des hydropisies de cette cavité. La ponction décrite par Molinetti au dix-septième siècle n'est évidemment pas une résection; on pourrait plutôt considérer comme telle la trépanation, pour laquelle Bertrand et Gooch [1], au dix-huitième siècle, nous ont laissé des procédés.

Peu à peu on élargit avec le couteau ou le ciseau l'ouverture faite par le trépan, pour arriver à des tumeurs de l'antre, et l'on passa ainsi à la résection du maxillaire proprement dit.

La première extirpation de l'os fut faite par Gensoul[2] en 1827 pour une tumeur de l'antre d'Highmore.

En 1828 la même opération fut pratiquée par Textor[3] le père, à Würzbourg, et par Lizars[4], à Londres. Ce dernier, ainsi que Léo[5], la répétèrent en 1830; Gensoul la fit 7 fois jusqu'en 1833. A partir de cette époque, les opérations se multiplient de plus en plus; je ne citerai que les chirurgiens qui l'ont pratiquée le plus souvent: M. Maisonneuve[6] l'a exécutée pour le moins 5 ou 6 fois, M. Fergusson[7] de 7 ou 8 fois, M. J. F. Heyfelder[8] 14 fois, MM. Textor[9] père et fils 5 fois, M. Michaux[10], de Louvain, 15 fois, M. Lenoir[11] et Robert[12], de Paris, chacun au moins 6 fois, M. Mott 14 fois, M. Langenbeck[13] 17 fois.

L'auteur de cet ouvrage a fait les deux opérations suivantes :

1° *Nicolas Stromkin*, âgé de cinquante-six ans, est admis à l'hôpital de Saint-Pétersbourg pour une tumeur cancéreuse de la joue. Je l'opère le 29 septembre 1859, en présence de mon père, du docteur Ritter etc. Une incision sur la ligne médiane, sans aucune incision transversale, met la tumeur à nu et je détache l'os avec la scie à chaîne. Comme le néoplasme s'étend jusqu'à la base du crâne, on y applique le fer rouge. Guérison par première intention. Récidive au mois de décembre; nouvelle opération en mars 1860.

2° *Alexandre Dulmatieff*, âgé de trente-neuf ans, entre à l'hôpital des ouvriers pour une tumeur considérable du maxillaire. Cette tumeur, très-dure, sans bosselure, ulcérée en quelques points, se trouve être un enchondrome ossifié. Je procède à l'extirpation de l'os le 4 juin 1860, au moyen d'une incision médiane. Il m'est impossible de passer la scie à chaîne dans la fente sphéno-maxillaire, non qu'elle soit réellement rétrécie, mais la tumeur la bouche par le bas. Je suis donc obligé de diviser péniblement la jointure du maxillaire et

---

[1] Walther, *Syst. der Chirurg.*, vol. II, p. 150. — [2] *Lettre chir. sur quelques mal. du sinus maxill.*, Paris 1833, et Lisfranc. — [3] *Ueber Wiedererz. d. Knoch.*, loc. cit. — [4] *Lancet.* 1830. — [5] *Rust's Magaz.*, vol. LIV. — [6] *Gaz. hôpit.*, passim. — [7] *Prov. med. a. surg. journ.*, 1842. — [8] *Res. u. Amp.* — [9] *Loc. cit.* — [10] *Bull. de l'Acad. de Belg.*, 1852-1853, t. XXI. — [11] *Gaz. hôpit.*, 1852. — [12] *Loc. cit.* — [13] *Arch. f. Chirurg.*

du malaire avec la scie-couteau et les cisailles de Liston. L'os avait près de 6 centimètres d'épaisseur. La jointure avec le sphénoïde dut être attaquée avec les mêmes instruments. Après l'extirpation de l'os il ne resta qu'un lambeau de peau aminci, qui se gangréna le troisième jour; le septième jour le malade moûrut de pyoèmie.

L'extirpation totale est indiquée par la carie, la nécrose, les tumeurs, quand ces affections ont attaqué l'os dans toute son étendue. Par contre il me paraît injustifiable d'enlever le maxillaire[1] en entier pour arriver à la base d'un polype naso-pharyngien, à moins que les prolongements de la tumeur n'englobent complétement l'os; dans les cas ordinaires, une résection partielle suffit pleinement pour permettre de porter le bistouri ou le cautère sur le pédicule.

Opération. Pour les opérations pratiquées sur le maxillaire supérieur, le malade doit être assis, afin que le sang s'écoule mieux au dehors. Cette position est aussi plus favorable pour les aides. L'un d'eux presse la tête du malade contre sa poitrine. Il est placé derrière le patient, et pendant l'incision cutanée il comprime l'artère faciale contre la mâchoire inférieure pour diminuer l'hémorrhagie, et place les doigts sur les branches qui donnent. Au besoin même il devra comprimer la carotide.

Si l'on emploie le chloroforme, il vaudra mieux coucher le malade la tête un peu élevée. L'anesthésie peut toujours être employée pendant la première partie de l'opération, pendant la division des parties molles, et on peut même la continuer avec quelques précautions pendant la seconde. M. J. F. Heyfelder a fait respirer les anesthésiques à tous ses opérés, M. Sédillot également, et ils n'ont pas eu à s'en repentir.

I. *Division des parties molles.*

Sans incision des parties molles on ne peut extraire que des séquestres ou faire de petites résections partielles. Pour l'ablation du maxillaire en totalité, il faut des plaies assez étendues, qui doivent être disposées de façon à laisser le moins de difformité possible tout en permettant d'enlever l'os.

[1] Voy. à ce sujet le rapport judicieux de M. Verneuil à la Société de chirurgie. (*N. du tr.*)

Si les téguments sont sains et que l'os ne soit pas trop gonflé, on peut arriver au but avec une incision simple. Celle-ci est placée sur la ligne médiane du visage ou sur les parties latérales, d'où la division en incision médiane et incisions latérales, que j'ai établie dans mon traité de la résection des maxillaires et qui a été adoptée par MM. Butcher, Johnson, Sellheim. Ces incisions latérales se font de deux manières, soit en dehors à travers la joue, soit en dedans sur une ligne qui descend de l'angle interne de l'œil vers l'aile du nez et la lèvre.

1° L'*incision médiane* de Dieffenbach et de J. F. Heyfelder commence à la racine du nez, passe par le milieu de cet organe et divise le milieu de la lèvre supérieure. Une seconde incision transversale, très-courte, va du commencement de la première à l'angle interne de l'œil. Par là on obtient un grand lambeau quadrilatère, comprenant toute la joue, et dont le bord inférieur est constitué par le bord rouge de la lèvre, le bord supérieur par le bord libre de la paupière inférieure et la petite incision transversale, et le bord vertical par l'incision médiane. Tout le maxillaire peut être mis à découvert ainsi, et cette incision convient toutes les fois que la maladie ne s'étend pas du côté de l'oreille. En outre, cette incision a l'avantage de blesser le moins de vaisseaux et de nerfs. Le facial, en particulier, est tout à fait hors de cause, ainsi que le canal de Sténon. MM. Blasius et Ried ont émis la crainte que le lambeau ne se gangrène, vu son peu d'épaisseur en avant; mais l'expérience a montré qu'on obtient facilement une réunion par première intention.

2° L'*incision de la joue* ou *latérale externe* réunit par une ligne droite ou courbe la commissure des lèvres à l'angle externe de l'œil, ou à la partie antérieure de l'os malaire (Blandin), ou à la partie moyenne de cet os (M. Syme), ou à l'origine de l'arcade zygomatique (MM. Velpeau et Heyfelder). Par ce procédé on coupe les muscles orbiculaires des paupières et celui des lèvres, les zygomatiques et le buccinateur, ainsi que des branches du nerf facial. Enfin le canal de Sténon pourrait être atteint et une fistule salivaire en être la conséquence, comme cela est arrivé une fois à M. Michon[1], qui fut obligé plus tard de traiter cette fistule. Pour éviter le canal de la parotide, il faut commencer l'incision plus en avant ou la terminer un peu en dedans de la commissure labiale, comme le fait M. Huguier. Cependant si la joue est distendue et déplacée, cette précaution même ne suffit pas pour mettre le canal à l'abri. Les avantages de ce procédé sont de ne laisser qu'une seule cicatrice, de pouvoir se combiner facilement avec une seconde incision en cas de besoin, et de rendre accessibles les tumeurs qui s'étendent du côté de l'os malaire. Par contre, la cicatrice est très-visible, le nerf facial est inévitablement coupé et les parties où il se distribue sont paralysées, enfin le canal de Sténon est compromis.

3° L'*incision latérale interne* part de l'angle interne de l'œil et descend en ligne droite dans le sillon entre le nez et la joue jusque dans la lèvre. Elle divise le muscle orbiculaire, le releveur commun et le releveur propre des lèvres, l'artère angulaire et la coronaire labiale. Par cette seule plaie on obtient : 1° un grand lambeau, limité par le bord rouge des lèvres, la plaie de l'incision et le bord libre des paupières, et qui, lorsqu'il est disséqué, laisse tout le corps du maxillaire à nu ; 2° un lambeau plus petit, qui devra être disséqué jusqu'à la ligne médiane, pour dégager l'apophyse montante et le pourtour de l'échancrure nasale.

Ce procédé, comparé au précédent, a l'avantage de n'intéresser ni le nerf facial ni le canal de Sténon ; de plus la cicatrice se confond avec le pli naso-génien ; comparé à l'incision médiane, il ne produit qu'une seule plaie et celle-ci ne repose pas sur un fond osseux. Enfin il est préférable aux deux autres procédés, en ce que l'incision passe sur le milieu du corps du maxillaire et non pas sur les bords, ou même au delà des bords de l'os, de sorte qu'on arrive à dégager une tumeur du maxillaire, quel qu'en soit le développement. Du reste, en cas de nécessité, on y ajouterait une seconde incision.

Je pense donc que le procédé n° 3 réunit le plus d'avantages et est applicable au plus grand nombre de cas. L'incision de M. Küch-

---

[1] *Gaz. hôpit.*, 1853, p. 179.

ler[1] a la même direction, mais elle n'a que 4 centimètres de longueur et ne s'étend de la lèvre qu'à une petite distance au-dessus
de l'aile du nez. Elle n'est propre qu'à des résections partielles ou
à des extractions de séquestres; mais elle consacre un principe
recommandable, c'est de ne donner aux incisions cutanées que la
moindre étendue possible.

Les procédés plus compliqués sont des modifications plus ou
moins directes de céux que nous venons de citer. Ce sont :

4° Le *procédé à lambeau supérieur* de MM. Malgaigne, Syme, Lisfranc. M. Malgaigne ajoute à l'incision latérale externe une seconde
incision qui fend la lèvre supérieure jusque dans la narine correspondante. M. Syme y ajoute l'incision latérale interne. Lisfranc
employait une combinaison des deux procédés. De toute façon il
en résulte un lambeau quadrilatère à base supérieure, plus ou
moins étendu..

5° Les *incisions en T, en V, en H ou en croix* (+). Le procédé en
T, d'après MM. Ried et Maisonneuve, consiste à mener une incision
du grand angle de l'œil sur le milieu de l'incision latérale externe.
Blandin taillait une espèce de V, en ajoutant à la même incision
une seconde le long de l'arcade zygomatique. MM. Gensoul, Guthrie, Fergusson etc. forment un ou deux lambeaux quadrilatères
en faisant deux incisions verticales ou obliques dans la joue, qu'ils
réunissent par une incision transversale au niveau de l'aile du nez.
Enfin M. Syme fait une incision en croix.

Tous ces procédés, dans lesquels on taillade la joue en divers
sens, ont l'inconvénient de léser facilement le canal de Sténon, de
couper plusieurs fois les vaisseaux et nerfs et de laisser des cicatrices fort désagréables, sans pour cela mettre le maxillaire plus
largement à découvert que les procédés des n°s 3 ou 4.

6° Un *autre procédé* qui diffère totalement des précédents, mais
qui n'est applicable que dans certains cas bien déterminés, est
celui de M. J. F. Heyfelder. Il l'emploie quand la maladie s'étend
en même temps au maxillaire inférieur. Une première incision part

---

[1] *D. Klinik*, 1856, p. 141.

de l'arcade zygomatique, descend le long du bord postérieur de la branche de la mâchoire, longe le corps de cet os jusqu'au milieu du menton, où elle est rejointe par une seconde incision, qui fend le milieu de la lèvre inférieure. Par ce procédé les deux maxillaires sont mis largement à nu.

7° Une *modification* importante à tous ces procédés a été introduite dans la chirurgie par M. Langenbeck. Elle consiste à ne pas diviser le bord rouge de la lèvre. Il est sans doute plus avantageux que la lèvre demeure intacte et qu'elle ne soit pas exposée aux chances d'une réunion imparfaite, quoique dans la plupart des cas le succès de la suture dépende des soins de l'opérateur. Par contre cette manière de faire nécessite des incisions d'autant plus larges dans la joue pour rendre l'os accessible, et elle empêche d'étancher convenablement le sang et de le faire couler hors la bouche.

Addition du traducteur. D'après les dernières publications[1], le procédé auquel M. Langenbeck donne la préférence est le suivant: une incision semi-lunaire commence au niveau du sac lacrymal, ou même entre les sourcils, descend jusqu'au niveau de l'aile du nez et remonte par la joue jusqu'à la pommette sans toucher au bord rouge de la lèvre.

Lorsque la peau est envahie par la maladie, on l'excise en forme d'ellipse ou on l'enlève après coup avec des ciseaux.

L'incision des parties molles se fait d'emblée jusqu'à l'os, puis on dissèque les lambeaux en rasant l'os et en gardant le plus de périoste possible. Dans plusieurs opérations sur le cadavre et une fois sur le vivant je suis parvenu à conserver le périoste de toute la paroi antérieure du maxillaire sous forme d'une membrane continue, qui tapissait la face interne du lambeau. C'est un grand avantage, car la joue est préservée ainsi de toute lésion et l'on peut même espérer une régénération de l'os.

Pendant la dissection des lambeaux on coupe l'artère et le nerf sous-orbitaire à leur sortie du canal, et l'on détache les cartilages de l'aile du nez, du pourtour de l'échancrure nasale.

Quand le maxillaire est ainsi mis à découvert et qu'aucune circonstance n'exige la célérité, on s'arrête pour lier les artères qui

---

[1] Lücke, *Beitr. zu den Resect.* in *Archiv f. Chir.* v. Langenbeck, 1862.

donnent trop fortement; on recherche de nouveau les limités du mal, et l'on replonge le malade dans le sommeil anesthésique. Alors on passe au second temps de l'opération.

II. *Division de l'os.*

Comme introduction à cette partie de l'opération il faut arracher la première dent incisive du côté malade et séparer le périoste du plancher de l'orbite. A cet effet on l'incise tout le long du rebord orbitaire et on le détache petit à petit avec précaution au moyen de la pointe du scalpel. Ceci fait, on procède dans l'ordre suivant à la section des différentes sutures qui unissent le maxillaire aux os voisins; on attaque d'abord sa jonction avec l'os malaire, puis celle avec le frontal et l'os propre du nez, ensuite celle avec le maxillaire du côté opposé, en dernier lieu celle avec l'apophyse ptérygoïde du sphénoïde. On procède de cette façon pour n'entamer qu'à la fin de l'opération les parties situées dans la bouche. L'extirpation de l'os se fait avec divers instruments et de diverses manières. Le procédé le plus ancien est :

1° L'*extirpation avec le ciseau et le maillet*, d'après Gensoul [1]. Il place un large ciseau sur la partie de l'os qu'il veut diviser et le fait pénétrer à coups de maillet ; il sectionne même le nerf maxillaire supérieur avec cet instrument, et en pressant de haut en bas sur l'os, il l'arrache de ses connexions postérieures. Ce procédé est brutal et imparfait. Il ébranle d'une façon inquiétante la tête du malade et expose les parties molles voisines à être blessées par une pénétration subite du ciseau. Si, pour éviter le premier inconvénient, on choisit un ciseau très-tranchant, on augmente les chances de produire une blessure ; par contre, en se servant d'un ciseau émoussé on augmente l'ébranlement. L'emploi de cet instrument n'est admissible que si on peut le manier à la main et cela n'arrive que dans les cas où l'os est affecté d'ostéoporose au voisinage d'un néoplasme, sans toutefois être malade lui-même.

[1] Lisfranc, *Méd. op.*, t. II, p. 470.

De meilleurs procédés ont supplanté le ciseau, dont on ne se sert plus qu'accessoirement pour certaines articulations du maxillaire.

2° *Division de l'os avec les cisailles* ou les *pinces incisives*. Lisfranc a divisé les trois principales articulations du maxillaire, celles avec l'os malaire, le frontal et le maxillaire du côté opposé, au moyen des cisailles de Colombat, et cela sans produire d'esquilles. Toutes les cisailles de fort calibre et se terminant en pointe sont propres à cet usage. Mais on ne les emploiera que pour les portions d'os qui ne sont ni trop dures ni trop épaisses, par exemple pour diviser l'apophyse montante ou l'arcade zygomatique. Le point de jonction du maxillaire et du malaire présente trop de résistance et de volume pour l'action de ces instruments. L'extirpation complète du maxillaire avec les pinces incisives n'est guère applicable que chez les sujets jeunes, ou ceux dont les os sont ramollis; par contre cet instrument peut être très-utile pour compléter l'action des autres moyens de division. Les chirurgiens allemands et français restreignent presque tous l'emploi des cisailles; les Anglais, Liston, MM. Fergusson, Butcher s'en servent presque exclusivement.

3° *Division de l'os avec les scies*. MM. Langenbeck, Lode et l'auteur de cet ouvrage ont employé la scie étroite ou scie à guichet; d'autres chirurgiens se sont servis de la scie de Martin, de la scie de Hey etc. Lizars [1] entamait les articulations du maxillaire avec la scie et achèvait de les diviser avec les cisailles; Blandin achèvait la division avec le ciseau et le maillet.

La *scie à chaîne* est actuellement l'instrument le plus usité pour la résection du maxillaire. L'ostéotome n'est qu'une modification de la scie à chaîne et n'est pas employé pour cette résection. Les difficultés qu'on se plaint de rencontrer dans l'introduction de la chaîne sont diminuées par mes recherches sur la fente sphéno-maxillaire.

L'articulation du maxillaire avec le malaire est celle qu'on attaque en première ligne. On conduit la chaîne armée d'une aiguille ou d'une sonde en argent, à travers la fente sphéno-maxillaire autour

---

[1] *Anleit. z. prakt. Chir. a. d. Engl.*, Leipzig 1840.

de l'os et on le scie d'arrière en avant. D'après tous les auteurs, le passage de la scie à travers la fente orbitaire inférieure est le point le plus difficile. Sans doute cet espace est quelquefois rétréci par des tumeurs ; mais le plus souvent la difficulté résulte de l'emploi d'aiguilles conductrices mal construites. Elles sont presque toutes d'une courbure trop faible, tandis qu'elles devraient être fortement recourbées, ou, pour parler plus exactement, elles devraient former la moitié d'un cercle de petit diamètre. Le plan de section représente à peu près un triangle équilatéral (voy. pl. VIII, fig. 2) ACD. L'aiguille doit pénétrer en A dans l'orbite et ressortir en D, en rasant les os autant que possible et sans comprimer l'œil ni s'égarer dans les parties molles environnantes. Il faut donc qu'elle représente les 2/3 d'un cercle de 14 à 16 millimètres de diamètre, qui passe par les trois points ACD. Or les aiguilles ordinaires forment les 2/5 d'un cercle de 30 à 32 millimètres. Quand donc leur base est rapprochée des points A et C, leur pointe bien éloignée de D est ordinairement logée dans les muscles masticateurs. Quand on a dégagé la pointe par un mouvement de retrait et qu'après l'avoir saisie avec une pince on l'a fait sortir en D, la base se trouve placée au sommet de l'orbite près de X et comprime le bulbe ou déchire le tissu cellulaire péri-oculaire.

Une autre difficulté, que chacun a pu reconnaître, consiste en ce que l'aiguille, une fois introduite, tourne entre les doigts. La pointe, au lieu de sortir directement en avant sous la partie la plus étroite de l'os, se dévie en dehors et s'enfonce dans les parties molles de la joue. Pour parer à cet inconvénient, j'ai fait tailler la base de mon aiguille en forme de prisme à quatre pans, et ce prisme est reçu dans une échancrure semblable de la pince à torsion (voy. pl. I, fig. 4 et 5). De cette façon l'aiguille est solidement fixée et on peut lui imprimer la direction qu'on désire.

Pour l'introduire, on fait glisser la pointe de l'aiguille sur le plancher de l'orbite dans la direction de la fente sphéno-maxillaire. Pendant ce temps la pince est dirigée en bas et en dehors. Aussitôt que l'aiguille s'est engagée dans la fente, on relève la pince presque verticalement. Par ce mouvement la pointe de l'aiguille glisse autour de la partie la plus étroite de l'os et on la saisit avec les doigts ou une pince pour achever de l'attirer au dehors.

Il suffit alors de scier l'os, en tenant la partie inférieure de la chaîne presque verticalement, la supérieure horizontalement pour ménager le globe oculaire.

Pour *diviser l'apophyse montante* du maxillaire, on perce la paroi interne du sac lacrymal avec la même aiguille et on la fait sortir au-dessus du cornet inférieur à l'union du maxillaire et de l'os propre du nez. Puis on divise l'os dans cette direction.

Avant d'attaquer la *suture intermaxillaire*, il faut diviser la muqueuse de la voûte palatine jusqu'à l'os, soit sur la ligne médiane, soit un peu de côté. Enfin, on sépare le voile du palais de la voûte.

Pour conduire la scie à chaîne autour de l'os, on se sert dela sonde de Belloc, qu'on fait passer par la narine à travers l'incision du voile dans la bouche, ou bien qu'on dirige en sens inverse.

Addition du traducteur. **M.** Langenbeck a conseillé dans ces derniers temps de détacher toutes les parties molles de la voûte, depuis l'arcade dentaire jusqu'à la ligne médiane, et de fixer ce vaste lambeau mucoso-périostique à la joue par quelques points de suture, après l'extraction de l'os [1]. Par là, la cloison entre la cavité nasale et la cavité buccale se trouve rétablie. Dans les cas les plus favorables il se reforme même une lamelle osseuse à la place de la voûte palatine. Ce procédé de M. Langenbeck est un perfectionnement important, qui mérite d'être appliqué toutes les fois que les circonstances le permettent.

L'union entre le *maxillaire* et l'*apophyse ptérygoïde* cède à une pression modérée de haut en bas. C'est ainsi que s'expriment la plupart des auteurs. Mais d'abord ces deux os ne se joignent pas directement : partout l'apophyse montante du palatin s'interpose entre eux. Puis, ces adhérences postérieures du maxillaire ne cèdent nullement à une simple pression, si elles ne sont pas ramollies par la maladie ; il faut une force assez considérable, et alors on produit une fracture. Pour éviter cet inconvénient, il faut glisser un ciseau tranchant par en bas et un peu de côté entre le maxillaire et l'apophyse ptérygoïde. La place de cette suture se reconnaît facilement

---

[1] Lücke, *Beiträge zu den Resect.*, loc. cit., p. 324.

à une encoche. De cette façon on parviendra à séparer les os sans fracture et à conserver l'attache des muscles ptérygoïdiens.

Dès ce moment le maxillaire est mobile. On coupe alors le nerf maxillaire supérieur à son entrée dans le canal sous-orbitaire au moyen d'un bistouri boutonné et puis, faisant basculer l'os, on achève de sectionner les parties molles qui le retiennent. M. Billroth conseille beaucoup d'arracher l'os par torsion pour empêcher l'hémorrhagie ; mais autant la torsion des artères est à désirer, autant celle des nerfs est à craindre.

Si, après l'extraction du maxillaire, il reste des parties d'os malades, on les résèque avec de forts ciseaux courbes.

L'os enlevé n'est jamais le maxillaire supérieur seul, ni tout le maxillaire. Des portions d'os voisins y adhèrent et des parties du maxillaire restent adhérentes au squelette.

La plaie qui reste est à peu près quadrangulaire. En dedans elle est limitée par la cloison des fosses nasales et la surface de section de la voûte palatine. En arrière on voit le voile du palais et l'ouverture postérieure des fosses nasales, à travers laquelle on aperçoit le pharynx et la base du crâne. Un peu plus en dehors on trouve les faisceaux des muscles ptérygoïdiens plus ou moins entamés et la lumière béante de l'artère sous-orbitaire et de la sphéno-palatine.

La paroi externe de la cavité est formée par les téguments de la joue, par les muscles masticateurs et la surface de section de l'os malaire. La paroi supérieure est constituée par la membrane fibreuse qui soutient le coussinet graisseux de l'œil et par le cornet moyen. La paroi inférieure est représentée par le plancher buccal ou par la muqueuse de la voûte palatine, si on a pu la conserver.

Traitement consécutif. Le danger d'une hémorrhagie secondaire devrait faire remettre la réunion de quelques heures ; mais alors elle est beaucoup plus douloureuse qu'immédiatement après l'opération. On se sert pour la réunion de sutures entrecoupées ou entortillées, ou même de serres fines. Ces dernières ont l'avantage de pouvoir être éloignées facilement en cas d'hémorrhagie ; mais leur emploi n'est possible qu'à condition qu'il n'y ait aucune tension, et au bout de douze heures il faut les changer de place. La suture entrecoupée trouve son emploi dans les points où les téguments reposent sur un os, sur le dos du nez par exemple, ou au bord libre des paupières et des lèvres.

Les *pertes de substance* des téguments sont comblés par des opérations plastiques ; mais il faut éviter avec soin toute tension trop forte, qui pourrait amener une perforation du lambeau.

Je ne conseille pas de remplir la plaie de bourdonnets de charpie ou d'amadou, comme le faisait Dieffenbach, comme le font encore MM. Velpeau, Langenbeck, Lode. On ne prévient pas de cette façon les hémorrhagies secondaires ; on augmente l'inflammation et on gêne le libre écoulement du pus. Enfin, ces bourdonnets sont difficiles à retirer quand la réunion réussit.

Beaucoup de chirurgiens, M. Michaux entre autres, appliquent le cautère actuel dans la plaie et vantent beaucoup l'emploi de ce moyen ; mais on ne doit s'en servir que pour détruire des parties suspectes ou tarir une hémorrhagie qui ne cède pas à d'autres remèdes.

L'hémorrhagie est ordinairement faible, et souvent elle s'arrête sans ligature aucune ; d'autres fois il faut appliquer un fil sur une ou plusieurs artères. Sur près de 400 résections du maxillaire[1] que j'ai rassemblées, il n'y a que 6 cas où l'on ait mentionné une hémorrhagie un peu considérable.

Le plus souvent un traitement sévère n'est pas nécessaire ; la réaction est presque nulle et la guérison rapide. L'inflammation des parties molles du visage est modérée, et il suffit d'appliquer le froid pendant quarante-huit heures à peu près. Plus tard les injections tièdes dans la cavité de l'opération sont un excellent adjuvant. Pendant les premiers jours on nourrit le malade avec des liquides exclusivement. La guérison de la plaie extérieure se fait par première intention, à moins d'accidents. Du quatrième au septième jour, les malades se lèvent ; du quatorzième au vingt et unième on peut les renvoyer guéris.

Les *accidents* pendant la convalescence sont d'abord l'hémorrhagie.

[1] O. Heyfelder, *Zur Res. des Oberkiefers* (Œstr. Zeitschr. f. prakt. Heilk., 1858, n° 47).

Si on ne la découvre et ne l'arrête pas à temps, elle peut amener rapidement la mort chez les sujets anémiques. Les malades avalent souvent le sang sans s'en douter, et on ne s'en aperçoit que lorsque la pâleur, l'affaissement, des convulsions même mettent sur la voie. D'un autre côté nous savons que le sang qui pénètre dans les bronches pendant l'opération peut donner lieu à une pneumonie ou à un œdème pulmonaire promptement mortel chez les vieillards.

L'inflammation des téguments de la face ou du voile du palais est ordinairement peu intense et sans conséquence.

Si le pus fourni par la plaie devient ichoreux et fétide, il en résulte des dangers sérieux. En pénétrant dans les bronches, il provoque des bronchites ou des pneumonies ; absorbé par l'estomac, il empoisonne toute la masse du sang.

Les *résultats immédiats* de l'opération sont ordinairement très-satisfaisants : la plaie extérieure guérit par première intention, et la perte de substance se remplit rapidement de tissu cicatriciel. Mais si l'opération a été faite pour une affection cancéreuse, la récidive est presque inévitable ; cependant elle se fait quelquefois attendre des mois et des années. Peu de malades meurent des suites directes de l'opération ; et c'est alors à la gangrène des lambeaux, à la septicoèmie, à la pneumonie putride, qu'ils succombent, plus rarement à la pyoèmie. Sur 141 résections totales j'ai noté 57 terminaisons inconnues, 33 morts ou récidives et 51 succès. Quelques chirurgiens, MM. Michaux et Heyfelder en particulier, ont constaté la guérison au bout de dix ans. Les insuccès sont dus en grande partie aux affections cancéreuses. Même dans ces cas, les récidives se font relativement très-tard après l'extirpation totale du maxillaire. Cette opération devra donc être conservée comme un palliatif précieux.

B. RÉSECTION TOTALE DES DEUX MAXILLAIRES.

HISTORIQUE. En 1844, M. J. F. Heyfelder[1] conçut le projet hardi d'enlever les deux maxillaires supérieurs, et il exécuta l'opération sans grande difficulté avec la scie à chaîne et la pince de Liston. Il la répéta en 1850, 1852 et 1859. Après

---

[1] Les détails des trois premiers cas se trouvent dans Heyfelder, *Amp. u. Resect.*, p. 57-67, et *Revue méd. chir.*, mars 1853.

lui elle fut pratiquée par Dieffenbach[1], par MM. Maisonneuve[2] (2 fois), Jüngken[3], Langenbeck[4], Esmarch[5].

L'observation du quatrième malade de M. Heyfelder est la suivante :

Anders Skruwin, âgé de quarante-huit ans, ouvrier robuste et bien portant, s'aperçoit, vers la fin de 1858, d'une tuméfaction de la joue droite, qui va rapidement en augmentant et s'accompagne de la chute des dents de ce côté. Bientôt la douleur et le gonflement s'étendent à la joue gauche et les dents tombent également à gauche. En février 1859, le malade entre à l'hôpital des ouvriers de Saint-Pétersbourg ; la face est œdématiée, les deux maxillaires supérieurs sont distendus dans tous les sens par un néoplasme assez ferme à la circonférence, plus mou au centre ; le nez est bouché par la tumeur, la déglutition et la parole sont gênées. Le développement rapide du mal indique une affection de mauvaise nature. Le 4 février, M. Heyfelder procède à l'extirpation des deux maxillaires. Une première incision fend le nez et la lèvre supérieure par le milieu ; une seconde incision va de l'angle interne de l'œil gauche à celui de l'œil droit ; puis on dissèque les deux lambeaux pour dénuder les maxillaires supérieurs. Les connexions de ces os avec les malaires, le frontal, les os propres du nez, sont divisées avec la scie à chaîne. Le vomer est coupé avec des ciseaux. Après qu'on a détaché le voile du palais, la masse morbide peut être séparée assez facilement de ses connexions. L'hémorrhagie, d'abord assez considérable, s'arrête par l'application du fer rouge. On réunit la plaie par des points de suture et on la couvre d'un linge cératé. Le malade boit immédiatement après l'opération quelques gorgées de vin et de bouillon, passe une bonne nuit, se trouve bien dans la journée du lendemain, mais succombe brusquement sans agonie quarante heures après l'opération.

A l'autopsie on trouve une infiltration purulente des deux poumons ; le foie et les reins sont hypertrophiés ; du reste, point de lésions. La tumeur examinée au microscope est un encéphaloïde bien caractérisé.

L'*opération* n'est pas plus difficile que l'extirpation d'un seul maxillaire ; la division des parties molles se fait d'après les mêmes types que pour l'opération unilatérale.

1° L'*incision médiane*, employée par MM. Dieffenbach, Maisonneuve et dans le quatrième cas de M. Heyfelder, n'aura besoin que d'une seule modification : c'est d'étendre la petite incision transversale d'un œil à l'autre.

2° Les *incisions latérales*, la *postérieure* et l'*antérieure*, s'exécutent des deux côtés au lieu d'un seul.

---

[1] *Oper. chirurg.*, II, p. 46. — [2] *Gaz. hôpit.*, 1850. — [3] *D. Klinik*, 1850. — [4] *Loc. cit.*, 1853. — [5] Communic. privée.

Si l'un ou l'autre de ces procédés ne suffisait pas pour découvrir les maxillaires gonflés et déformés, on pourrait employer le procédé suivant proposé par M. J. F. Heyfelder : un premier coup de bistouri fend la lèvre inférieure jusqu'au menton ; de là deux incisions contournent le bord de la mâchoire inférieure jusque vers les oreilles. Enfin, on détache tout le masque du visage.

Ce procédé a déjà été appliqué avec succès à l'extirpation d'un seul maxillaire supérieur.

La séparation des deux maxillaires se fait comme celle d'un seul. On peut abréger l'un des temps de l'opération en perçant la paroi interne des deux orbites de part en part, pour couper d'un trait avec la scie à chaîne toutes les connexions supérieures. C'est une modification indiquée par M. Maisonneuve. Le vomer est divisé avec les cisailles.

Le traitement consécutif est le même qu'après l'opération unilatérale. L'énorme cavité qui reste se remplit de tissu inodulaire, à une petite ouverture près, qu'on peut fermer avec un obturateur ; la difformité est minime ; petit à petit la parole se rétablit et le malade apprend à manger des aliments mous. Onze opérations doubles se sont terminées 6 fois par la mort et 5 fois par la guérison. Deux décès sont à mettre sur le compte de l'opération (premier opéré de M. Maisonneuve et quatrième de M. Heyfelder) ; un opéré de Dieffenbach a succombé à une apoplexie ; 3 autres ont péri par des récidives du cancer après six, quinze et vingt-trois mois. En somme le résultat est assez satisfaisant.

C. RÉSECTIONS PARTIELLES D'UN MAXILLAIRE SUPÉRIEUR.

La *résection du bord alvéolaire* se fait pour des tumeurs de toute nature, cancroïdes, épulis, exostoses etc. Dans les cas ordinaires il n'est pas nécessaire d'inciser la joue ; si les dents ne sont pas tombées, on les extrait ; puis on excise l'os avec la gouge, des pinces incisives ou de petites scies-couteaux.

La *résection du bord orbitaire* a été pratiquée par MM. Dietz,

J. F. Heyfelder et Esmarch, pour des cancers de la paupière inférieure. M. Bowman y enleva une exostose.

Résection d'une paroi du maxillaire. Il y a deux cents ans qu'on
trépane la *paroi antérieure* de l'os pour évacuer les liquides accu-
mulés dans de l'antre d'Highmore. On a également réséqué cette
paroi pour extirper des tumeurs de natures variées. Si la résection
doit avoir quelque étendue, il faut inciser la joue; autrement on se
contente de la détacher du maxillaire par l'intérieur de la bouche.
La division de l'os se fait avec un perforateur, une petite couronne
de trépan ou la pince de Liston. L'opération n'est pas dangereuse
et est à peu près toujours suivie de guérison.

La *voûte palatine* s'enlève pour permettre l'ablation de polypes
fibreux de la base du crâne.

En 1844, M. Adelmann[1] élargit une perforation déjà existante de
la voûte, pour arriver au polype. M. Nélaton[2] éleva cette résection
à l'état de procédé régulier et l'employa six fois, de 1848 à 1860.
MM. Ad. Richard[3], Robert[4], Legouest[5], Jarjavay[6], Verneuil[7] ont appliqué le même procédé, qui se pratique de la façon suivante :

Une incision longitudinale, commençant à 2 centimètres de l'arcade dentaire, passe par le milieu de la voûte palatine et du voile.
On ajoute une petite incision transversale à l'extrémité antérieure
de la première, et l'on dissèque les deux lambeaux qui en résultent.
Puis on perfore la voûte osseuse aux deux extrémités de l'incision
transversale; on coupe le pont intermédiaire avec des pinces incisives et on enlève toute la voûte. La résection est alors terminée;
il ne reste plus qu'à couper le polype. En outre, M. Nélaton cautérise le point d'implantation, et à cet effet il maintient l'ouverture
béante pendant des mois. Au bout de ce temps il réunit les lambeaux. Dans un cas il a obtenu une restauration de la voûte, avec
régénération d'une lamelle osseuse.

La résection de la voûte palatine est longue et difficile à exécuter,
et expose le malade à garder une perforation. Je préfère donc, en
thèse générale, me frayer une voie jusqu'au polype par la résec-

[1] *Loc. cit.*, p. 34. — [2] *Gaz. hôpit.*, 1853, p. 22, 38, 315. — [3] à [7] *Gaz. hôpit.*, 1860,
227.

tion des os propres du nez. Nous n'avons pas à discuter ici les résultats des opérations de polypes naso-pharyngiens.

Résections partielles du corps du maxillaire supérieur. Nous rangeons dans cette catégorie toutes les résections qui comprennent plus qu'une apophyse ou qu'un bord. Ces opérations s'attaquent ou à la partie supérieure ou à la partie inférieure du maxillaire ; ces dernières portent aussi le nom d'*amputations.*

En 1693, Acoluthus [1] enleva, avec un fort couteau, une tumeur de la mâchoire supérieure, grosse comme les deux poings. Après plusieurs cautérisations il guérit son malade. C'est la première amputation du maxillaire dont il est question dans les auteurs.

Jourdain, David, White, Desault et une foule d'autres chirurgiens ont amputé depuis des maxillaires en grand nombre. Par contre, la résection de la partie supérieure ne trouve que rarement son application. Elle a été exécutée par Jæger en 1830, par M. Bauer en 1832, par M. Michon en 1850 ; enfin, plusieurs fois par MM. J. F. Heyfelder et Langenbeck [2].

L'observation suivante de l'auteur de cet ouvrage n'a pas encore été publiée :

A. W...., âgé de vingt-quatre ans, entre à l'hôpital des ouvriers de Saint-Pétersbourg, pour une tumeur de la joue droite, d'une consistance élastique, parfaitement indolore, mais qui a ébranlé les dents de ce côté. On diagnostique un ostéosarcome, et le 9 juillet 1860 je procède à l'amputation. Les parties molles sont incisées sur la ligne médiane et la tumeur est mise à découvert ; elle ne s'étend pas tout à fait jusqu'au trou sous-orbitaire. Avec une scie à guichet de Langenbeck je fais une section curviligne, qui monte derrière la dent de sagesse et descend entre la canine et la seconde incisive, en emportant la voûte palatine jusqu'au voisinage de la ligne médiane. Quelques parties malades sont encore enlevées avec la pince de Liston. En deux jours, la réunion du lambeau est complète, et le malade se remet sans aucun accident.

Note du traducteur. J'ai fait, de mon côté, une résection de la partie supérieure du maxillaire pendant que j'étais chargé de la clinique, en octobre 1861.

Un jardinier, de cinquante-six ans, porte dans le sinus maxillaire gauche une tumeur qui pénètre dans l'orbite. Je fends le nez sur la ligne médiane, et du sommet de cette incision j'en fais une autre transversale, qui longe le rebord orbitaire inférieur. Après la dissection de ce lambeau triangulaire, j'excise avec une pince de Liston la paroi antérieure du sinus, le plancher de l'orbite et l'apophyse montante, et je cautérise le fond de la plaie. Réunion très-belle du lambeau. Le malade sort guéri au bout de quatorze jours ; mais la tumeur se trouve être un cancroïde et récidive au bout de trois mois.

[1] *Mém. de l'Acad. roy. de chir.* — [2] Voy. pour ces citations O. Heyfelder, *De la résect. des maxill. supér.*

Ces résections partielles du corps de la mâchoire sont *indiquées* pour des caries, des nécroses, des tumeurs bénignes. Les tumeurs malignes, quoique limitées à une partie du maxillaire supérieur, exigent l'extirpation totale.

Opération. La *résection de la partie inférieure* du corps de l'os peut se faire à la rigueur sans incision de la peau. On sépare les parties molles de l'os par l'intérieur de la bouche, et l'on peut ainsi remonter jusqu'au delà du trou sous-orbitaire et même détacher les cartilages du nez. A mesure qu'on dissèque les téguments, ils acquièrent plus de laxité et, pour l'augmenter encore, je n'hésiterais pas à disséquer le maxillaire inférieur du même côté.

Ces opérations, en quelque sorte sous-cutanées, méritent toujours la préférence et ont été exécutées par différents chirurgiens. Si elles ne sont pas possibles à cause du gonflement de l'os ou de l'étendue de la maladie, on appliquera l'un ou l'autre des procédés d'extirpation totale. Dans beaucoup de cas il suffira de faire une incision de la moitié ou du tiers de la longueur ordinaire.

La *résection de la partie supérieure* du maxillaire ne peut jamais être sous-cutanée. Si une seule incision ne suffit pas, on peut combiner l'incision latérale externe avec la médiane ou la latérale interne, de façon à obtenir un lambeau quadrilatère à base inférieure. On excise l'os en forme de V ou de demi-lune au moyen d'une scie à guichet ou à dos mobile. Il faut examiner avec soin la surface de section et enlever tous les points suspects ou du moins les toucher avec le fer rouge.

Note du traducteur. Plutôt que de fendre la paupière en deux endroits, je préférerais faire une incision le long du rebord orbitaire inférieur, telle que je l'ai décrite dans l'observation de la page 275. Le malade en serait moins défiguré.

Le *traitement consécutif* est le même que pour l'extirpation totale; mais le cas est d'autant moins grave que la portion enlevée est plus petite. Par contre, les récidives sont plus fréquentes et plus rapides. Sur 153 résections partielles nous comptons 48 guérisons, 35 morts ou récidives et 70 terminaisons inconnues.

Du reste, les cas de mort sont dus en grande partie à des récidives et non à l'opération elle-même.

D. RÉSECTIONS PARTIELLES DES DEUX MAXILLAIRES SUPÉRIEURS.

On peut pratiquer sur les deux maxillaires les résections partielles les plus variées. C'est ainsi que Regnoli[1] enleva le rebord alvéolaire en totalité; que Dieffenbach, Rogers et d'autres firent des amputations partielles.

Une espèce de résection mérite une mention particulière; c'est l'excision des parties antérieures et médianes des deux maxillaires en forme d'os intermaxillaire.

Cette opération a été pratiquée par Dupuytren[2] en 1818, dans un cas de carie; par M. Langenbeck[3] pour un fibroïde; enfin, par MM. Demarquay[4], Fergusson et J. F. Heyfelder[5], par ce dernier jusqu'à 4 fois : 2 fois pour carie, 1 fois pour nécrose et 1 fois pour un fibroïde.

Le premier malade de M. Heyfelder, Claus, âgé de vingt-huit ans, fut admis à l'un des hôpitaux de Saint-Pétersbourg, pour une carie de la mâchoire extrêmement douloureuse. Les parties molles furent détachées de l'os par l'intérieur de la bouche, et l'on réséqua les deux maxillaires en forme de V avec la pince de Liston, en traversant l'alvéole de la seconde molaire d'un côté et celle de la première de l'autre. Le malade guérit parfaitement en trois semaines.

Les trois autres observations sont assez analogues[5].

L'*opération* peut rester sous-cutanée, à moins que le volume des os malades ne s'y oppose. MM. Langenbeck et Demarquay taillèrent dans la lèvre un lambeau triangulaire à base inférieure, sans toucher au bord rouge; M. Fergusson fendit la lèvre jusqu'au milieu et mena de là deux incisions en forme de Y dans les narines. On divise les os de dehors en dedans avec une petite scie ou une pince incisive, ou bien de dedans en dehors avec la scie à chaîne, après perforation préalable de la voûte palatine. En dernier lieu on coupe le vomer.

Les huit opérations de ce genre se terminèrent toutes par une guérison rapide et sans grande difformité, à l'exception du cas de Dupuytren, où l'opéré succomba à une pleurite.

---

[1] *Sulla exstirpazione delle int. arcade alv., della sup. et inf. mascella*, Pesaro 1825. — [2] *Leçons orales.* — [3] Billroth, *Fibroïd des Oberk.* etc. — [4] *Gaz. méd.*, 1857, n° 46. — [5] Voy. les observat. détaillées dans le texte allemand de cet ouvrage, p. 365.

CHAPITRE XXX.

RÉSECTION DES OS PROPRES DU NEZ.

L'os propre du nez ne s'enlève pas sans l'apophyse montante du maxillaire. MM. Paget, Valentin Mott, Ward, Ried ont enlevé cet os pour des caries ou des néoplasmes.

Mais cette résection se fait le plus souvent pour atteindre le pédicule de polypes naso-pharyngiens. MM. Langenbeck, Lenoir, Giráldès, Chassaignac etc. ont pratiqué cette opération.

Opération. On fait aux téguments une incision semi-lunaire, qui part de la tête du sourcil, passe sur le dos du nez et aboutit à l'aile du nez. Puis on dissèque le lambeau, et l'on détache les cartilages de l'aile. Introduisant alors la scie à guichet dans la fosse nasale, on sépare par une section circulaire le morceau d'os qu'on veut enlever.

La guérison ne se fait ordinairement pas attendre.

RÉSECTION DE L'OS MALAIRE.

L'os malaire est situé presque directement sous la peau, recouvert seulement par une mince couche musculaire et un peu de graisse. Il est en quelque sorte un appendice du maxillaire, auquel il sert de contrefort. Par son apophyse frontale et zygomatique il s'articule avec le frontal et le temporal, et de plus il se joint en arrière au sphénoïde.

Il est rare que l'os malaire soit atteint primitivement; mais souvent la maladie s'y propage des os voisins. Aussi emporte-t-on souvent cet os avec le maxillaire, mais on le résèque rarement à lui seul.

Résection totale. Dieffenbach[1] le premier a réséqué l'os malaire isolé, dans un cas de carie; il fut imité par J. F. Heyfelder[2], Michaux[3] (2 fois) et Blasius[4]. Ce dernier opéra pour cancer et vit

---

[1] *Hamb. Zeitschr.*, vol. VII, p. 199. — [2] *Resect. u. Amp.*, *loc. cit.* — [3] *Bull. de l'Acad. roy. de Belg.*, 1852-1853. — [4] *Beitr. z. operat. Chir.*, 1848.

survenir plusieurs récidives. Les autres malades guérirent ; celui
de M. Heyfelder·eut un léger ectropion.

L'*opération* se fait au moyen d'une incision curviligne, allant du
sommet de l'apophyse frontale à la base de l'os ; ou bien l'on taille
un lambeau triangulaire, qui a pour base ces deux mêmes points, et
pour sommet l'arcade zygomatique. La section de l'os se fait d'une
façon analogue à celle du maxillaire : on coupe d'abord la jointure
avec ce dernier os, puis celle avec le frontal, enfin l'arcade zygomatique.

La *résection de l'arcade zygomatique* est facile à exécuter au moyen
d'une simple incision longitudinale, et elle a été faite par MM. Jæger,
Jobert, J. F. Heyfelder, par ce dernier deux fois. Ordinairement
c'est quelque tumeur, partie du périoste, qui donne lieu à cette
opération.

CHAPITRE XXXI.

RÉSECTION DU MAXILLAIRE INFÉRIEUR.

Le squelette de toute la partie inférieure du visage est constitué
par un seul os, le maxillaire inférieur. Il a une forme en fer à cheval, est composé de deux tables de tissu compact, dont l'externe
est très-épaisse, et d'un diploé intermédiaire. Cet os est très-résistant ; on y distingue un corps, et des branches, qui elles-mêmes se
divisent supérieurement en deux apophyses. La postérieure forme
le condyle de le mâchoire ; l'antérieure ou apophyse coronoïde donne
insertion au muscle temporal. Le tendon de ce muscle est quelquefois difficile à couper quand cette apophyse est très-longue et qu'elle
s'étend derrière l'arcade zygomatique. Pour y arriver, il faut abaisser fortement la mâchoire. Le maxillaire est parcouru dans presque
toute sa longueur par le canal dentaire, qui est plus rapproché de
la table interne de l'os que de l'externe, et un peu plus rapproché
du bord inférieur que du supérieur.

Note du traducteur. Ce dernier rapport varie avec l'âge du sujet. Quand les
dents tombent et que le bord alvéolaire s'atrophie, le canal se rapproche beaucoup du bord supérieur de l'os ; mais il reste à une distance invariable du bord

inférieur et, d'après mes recherches, cette distance est en moyenne chez les adultes de 1 1/2 centimètres.

Ce canal est parcouru par l'artère et le nerf dentaire inférieur, et dans toute résection pénétrante du maxillaire, la scie atteint ces organes. Quoi qu'on en ait dit, la section du nerf par la scie est nette et n'offre pas de danger.

Le maxillaire inférieur est accessible aux instruments dans toute son étendue. Aussi a-t-il été soumis aux résections les plus variées, partielles ou totales. En incisant les téguments, on atteint nécessairement les rameaux ou même le tronc de l'artère faciale; mais le tronc temporo-maxillaire, qui chemine à quelques millimètres de la branche de la mâchoire, est facile à éviter. Souvent la glande sous-maxillaire participe à la maladie de l'os, surtout s'il s'agit de cancers, et il devient nécessaire de l'enlever en même temps.

§ 1er. EXTIRPATION DU MAXILLAIRE INFÉRIEUR.

HISTORIQUE. Beaucoup d'auteurs français attribuent la première extirpation du maxillaire inférieur à Walther et Græfe; mais c'est une affirmation sans fondement. On répète aussi que Signoroni[1] enleva, en 1843, toute la mâchoire sans incision extérieure dans un cas d'ostéosarcome. Mais M. Dumreicher[2] prétend que c'est une erreur de traduction et qu'il ne s'agissait que d'une extraction de séquestre.

Dans la même année, M. J. F. Heyfelder réséqua sur une jeune fille la moitié du maxillaire, et M. Stadelmann, de Nuremberg, lui enleva, onze mois plus tard, l'autre moitié. La malade avait eu une périostite d'origine phosphorique, avec formation d'ostéophytes; elle guérit, mais avec une lèvre pendante qui gênait la prononciation et laissait couler la salive. Il fallut lui faire porter un appareil; l'os ne se régénéra en aucune façon[3]. Dans son rapport à l'Académie, M. Huguier[4], trompé sans doute par les mots de *nécrose phosphorique*, a cru qu'il s'agissait d'une simple extraction d'un séquestre mobile. Mais il fallut isoler péniblement l'os couvert d'ostéophytes et séparer à coups de bistouri les apophyses articulaires et coronoïdes, qui étaient saines et qu'on eut même un instant l'intention de respecter; le fait est notoire en Allemagne[5].

[1] *Annal. univers. di Med.*, 1843, et *Gaz. méd.*, Paris 1843. — [2] *Canstatt's Jahresber.*, 1859, p. 235. — [3] Pour les détails de l'observation, voy. Heyf., *Res. u. Amp.*; Ried, *Resect.*; Bibra et Geist etc. — [4] *Rapport sur la désart.*, Paris 1857. — [5] Pour prouver ce qu'il avance, M. O. Heyfelder donne dans le texte allemand un excellent dessin des maxillaires enlevés par son père dans ce premier et dans le second cas. Il m'a semblé inutile de reproduire ces dessins; j'ai également supprimé la polémique assez vive que M. O. Heyfelder fait à cette occasion.   (*Note du traducteur.*)

En 1848, M. Pitha réséqua tout le maxillaire sur une jeune fille atteinte de périostite phosphorique. Il fit l'opération en deux temps à douze jours d'intervalle, et sa malade guérit.

Dans la même année, Blandin[1] enleva le maxillaire nécrosé en une séance, après l'avoir divisé avec la scie à chaîne.

L'opération a été répétée en 1851 par M. Carnochan[2]; en 1852 et 1853, sur deux sujets, par M. J. F. Heyfelder[3], toujours avec succès. En 1851, M. Maisonneuve[4] enleva la moitié d'un maxillaire atteint de cancer, et il compléta l'extirpation en 1853. En 1856, le même chirurgien fit la désarticulation totale en une séance pour une affection de même nature. MM. Ward[5] en 1855, Langenbeck[6] en 1857, Ried[7] et Günthner[8] en 1860, enlevèrent la mâchoire dans des cas de nécrose ou de périostite phosphorique.

Un dernier cas de M. Heyfelder est encore inédit : Siméon Konikoff, âgé de vingt-six ans, entre à l'hôpital de Saint-Pétersbourg, pour une périostite du maxillaire inférieur, qui amène la nécrose de la totalité de l'os, malgré un traitement assez actif. Le 14 mars 1858, M. J. F. Heyfelder opère pour mettre fin à une suppuration fétide qui mine le malade. Il désarticule d'abord la moitié droite et essaie ensuite de retirer la moitié gauche sans plaie extérieure. Mais elle se brise près des apophyses, et l'on est obligé d'achever l'opération en faisant l'incision ordinaire.

Le cinquième jour le malade est pris d'hémoptysie, et il succombe le septième. A l'autopsie on trouve des cavernes et des tubercules ramollis dans les poumons, quoique le malade n'eût pas présenté de signes de phthisie avant l'opération.

La résection totale du maxillaire *est indiquée* par la périostite d'origine phosphorique, la carie, la nécrose, les néoplasmes, quand ces affections s'étendent à tout le maxillaire.

Opération. Il existe plusieurs procédés pour la division des parties molles. M. J. F. Heyfelder ne fend pas la lèvre inférieure, mais fait une incision curviligne qui suit le bord inférieur et postérieur de l'os. Mais d'ordinaire on applique des deux côtés l'un ou l'autre des procédés usités pour la désarticulation d'une moitié de l'os; on divise, par exemple, la lèvre sur le milieu et l'on fait une incision le long du bord du maxillaire.

---

[1] Huguier, *loc. cit.* — [2] *Gaz. med. de el Correo de Ultramar.*, Agosto 1853, p. 237. — [3] *Res. u. Amp.*, *loc. cit.* — [4] *Gaz. hôpit.*, 1853, p. 218. — [5] *New-York j. of. med.*, May 1856. — [6] *D. Klinik*, 1857. — Outre le cas indiqué, M. Langenbeck a fait encore quatre résections totales pour la même affection, et toutes avec succès. (*Note du trad.*) — [7] *Petersb. med. Zeit.*, 1860, n° 4. — [8] *Loc. cit.*

En disséquant les lambeaux, on incise les gencives et on les détache autant que possible avec le périoste. Ce n'est pas aussi facile que veut bien le dire M. Maisonneuve, qui prétend que, dans un cas d'ostéosarcome, il sépara rapidement le périoste avec le bout de son doigt. On divise ensuite le maxillaire près de la ligne médiane avec une scie, et l'on passe à la désarticulation de chacune des moitiés. A cet effet on dépouille la face interne de l'os des parties molles qui y adhèrent, on coupe le nerf dentaire à son entrée dans le canal, et le muscle temporal à son insertion à l'apophyse coronoïde. Pour se faciliter ce temps de l'opération, il faut abaisser fortement la mâchoire, afin de dégager le sommet de l'apophyse de dessous l'arcade zygomatique. On porte ensuite la moitié du maxillaire en dehors et l'on incise la capsule articulaire verticalement dans l'axe de l'os; puis, luxant le condyle, on le rase avec un bistouri porté à plat. De cette façon on évite l'artère maxillaire interne.

M. Maisonneuve conseille de désarticuler le maxillaire par arrachement; mais si les ligaments et les muscles ont leur résistance normale, il faut des violences dangereuses pour arracher l'os.

Le pansement consiste à réunir la plaie par des sutures et à soutenir le menton par un bandeau. Il y a ordinairement peu d'hémorrhagie; tout au plus a-t-on quatre ou cinq artères à lier, et les faciales sont les seuls troncs d'une certaine importance qu'on blesse nécessairement. Il y a longtemps qu'on ne commence plus l'opération par la ligature de la carotide, et M. Günthner, de Salzbourg, est le seul chirurgien moderne qui paraît avoir adopté cette pratique.

Les résultats de l'opération sont extrêmement favorables. Des 15 opérations que nous avons citées, une seule se termina par la mort; les autres malades se rétablirent rapidement. Les parties molles guérissent, en règle générale, par première intention; l'os est remplacé par une bande de tissu cicatriciel dur, quelquefois incrusté de sels calcaires, mais jamais l'os ne se reproduit d'une façon un peu complète. La difformité est légère et peut être diminuée par un ratelier. Au début, les malades prononcent difficilement les syllabes labiales; cependant cela ne tient pas à un état de paralysie, mais au retrait de la lèvre inférieure sur la supérieure.

La paralysie faciale, résultat de la section du nerf, disparaît en six semaines ou deux mois. La division du canal de Sténon ou de la glande même ne paraît jamais avoir donné lieu à des fistules.   (*Note du traducteur.*)

Parmi les accidents qui peuvent survenir pendant l'opération il faut citer en première ligne le retrait de la langue. Quand cet organe a perdu ses attaches au maxillaire, il suffit du décubitus dorsal ou d'un essai de déglutition pour faire tomber la langue en arrière sur l'orifice du larynx et produire la suffocation. Outre les cas de mort cités par MM. Ried et Velpeau, M. Esmarch a perdu tout récemment une malade de cette façon. Pour prévenir cet accident, MM. Heyfelder et Maisonneuve furent obligés plusieurs fois de passer un fil dans la langue et de la fixer en avant et en bas pendant trois fois vingt-quatre heures. Ordinairement il suffit de relever la tête pour voir la langue reprendre sa place ordinaire. M. Pitha, dans le même but, réséqua le maxillaire en deux temps à un intervalle de douze jours. En général, cette conduite est à imiter.

On explique ce phénomène de retrait d'abord par l'action de la pesanteur, qui peut s'exercer librement sur la langue privée de ses attaches antérieures et latérales, puis par la contraction des muscles styloglosses et stylo-hyoïdiens, qui ne sont plus contrebalancés par leurs antagonistes les génio-glosses et génio-hyoïdiens.

Si un accès de suffocation mortel n'est survenu dans certains cas qu'après plusieurs semaines, cela tenait sans doute à ce que tout l'appareil lingual et hyoïdien avait pris une position plus reculée vers le pharynx (Bégin et Vidal). D'après l'observation de Larrey[1] sur quatre blessés et par celle de MM. Maisonneuve et Hutin sur des réséqués, la langue tombe quelquefois en avant, hors la bouche, quand on a enlevé tout le maxillaire ou au moins le corps de l'os. Je n'ai jamais vu cet accident, et je ne sais donc pas jusqu'à quel point il tient à la position de la tête et à la pesanteur de la langue, et si le gonflement inflammatoire n'y est pas pour beaucoup. M. Huguier prétend que cet inconvénient peut également être évité par une résection en deux temps.

[1] Huguier, *Rapport sur la désart.* etc.

En somme, les dangers de la désarticulation totale de la mâchoire sont assez grands pour faire rejeter toute opération qui n'aurait pas de motifs graves ; mais les résultats sont assez beaux pour la là faire rester dans la pratique chirurgicale.

§ 2. DÉSARTICULATION D'UNE MOITIÉ DE LA MACHOIRE INFÉRIEURE.

Desault[1] et Fischer[2], en 1793, ont, à ce qu'il paraît, fait une espèce de désarticulation du maxillaire dans des cas de fractures par arme à feu.

Palm[3] fit l'opération en 1820, et Græfe[4] en 1821 ; mais ce dernier publia son observation le premier, de sorte qu'on pourrait revendiquer pour lui le mérite de l'avoir inventée. En 1822 nous la voyons pratiquée par V. Mott, après lui par Dzondi et Gensoul. Jusque-là tous les opérateurs commencèrent par la ligature de la carotide. Plus tard on ne prit plus cette précaution inutile, et l'opération se répandit dans tous les pays et fut exécutée par un grand nombre de chirurgiens[5]. Nous ne citerons que M. Fergusson[6], qui l'a faite 10 ou 12 fois, M. J. F. Heyfelder[7] 24 fois, M. Langenbeck[8] 19 fois, l'auteur de ce livre 2 fois. L'une de ces opérations a été pratiquée en 1860 sur un jeune homme atteint de carie et nécrose. Je ne fis qu'une seule incision le long du bord de l'os et je conservai le périoste en le détachant péniblement avec le manche du scalpel et les ongles. Grâce à ce mode opératoire, la perte de sang fut très-faible. Le malade était épuisé par la suppuration ; mais cinq semaines plus tard il reprenait ses occupations. Je l'ai revu au bout de deux ans : il n'était nullement défiguré ; l'os enlevé était remplacé par une bande de tissu fibreux très-dur, renfermant quelques noyaux osseux. L'opéré jouissait de la meilleure santé.

Opération. L'incision des parties molles diffère selon l'étendue de la maladie. S'agit-il d'enlever toute la moitié du maxillaire, on emploie presque généralement le procédé suivant : division de la lèvre sur la ligne médiane, incision le long du bord inférieur du corps et du bord postérieur de la branche du maxillaire, allant jusqu'à l'arcade zygomatique à un travers de doigt du tragus. Le vaste lambeau qui en résulte permet de découvrir l'os avec une grande facilité ; il divise l'artère et le nerf facial ainsi que l'origine du canal de

---

[1] *Œuvres chir.* — [2] *Textor's Neuer Chiron*, II, p. 358. — [3] *Græfe und Walther's Journal*, vol. IX. — [4] *Loc. cit.*, vol. III. — [5] Pour les détails, voy. l'ouvrage allemand, p. 381. — [6] *Lancet* et *Med. Times.* — [7] *Resect. u. Amp.* — [8] Lücke, *Beitr. zu Resect.*

Sténon. Si l'affection s'étend moins loin, on place l'incision verticale vers la commissure des lèvres ou même plus en arrière encore.
M. Langenbeck ne la pratique même pas du tout; il évite ainsi la
cicatrice de la lèvre; mais si l'os est gonflé on n'a pas assez de
jour. L'extraction sous-cutanée ou intra-buccale de Signoroni présente le même inconvénient et n'est applicable qu'à l'extraction de séquestres presque détachés.

MM. Anderson, Schindler, Huguier font une seule incision transversale, allant de la commissure de la bouche vers le lobule de
l'oreille; V. Mott la dirige obliquement vers l'articulation temporo-
maxillaire, Langenbeck l'ancien vers l'angle de la mâchoire.

Pour réséquer la branche seule du maxillaire, M. J. F. Heyfelder
fait un lambeau quadrangulaire à base antérieure; M. Syme l'arrondit.

Si les parties molles sont malades, on les excise et on les remplace par une opération autoplastique.

Quant à la désarticulation de l'os, elle a été décrite dans le paragraphe précédent.

Sur 133 cas appartenant à cette catégorie, la guérison survint
90 fois, la mort ou la récidive 43 fois; de sorte que les succès sont
aux insuccès comme 2 : 1. Du reste les insuccès sont dus en grande
partie aux cancers, et ce n'est qu'exceptionnellement qu'un malade,
opéré pour une autre cause, a succombé à quelque complication ac-
cidentelle. La complication la plus fréquente est l'érysipèle, qui a
fait périr trois opérés; un quatrième malade de M. Maisonneuve est
mort d'angine diphthéritique, et un malade de M. Heyfelder de périostite du crâne.

Les opérations faites pour cancer ont donné plus de la moitié
d'insuccès, celles pour d'autres affections seulement un sixième.
Cependant tous les chirurgiens continuent à opérer dans les cas de
cancer; seulement on devrait s'abstenir quand les glandes sous-
maxillaires ou lymphatiques sont infiltrées, ou que les parties molles
du visage sont détruites dans une telle étendue que la restauration
serait impossible même par une autoplastie.

§ 3. RÉSECTIONS DU CORPS DU MAXILLAIRE AVEC SOLUTION DE CONTINUITÉ.

Les résections du corps de la mâchoire avec solution de continuité (résections pénétrantes) sont ou totales ou partielles ; ces dernières se subdivisent en résections de la partie médiane et de la partie latérale. Du reste les cas où le corps de la mâchoire a été enlevé en totalité sont rares[1]. On a emporté plus souvent la partie médiane ou l'une des parties latérales de l'os. C'est par cette dernière que Dupuytren, en 1812, introduisit les résections de la mâchoire dans la pratique, quoique Deaderick[2] eût déjà fait l'opération en 1810, mais sans la publier.

Ces résections se font pour les mêmes affections que celles d'une moitié du maxillaire. En outre Regnoli[3] a enlevé la partie médiane de l'os pour parvenir à extirper une langue hypertrophique. D'autres ont excisé un morceau des parties latérales dans des cas d'ankylose de la mâchoire.

Opération. Elle se fait d'après les règles générales que nous avons posées.

Si le siége et l'étendue du mal le permettent, on ne pratique aucune incision aux parties molles. Ce procédé est surtout applicable aux résections de la partie médiane, et a été proposé par M. Malgaigne ; mais c'est M. J. F. Heyfelder qui l'a employé le premier avec succès. Quand l'os est plus volumineux ou que la maladie est trop étendue, on pratique une incision le long du bord inférieur de la mâchoire en dépassant un peu les limites de la tumeur. Puis on enfonce le bistouri de bas en haut dans l'incision, et on le fait ressortir dans la rainure formée par les gencives et la muqueuse de la lèvre. Par quelques traits on sépare les parties molles de la face antérieure du maxillaire ; on agit de même sur sa face postérieure, puis on divise l'os de chaque côté avec la scie à chaîne ou la scie à guichet. Quand on emploie le procédé de MM. Malgaigne et

---

[1] Pour l'énumération des chirurgiens qui ont fait ces opérations, voy. l'édition allem. de cet ouvrage, p. 384. (*Note du traducteur.*)

[2] *Americ. med. record.*, 1823, Jul., p. 516. — [3] *Nuovo methodo per l'exstirp. della ling.*, Pisa 1838.

Heyfelder, on dissèque la lèvre et les joues par l'intérieur de la bouche ; on retrousse les parties molles en arrière du menton en profitant de l'élasticité de l'orifice buccal ; on parvient alors à scier l'os mis à découvert, pour ramener ensuite les téguments dans leur position normale.

Dans certains cas, quand la tumeur à enlever est trop volumineuse, il faut ajouter une ou deux incisions verticales aux bouts de l'incision horizontale. On fera bien, en les prolongeant vers le haut, de respecter le canal de Sténon et le bord rouge de la lèvre. A la place de ce lambeau quadrangulaire on en a proposé d'autres des formes les plus diverses.

Certains chirurgiens, après avoir divisé l'os d'avant en arrière jusqu'aux deux tiers, préfèrent achever la section avec le ciseau ou les pinces incisives.

Le danger de l'asphyxie par retrait de la langue diminue avec l'étendue du morceau réséqué.

Addition du traducteur. L'asphyxie se produit quelquefois par un autre mécanisme reconnu par différents auteurs. Quand on rapproche les deux fragments après la résection de la partie médiane, on rétrécit le plancher de la bouche et l'on diminue l'espace réservé à la langue. Elle ne tombe plus en arrière par son propre poids, mais elle est directement refoulée. Indiquer cette cause, c'est indiquer le remède.

Une autre complication signalée par M. Sédillot [1] offre un danger moins immédiat. Sur un malade auquel ce chirurgien avait enlevé tout le corps du maxillaire, les deux branches attirées par les muscles masticateurs se renversèrent en haut et leur surface de section vint ulcérer les gencives de la mâchoire supérieure. On fut obligé de réséquer plusieurs fois l'extrémité des fragments ; mais le malade finit par succomber épuisé par les souffrances. M. Sédillot pense que dans un cas semblable il vaudrait mieux désarticuler l'os complétement, ou au moins le couper très-haut.

Les résultats des différentes résections partielles varient selon la nature de l'opération. La résection de tout le corps de la mâchoire a le plus d'analogie avec l'extirpation totale ; seulement les joues restent soutenues par les branches maxillaires et la figure se raccourcit moins. Après la résection de la partie moyenne, les deux

____
[1] *Méd. opér.*, I, p. 487, 2ᵉ éd.

moitiés latérales se dévient en dedans et souvent inégalement. Les arcades dentaires ne se correspondent plus et la mastication devient pénible. Il en est de même après l'excision de la partie latérale du corps, qui amène de plus un aplatissement de la joue. La prononciation n'est gênée dans aucun cas, ou l'est du moins fort peu. L'os ne se régénère qu'exceptionnellement, mais les deux surfaces de sections de la scie se réunissent par une bande fibreuse. Au besoin on pourrait diminuer la difformité et la gêne fonctionnelle au moyen d'un ratelier bien confectionné.

La terminaison de 133 résections de cette catégorie a été favorable dans 84 cas, défavorable dans 33 ; elle est restée inconnue dans 21 cas. Là encore la différence est énorme entre les opérations entreprises pour des cancers, et celles faites pour carie, nécrose, cysto-sarcome etc. Ces dernières ont donné 66 succès sur 12 insuccès (: : 6 : 1), tandis que les premières n'ont abouti qu'à 18 succès pour 21 insuccès (: : 6 : 7). On peut donc se demander si la résection partielle de la mâchoire inférieure doit être appliquée dans les cas de cancer, d'autant plus que la récidive se fait d'ordinaire très-vite.

Opération de l'ankylose de la mâchoire inférieure.

Les ankyloses de la mâchoire se divisent en ankyloses vraies ou fausses de l'une ou des deux articulations temporo-maxillaires, en synostoses des deux maxillaires, dans un point éloigné de l'article, et en ankyloses fausses par formation de brides. Quand les mouvements de la mâchoire sont très-limités ou tout à fait suspendus, la chirurgie doit intervenir, car la nutrition du malade en souffre et sa prononciation est très-incomplète. Dans les cas de synostose des mâchoires on peut se contenter de diviser le tissu osseux, ou d'exciser le rebord alvéolaire, à l'exemple de M. J. F. Heyfelder. Quant aux brides, on parvient quelquefois à y remédier par la section ou l'excision suivie d'un traitement approprié ; mais l'ankylose vraie ou fausse ne peut être traitée que par l'établissement d'une pseudarthrose, du moment qu'on ne parvient pas à la briser.

Historique. Dieffenbach[1] le premier décrit avec beaucoup de détails un procédé applicable aux ankyloses de l'articulation temporo-maxillaire. Il propose de couper les masséters par la méthode sous-cutanée et d'établir une pseudarthrose.

Beaucoup plus tard, en 1855, M. Bruns[2] fit une résection partielle du maxillaire dans le but d'établir une pseudarthrose, mais d'après un procédé à lui. Un garçon de sept ans fut atteint, à la suite de noma, d'adhérences des gencives aux joues et d'immobilité, peut-être même de synostose, des maxillaires. Au moyen de l'ostéotome, M. Bruns excisa de la branche horizontale un coin osseux de 5 millimètres de base. Après un succès momentané, l'immobilité se reproduisit au bout de neuf mois. On divisa les brides, la pseudarthrose était encore mobile; mais les brides se reformèrent et en définitif le maxillaire ne put être écarté que de 2 centimètres.

En 1858 M. Esmarch[3] observa le cas suivant: un jeune homme de seize ans garda les mâchoires soudées par des brides, résultat d'un noma. De plus il avait une perte de substance de la joue et du maxillaire inférieur. M. Esmarch réséqua les fragments cariés de l'os et ferma le trou par une opération autoplastique. Le malade guérit avec une pseudarthrose et au bout de neuf mois il pouvait encore écarter les mâchoires de 3 centimètres et casser des noix avec les dents.

Se fondant sur cette observation, M. Wilms opéra, de la façon suivante, une immobilité du maxillaire par brides inodulaires, qui avait résisté aux autres traitements: il fit une incision par le milieu de la lèvre et la prolongea le long du bord inférieur du maxillaire jusqu'à la canine, où commençaient les brides. Là il divisa l'os avec la scie à chaîne et en réséqua 2 à 3 centimètres avec la pince de Liston. Par des exercices réguliers, durant deux mois et demi, il obtint une pseudarthrose, qui permettait 4 centimètres d'écartement. Mais le cas n'a pas été suivi assez longtemps pour qu'on sache si cet effet a été durable.

En 1859 M. Dittl[4] répéta l'opération sur un homme de vingt ans, qui souffrait depuis quinze ans d'une ankylose de l'articulation temporo-maxillaire droite. Il incisa la joue horizontalement et excisa un morceau du maxillaire, large de 4 millimètres, en avant de la dent de sagesse. On put alors écarter les mâchoires de 1 1/2 centimètre et au bout de quatre mois il s'était produit une amélioration notable[5].

Opération. Le procédé de Dieffenbach, qui n'est pas, à vrai dire, une résection, consiste à couper les muscles masticateurs par la méthode sous-cutanée et à diviser les branches de la mâchoire par l'intérieur de la bouche au moyen d'un ciseau.

---

[1] *Opér. chirurg.*, vol. I, p. 174. — [2] *Handb. der Chir.*, vol. II, p. 214-219. — [3] *D. Klinik*, 1858. — [4] *Œstr. Zeitschr. f. prakt. Heilk.*, 1859, n° 43. — [5] Plusieurs membres de la Société de chirurgie de Paris ont pratiqué la même opération avec succès. Mais le temps n'en a pas consacré les résultats. (*Note du trad.*)

La résection proprement dite se pratique de la façon suivante : on fend la joue horizontalement en dehors, à partir de l'angle de la bouche, en passant par les fistules qui existent, et en excisant le tissu de cicatrice. L'incision doit mettre à nu les environs de l'angle de la mâchoire et diviser toutes les adhérences entre les gencives et les joues. S'il n'existait aucune adhérence, on pourrait se dispenser de fendre la joue, et faire une simple incision sur le bord du maxillaire. Le point de section de l'os doit varier selon que l'os est plus ou moins accessible, et selon les indications particulières. La place la plus favorable est à 1 ou 2 centimètres au-dessus de l'angle de la mâchoire; de cette façon les mouvements des deux côtés restent symétriques. En tout cas il faut chercher à placer le lieu de la résection derrière la dernière molaire, pour que toutes les dents puissent servir à la mastication. L'étendue du morceau à enlever varie avec les cas. Dieffenbach regardait la simple division comme suffisante; M. Bruns a excisé 5 millimètres de l'os, M. Dittl 6, MM. Esmarch et Wilms de 2 à 3 centimètres. Comme le principal danger à craindre est la réunion trop solide et que les plus grandes pertes de substance se comblent par du tissu fibreux, il faudra plutôt enlever trop que trop peu. La division de l'os se fait avec l'instrument qu'on préfère, ostéotome, scie à chaîne, pince de Liston etc. Le morceau enlevé a tantôt la forme d'un triangle, tantôt celle d'un parallélogramme; peut-être serait-il bon d'arrondir l'un des fragments et de couper l'autre carrément. Si, après la section de l'os, les mâchoires ne s'écartent pas encore librement, on incise les brides qui gênent et on écarte les dents avec un levier.

Le pansement consiste à interposer de la charpie entre les fragments de l'os et à procéder dès les premiers jours à des mouvements actifs et passifs. Pendant le repos on place un morceau de liége entre les dents.

On ne peut rien dire de positif sur les résultats. Chez l'opéré de M. Bruns l'immobilité revint au bout de neuf mois, et ne fut pas empêchée par une seconde opération. Les autres cas n'ont pas été suivis assez longtemps. Mais il est certain que le but prochain de l'opération, à savoir l'établissement d'une pseudarthrose mobile, a été chaque fois atteint. Le maxillaire reprend d'ailleurs toute sa force et les mouvements, un peu asymétriques au début, se régularisent avec le temps, d'après l'observation de Dittl.

Par conséquent cette méthode de traitement est une acquisition précieuse de la médecine opératoire.

Note du traducteur. D'après les données les plus récentes il convient de varier le traitement selon la cause de l'immobilité. Si elle est produite par une ankylose fausse ou vraie de l'articulation, on devra établir la pseudarthrose à la branche de la mâchoire. Si les deux jointures étaient prises, il faudrait opérer des deux côtés. Mais s'il s'agit de brides entre les gencives et les joues, il est inutile de vouloir placer la nouvelle articulation derrière la dent de sagesse; l'immobilité se reproduirait inévitablement même si l'on fendait toute la joue et les brides. Il faut alors établir la pseudarthrose en avant de l'obstacle et en dehors du tissu de cicatrice, si l'on veut avoir des chances de la maintenir.

§ 4. RÉSECTION D'UN BORD OU D'UNE DES TABLES DE L'OS.

(*Résections non pénétrantes.*)

a) Résection d'un bord. C'est le bord alvéolaire qui est le plus souvent sujet à résection, parce que la présence des dents l'expose aux maladies; du reste l'opération est identique à celle qu'on pratique sur le maxillaire supérieur.

La résection du bord inférieur ou de l'angle du maxillaire est indiquée par des caries ou des nécroses circonscrites, souvent par des tumeurs, telles que sarcomes et exostoses; M. Bruns a proposé de réséquer l'angle de la mâchoire pour arriver au nerf dentaire inférieur.

Le bord inférieur est mis à découvert d'après les règles qui comptent pour les résections pénétrantes; puis on divise l'os avec une petite scie-couteau ou l'ostéotome etc. On peut enlever jusqu'aux deux tiers de la hauteur de l'os (Velpeau et Maisonneuve), tout en conservant les dents. M. Textor fils[1] a excisé les racines des deux incisives avec le morceau d'os environnant sans que les dents en fussent ébranlées. Ce genre de résection est très-important, parce

---

[1] *Bayer. Corresp.-Bl.*, 1847, nᵒ 47.

qu'il conserve la forme et la fonction de l'os avec le moins de danger possible.

b) Résection de la table externe. Cette opération a été faite pour enlever des caries, des cancers, des exostoses, ou pour couper le nerf dentaire dans son canal. Autant que possible l'opération doit se faire sans incision extérieure. L'os s'enlève avec la gouge, une petite couronne de trépan ou l'ostéotome, absolument comme aux autres parties du squelette.

Les résections du maxillaire inférieur de toute nature sont au nombre de 321, avec 211 succès, 181 insuccès et 29 résultats inconnus. Les morts et les récidives forment donc 25 pour 100 du total. Les opérés de cancer donnent 60 pour 100 d'insuccès, les autres seulement 14 pour 100.

Addition du traducteur.

CHAPITRE XXXII.

RÉSECTIONS TEMPORAIRES.

Je propose d'appliquer le nom de *résections temporaires* à un certain nombre d'opérations, qui sont des résections en ce sens qu'on excise un morceau d'os, mais qui en diffèrent parce que cette portion osseuse reste en rapport avec les parties molles et est remise en place à la fin de l'opération.

La résection n'est donc que temporaire; elle n'est pas le but de l'opération, mais un moyen d'arriver sans trop de mutilations à extraire des tumeurs situées dans des cavités à parois osseuses.

Jusqu'à présent on les a désignées sous le nom d'*ostéoplasties;* mais c'est une fausse dénomination, parce qu'on ne comble pas une perte de substance de l'os au moyen des tissus voisins, mais qu'on replace simplement un lambeau qu'on avait soulevé pour les besoins de l'opération.

Ces résections, de date toute récente, n'ont encore été appliquées que sur certains os du visage, les os du nez et les deux maxillaires, dans le but de donner accès soit vers le haut du pharynx, soit vers le fond de la bouche. On ne pourra guère en étendre l'application à d'autres parties du corps.

Nous passerons successivement en revue les procédés de résections temporaires de l'os nasal, du maxillaire supérieur et du maxillaire inférieur ; ce sera suivre en même temps l'ordre historique. Disons cependant que M. Sédillot a proposé et pratiqué, il y a plus de dix ans, sur le maxillaire inférieur, une opération qui se rapproche fort des résections temporaires et que nous décrirons dans ce chapitre.

§ 1er. RÉSECTIONS TEMPORAIRES DE L'OS NASAL ET DE L'APOPHYSE MONTANTE DU MAXILLAIRE.

La première résection temporaire a été faite en 1859 par M. Langenbeck [1] sur l'os du nez et l'apophyse montante, en vue d'extirper un polype naso-pharyngien.

Un jeune homme de dix-huit ans portait dans les fosses nasales deux fibroïdes, insérés l'un aux environs de la trompe d'Eustache droite, l'autre près de l'épine nasale postérieure. M. Langenbeck, au lieu de faire comme d'ordinaire la résection de l'os propre du nez (voy. p. 278), résolut de récliner cet os en le laissant adhérent à un pont de périoste. Il fit une incision qui partait du milieu de la racine du nez et la prolongea jusqu'à la narine droite, en longeant l'échancrure nasale. L'os nasal du côté droit fut disséqué; on respecta soigneusement le périoste; puis l'opérateur le sectionna avec une pince de Liston tout contre la cloison et jusqu'à l'os frontal. Un second coup du même instrument divisa la base de l'apophyse montante du maxillaire jusque dans le sinus. A l'aide d'un élévatoire on luxa l'os nasal et l'apophyse montante, et on les replia vers le front. Ils restaient en communication avec le frontal par un pont de périoste et de muqueuse. Après l'extirpation des polypes, les os furent replacés et on fit la suture des parties molles.

Le malade guérit, mais il se produisit une fistule lacrymale, qui ne se ferma

[1] *D. Klinik*, 1859, n° 48.

qu'après l'expulsion de quelques lamelles osseuses. Probablement que l'unguis avait été lésé.

Ce premier procédé de M. Langenbeck est encore très-incomplet ; ce chirurgien commence par dépouiller l'os des téguments qui le recouvrent et ne le laisse en rapport qu'avec le périoste. Si, par accident, cette membrane se détruit, on risque de voir survenir une nécrose de la partie réséquée. Pour éviter plus sûrement ce danger, il faut former un lambeau ostéo-cutané comprenant l'os nasal, comme M. Langenbeck l'a fait un peu plus tard pour le maxillaire supérieur.

Voici un procédé que je propose pour la résection de l'os nasal, et qui donne en même temps plus d'espace que celui du chirurgien de Berlin ; je suppose, dans la description, que le polype siége principalement dans la fosse nasale droite.

1º On fait une incision transversale sur le dos du nez, allant d'un sac lacrymal à l'autre, immédiatement au-dessous du tendon de l'orbiculaire ; une seconde incision part de l'extrémité droite de la première, descend dans le sillon naso-génien jusqu'à l'aile du nez, qu'elle détache. Une troisième incision divise la sous-cloison à son union avec la lèvre.

2º A l'aide d'un trocart on perce le nez, d'un sac lacrymal à l'autre ; et on divise les os dans le sens de la première incision avec la scie à chaîne. Un second trait, donné avec une scie à guichet, divise les os dans le sens de l'incision verticale. Enfin, il reste à couper verticalement la cloison des fosses nasales, aussi loin en arrière que possible ; on y parvient moyennant une pince de Liston, un fort bistouri ou une petite scie.

3º On replie le vaste lambeau comprenant presque toute la saillie du nez, vers le côté droit, en brisant l'apophyse montante de ce côté à sa base. On la saisit entre les branches d'une forte pince garnie d'amadou. Si elle offre trop de résistance, on peut la diviser par l'intérieur du nez avec un ciseau.

4º Pour achever de dégager l'accès du pharynx, il faut encore extraire les cornets et le reste de la cloison. Puis, le polype enlevé, on refixe le nez en place à l'aide de points de suture. La portion de cloison qui a été conservée et repliée avec le nez, empêcherait

l'affaissement de cet organe, et les cicatrices seraient certainement
pen visibles.

Ce procédé n'a encore été essayé que sur le cadavre; mais M. Lawrence a fait
depuis une opération analogue sur le vivant. Un jeune homme de vingt-deux ans
avait les deux fosses nasales remplies de polypes muqueux, assez volumineux
pour distendre les os du nez. De nombreuses tentatives furent faites sans succès
pour enlever ces productions avec la pince à polype. M. Lawrence se décida
alors à pratiquer une opération qu'il décrit de la manière suivante [1] :

Deux incisions, partant du côté interne des sacs lacrymaux, divisèrent les
téguments de chaque côté du nez et se terminèrent au point de jonction des
ailes nasales avec la lèvre supérieure. Puis le chirurgien coupa les apophyses
montantes du maxillaire et les os du nez avec des cisailles. Enfin il divisa la
cloison et releva le nez sur le front.

Les masses polypeuses, mises à nu par cette opération préliminaire, furent
enlevées une à une avec des pinces. Sur certaines places, les végétations étaient
si serrées qu'il fallut exciser complétement la muqueuse.

En dernier lieu, le nez fut replacé dans sa position normale, où on le maintint
par quelques sutures.

En peu de jours le malade était guéri et respirait librement par les narines.

§ 2. RÉSECTIONS TEMPORAIRES DU MAXILLAIRE SUPÉRIEUR.

Le succès de la première opération de M. Langenbeck rendit les
chirurgiens plus hardis, et on songea bientôt à faire la résection
temporaire du maxillaire supérieur. C'est M. Huguier, le premier,
qui en 1860, réalisa ce progrès; mais il ne publia son observation
qu'une année plus tard, en même temps que MM. J. Roux et Langenbeck publiaient des procédés de résection pour le même os.

M. Huguier [2] détache toute la moitié inférieure du maxillaire supérieur, la luxe en bas et en dedans en se servant de la suture médio-
palatine comme d'une charnière. Le fragment d'os ne reste en rapport avec les tissus environnants que par l'intermédiaire des parties
molles du palais. Après l'ablation du polype il est remis en place.

L'opéré est un jeune homme de vingt ans, assez débile, souffrant depuis six
ans environ d'un polype, qui a distendu le nez et refoulé le voile du palais. La
tumeur siége à gauche.

Le 11 août 1860, M. Huguier l'opère de la façon suivante:

----

[1] *Med. Times*, 1862, Novb.; p. 491. — [2] *Gaz. hôpit.*, 1861, p. 337.

1° Une boutonnière transversale est pratiquée à la base du voile et l'on fait passer par la fosse nasale malade un ruban de fil destiné dans la suite à opérer des tractions sur le maxillaire et à le renverser en bas et à droite;

2° On fait une incision à travers la joue, depuis la commissure labiale jusqu'au bord antérieur du masséter. Une seconde incision part du sillon nasogénien en son milieu, contourne l'aile du nez qu'elle détache, puis aboutit au milieu de la lèvre supérieure. Le lambeau triangulaire qui en résulte est détaché et relevé en dehors;

3° Un trait de scie horizontal sépare en deux parties le maxillaire supérieur et l'os palatin; commençant immédiatement au-dessus de la tubérosité maxillaire, il aboutit au-dessus du plancher des fosses nasales;

4° La première dent incisive est luxée, puis un trait de scie peu profond est donné d'avant en arrière sur la voûte palatine, à gauche de la cloison;

5° La base de l'apophyse ptérygoïde est coupée avec un fort sécateur et la partie inférieure du maxillaire supérieur se trouve ainsi détachée du reste des os de la face, auxquels elle ne tient plus que par les feuillets muqueux de la voûte palatine et du rebord alvéolaire supérieur (?). Alors, en se servant d'un ciseau comme levier, en même temps qu'on fait des tractions sur le ruban de fil, on obtient la luxation du maxillaire, qui est renversé en bas et à droite.

Par cette large porte, ouverte jusqu'au pharynx, on extirpe le polype, non sans quelques accidents, dont nous n'avons pas à nous occuper ici. Puis on remet le maxillaire en place, et on le maintient par l'interposition d'un coin entre les molaires et l'application d'une fronde. Les parties molles sont réunies par des sutures.

Le malade supporte bien les suites de l'opération, mais il faut combattre la tendance qu'a le maxillaire à retomber dans la bouche. M. Huguier applique à deux reprises l'appareil en gutta-percha de M. Morel-Lavallée. La partie supérieure et antérieure du maxillaire se nécrose dans une petite étendue; mais le malade finit par se rétablir parfaitement et il est présenté guéri à l'Académie de médecine.

Presque au même moment où l'observation de M. Huguier était publiée, M. Langenbeck [1] faisait sur le maxillaire supérieur une résection temporaire, d'après un procédé différent. N'ayant pu me procurer le journal allemand où M. Langenbeck a publié l'observation, j'en emprunte la description au récit d'un témoin oculaire, communiqué au *Medical-Times:*

Le malade est un garçon de quinze ans, affecté depuis deux ans d'une tumeur fibreuse, qui proémine d'une part dans la fosse sphéno-maxillaire et tempo-

---

[1] *Med. Times*, 1861, II, p. 255, et *D. Klinik*, 1861, n° 29.

rale, d'autre part dans la partie postérieure de la fosse nasale gauche. M. Langenbeck diagnostique un fibroïde de la fente ptérygo-palatine, qui s'est développé en même temps en dehors vers la tempe, et en dedans à travers le trou sphéno-palatin, et qui englobe la partie postérieure du maxillaire. Sans entrer dans les détails du diagnostic, je passe immédiatement à l'opération, qui est faite le 1er juillet 1861. Le petit malade est chloroformé. Une première incision part de la base de l'aile du nez et se dirige horizontalement en dehors jusqu'au milieu de l'arcade zygomatique; là elle est rejointe à angle obtus par une seconde incision, qui part du sac lacrymal et longe le rebord orbitaire inférienr. Ce lambeau cutané n'est pas disséqué de l'os; mais l'opérateur sépare le masséter de l'apophyse zygomatique, passe entre la tumeur et la tubérosité maxillaire dans la fosse ptérygo-palatine, traverse le trou nasal avec un corps mousse et pénètre dans le pharynx. La tumeur, en dilatant les os, a frayé la voie. Une petite scie à guichet est introduite par là et coupe horizontalement le maxillaire supérieur d'arrière en avant dans la direction de l'incision cutanée inférieure. L'index de la main gauche, introduit dans le pharynx, surveille la pointe de la scie. Puis on coupe successivement l'arcade zygomatique, l'apophyse frontale de l'os malaire et le plancher de l'orbite.

Les seules parties qui ne sont pas divisées sont l'apophyse montante et l'os unguis ainsi que la peau qui les recouvre et qui alimente la portion de maxillaire. La voûte palatine et l'arcade dentaire restent intactes. La portion réséquée est soulevée avec une spatule et se meut comme un couvercle de tabatière dans la charnière formée par l'apophyse montante. La fosse ptérygo-maxillaire et le pharynx sont très-accessibles et l'on extirpe le polype. Le maxillaire est alors replacé, mais il a de la tendance à se relever vers le nez; il faut le maintenir par un bandage compressif. Des points de suture unissent les parties molles, et en quinze jours la guérison est à peu près complète.

Toujours à la même époque, en 1861, M. Jules Roux [1], de Toulon, avait inventé de son côté un procédé très-ingénieux pour la résection temporaire du maxillaire supérieur et de l'os malaire, mais sans avoir éu l'occasion de l'appliquer sur le vivant. Voici ce procédé, d'après la description de son auteur :

1o Incision transversale de 1 centimètre, intéressant les parties molles qui recouvrent l'apophyse orbitaire externe. Section de l'articulation fronto-jugale avec le ciseau ou la scie à chaîne;

2o Incision verticale de 1 centimètre sur l'apophyse zygomatique et section de cet os;

[1] *Gaz. hôpit.*, 1861, p. 354.

3° Incision sinueuse des parties molles, commençant au-dessous du sac lacrymal, contournant l'aile du nez et fendant le milieu de la lèvre supérieure. Section de la base de l'apophyse montante et de la cloison interne de l'orbite, au niveau de l'angle inférieur de cette cavité ;

4° Section de l'articulation ptérygo-maxillaire, à l'aide d'un long ciseau, directement appliqué de champ derrière la dent de sagesse, dans l'angle rentrant formé par la rencontre du sphénoïde, du maxillaire supérieur et du palatin ;

5° Incision transversale détachant la moitié correspondante du voile du palais et section de la voûte palatine.

Il ne reste plus alors qu'à écarter le maxillaire ainsi détaché de ses attaches, pour s'ouvrir une large voie jusque dans le pharynx ; si cependant elle n'était pas suffisante, M. Roux propose de réséquer le vomer, l'apophyse ptérygoïde et au besoin d'écarter aussi l'autre maxillaire supérieur.

Les trois procédés que je viens de décrire pourraient être désignés sous les noms de : 1° procédé de Huguier, ou résection temporaire de la moitié inférieure du maxillaire ; 2° procédé de Langenbeck, ou résection temporaire de la moitié supérieure du maxillaire ; 3° procédé de Roux, ou résection temporaire de la totalité du maxillaire et du malaire.

Les deux premiers ont été seuls appliqués et ont été tous les deux suivis de succès ; mais si je devais les juger au point de vue de la médecine opératoire, je donnerais la préférence au troisième, qui est plus élégant, qui blesse le moins les parties molles et assure le mieux la vitalité de l'os réséqué, tout en donnant autant d'ouverture que les deux autres. D'ailleurs les compléments indiqués par M. Roux permettent d'agrandir rapidement le champ de l'opération. J'ai répété ces procédés plusieurs fois sur le cadavre, et j'ai constaté que le dernier est plus facile à exécuter que les précédents.

L'opération de M. Langenbeck n'est applicable qu'à certains cas particuliers. Il faut déjà que la fosse ptérygo-palatine et le trou nasal soient dilatés par une tumeur ; sinon, on ne peut y introduire les instruments qu'en brisant les os. D'un autre côté la scie agit au hasard dans le fond de l'orbite. Enfin la double incision de la joue doit défigurer le malade. Nous réserverons donc ce procédé, comme le veut du reste son auteur, pour les cas où le polype a pénétré dans la fosse sphéno-maxillaire.

Le procédé de M. Huguier a le grave inconvénient de dépouiller l'os à réséquer des téguments qui le recouvrent. Sans doute l'os est nourri par le périoste; mais encore faut-il laisser ce dernier en rapport avec les tissus ambiants qui lui apportent le sang et qui lui permettent ainsi d'en fournir à l'os. M. Huguier se fie pour la nutrition de toute la moitié inférieure du maxillaire à la seule muqueuse de la voûte palatine ; l'événement lui a donné raison, mais on risque de n'être pas toujours aussi heureux, et peut-être la nécrose partielle qu'il a observée est-elle un indice de ce qu'il faut craindre. Un autre inconvénient du procédé de M. Huguier, c'est de replier le fragment d'os dans la bouche et de gêner ainsi la respiration et les mouvements de déglutition.

§ 3. RÉSECTIONS TEMPORAIRES DU MAXILLAIRE INFÉRIEUR.

Un élève de M. Langenbeck, le professeur Billroth [1], de Zurich, a pratiqué en 1861 deux résections temporaires sur le maxillaire inférieur pour extirper des tumeurs cancéreuses de la bouche et de l'isthme du gosier. Ses observations n'ont été publiées que dans le courant de l'année 1862. Quelques semaines plus tard j'eus l'occasion d'imiter le chirurgien de Zurich.

Du reste il y a nombre d'années qu'a surgi l'idée d'entamer le maxillaire inférieur pour se faciliter l'amputation de la langue. On a pu voir dans le chapitre précédent que Regnoli, en 1838, avait déjà réséqué la symphyse du menton dans ce but. M. Sédillot [2] plus tard se borna à diviser le maxillaire sur la ligne médiane et à en écarter les deux moitiés. C'était remplir parfaitement les indications des résections temporaires et M. Sédillot devrait compter à ce titre comme le promoteur de ces opérations. Ayant observé sur son premier malade qu'il était difficile de maintenir les fragments en

---

[1] *Archiv für Chirurgie*, von Langenbeck, 1862, 3e livr., p. 651. — [2] *Méd. opérat.*, 2e éd., t. II, p. 35.

rapport, il proposa la modification suivante à son procédé : la lèvre inférieure est fendue sur la ligne médiane jusque vers l'os hyoïde, puis on divise l'os par deux traits de scie obliques représentant un < ou un triangle dont la pointe occupe le milieu de la hauteur de l'os. Rien de plus aisé ensuite que d'engrener l'angle saillant d'un côté dans l'angle rentrant du côté opposé. M. Sédillot a pratiqué plusieurs fois cette opération préliminaire pour l'extirpation de la langue. M. Maisonneuve[1] l'a employée également et a présenté son malade guéri à l'Académie de médecine.

La première opération de M. Billroth date de septembre 1861.

Le malade est un homme de quarante-six ans, affecté de cancer épithélial du plancher de la bouche ; il a déjà été opéré quelques mois auparavant. Cette fois-ci l'altération occupe surtout le côté gauche et s'étend jusque derrière l'angle de la mâchoire ; elle ne serait accessible qu'après une résection de l'os. L'opérateur commence par fendre la lèvre inférieure au niveau de la canine droite, et prolonge l'incision par dessus le bord inférieur du maxillaire. Une seconde incision passe horizontalement au-dessous du bord libre de la lèvre et va jusqu'à l'angle de la mâchoire, où elle se dirige à angle droit en bas. Puis on arrache la dent canine droite et l'avant-dernière molaire gauche, et on divise l'os à ces deux places. On débarrasse la face interne du maxillaire des parties molles et on rabat le fragment détaché qui tient encore au lambeau cutané. Par cette brèche, la bouche est largement accessible et il est facile d'extirper tous les tissus dégénérés. Il reste alors à refixer l'os en place ; en arrière on perce les deux bouts du maxillaire et on les maintient par un fil de platine passé dans les trous. En avant on se borne à entourer d'une ligature les deux dents les plus rapprochées.

Ce dernier mode de fixation est loin d'être solide ; il faut le réappliquer à chaque instant, et le malade est très-tourmenté par la mobilité des fragments. Au bout d'un mois on est obligé de pratiquer en avant une seconde suture osseuse.

Guérison en deux mois et demi, sans aucune déformation.

Le second cas de M. Billroth concerne un homme de quarante-trois ans, qui porte derrière l'angle gauche de la mâchoire une tumeur faisant saillie en même temps du côté du cou et du pharynx et ulcérée à la surface. L'opération paraît impraticable, mais le malade, qui est en danger d'étouffer, la demande avec instance.

M. Billroth finit par s'y décider, et pour se créer du jour, il fait la résection temporaire de la branche de la mâchoire. Une incision verticale part du milieu du bord antérieur du masséter et se prolonge jusqu'au cou ; une seconde inci-

---

[1] Sédillot, *loc. cit.*

sion suit le bord de la mâchoire jusqu'au delà de l'angle; puis on divise l'os au niveau de l'avant-dernière molaire; on coupe le ptérygoïdien interne à son insertion et l'on essaie de relever la branche de la mâchoire en dehors, mais on n'y réussit qu'après avoir divisé la moitié de l'insertion du muscle temporal. Le champ de l'opération est alors parfaitement libre; mais la dissection est des plus difficiles. Il faut lier la carotide externe et l'interne, couper le nerf grand hypoglosse et le lingual; le nerf vague lui-même est atteint sans qu'on s'en aperçoive.

Quand toutes les parties malades sont extirpées, on fixe le maxillaire en position par une suture osseuse. Le malade vit encore trois jours et remue la mâchoire en tous sens; il succombe à un œdème pulmonaire, suite de la section du nerf vague.

De mon côté j'ai pratiqué la résection temporaire de la partie moyenne du maxillaire.

Un homme de soixante-deux ans, encore très-robuste, me consulte pour un cancer de la moitié antérieure de la langue et du plancher de la bouche. La langue est complétement immobile; à peine peut-on insinuer le petit doigt entre cet organe et l'arcade dentaire. Le malade ne peut presque plus avaler; il ne peut se faire comprendre que difficilement, et des douleurs lancinantes ne lui laissent aucun repos ni le jour ni la nuit. Plusieurs chirurgiens ont refusé de l'opérer; mais il demande à être débarrassé à tout prix de la situation intolérable dans laquelle il se trouve.

Le procédé de M. Sédillot ne me paraît plus applicable ici, parce que la langue collée contre les incisives ne permettrait ni la section de l'os sur la ligne médiane, ni l'écartement des fragments. Par contre il me semble qu'une résection temporaire rendrait l'extirpation facile.

L'opération [1], acceptée par le malade, est pratiquée à la maison des Diaconnesses, le 28 octobre 1862, avec l'assistance obligeante de mon collègue, M. Morel, du docteur Morel père, de M. Münch, premier interne à l'hôpital, et de quelques élèves. M. Elser chloroforme le malade.

Une première incision horizontale passe par la lèvre inférieure, à 3 centimètres au-dessous du bord libre et s'arrête de chaque côté à une petite distance de l'artère faciale. De ses deux extrémités partent des incisions verticales, qui dépassent un peu le bord de la mâchoire; je dégage l'os à ce niveau et je le divise des deux côtés avec la scie à chaîne, montée sur le porte-scie de M. Mathieu. Mais auparavant j'ai percé, avec un drill, deux trous de chaque côté des traits de scie, pour y passer plus tard les fils de fer de la suture. Le corps de la mâchoire, tenant au lambeau quadrilatère des parties molles, est ensuite rabattu sur le cou et laisse un libre accès dans la cavité buccale. Le bord rouge de la lèvre, qui est resté intact, est relevé avec facilité jusque sur le nez et ne gêne

---

[1] Voy. pour les détails, *Gaz. hebdomad.*, Avril 1863.

nullement. Aussi l'extirpation de la moitié de la langue, des glandes sublinguales, d'une partie de la glande sous-maxillaire droite, se fait-elle à ciel ouvert ; les artères sont liées avec aisance. En fin de compte je rugine la face postérieure de la symphyse, dont la gencive paraît malade, et j'éteins deux cautères sur quelques points qui fournissent une hémorrhagie en nappe.

Le fragment du maxillaire est alors remis en place et fixé de chaque côté par une anse du fil de fer recuit, qu'il faut serrer fortement pour obtenir une immobilité complète. Enfin, une quinzaine de points de suture réunissent les parties molles externes.

Le malade remue la mâchoire avec facilité ; mais il avale très-difficilement à cause de la perte de la plus grande partie de la langue. Il faut le nourrir péniblement avec la sonde œsophagienne. De petites hémorrhagies survenues le quatrième et le cinquième jour contribuent encore à l'affaiblir. Il meurt asphyxié par des mucosités bronchiques le huitième jour. La plaie extérieure était complétement guérie, sauf aux deux points par où sortaient les fils de fer. Les surfaces de section du maxillaire étaient en voie de nécrose dans une petite étendue.

Si l'opération définitive que l'on a en vue n'est pas trop sérieuse, les résections temporaires du maxillaire inférieur n'ont pas une gravité très-grande, et elles guérissent bien, à condition que l'immobilité des fragments soit assurée. C'est là la grande difficulté du traitement consécutif.

MM. Sédillot et Billroth ont eu à lutter contre des déplacements continuels des os ; il sera donc prudent d'appliquer toujours une suture osseuse et d'y joindre un appareil en gutta-percha. Je conseille de forer les trous destinés aux fils avant de diviser l'os, de peur que le fragment détaché n'échappe au foret par sa mobilité.

L'opération elle-même ne présente pas plus de difficultés qu'une résection ordinaire et se pratique d'après les mêmes règles et avec les mêmes instruments. Pour les résections temporaires de la branche de la mâchoire on taillera un lambeau triangulaire à base supérieure et postérieure ; pour celles du corps, un lambeau quadrangulaire à base inférieure. Sur mon malade j'ai respecté les commissures de la bouche et le bord rouge de la lèvre, et j'ai fait passer l'incision transversale au-dessous de ce bord, sans en être gêné un seul instant pendant l'opération. En suivant ce procédé, on rend la restauration de la face plus parfaite et plus facile.

Les quatre procédés que nous avons indiqués répondent à autant d'indications différentes.

La *section* en < de la *symphyse*, d'après M. Sédillot, est applicable à l'extirpation de la langue, quand l'opération ne peut plus se faire par l'ouverture buccale.

Si le plancher de la bouche est pris, et surtout si la partie sublinguale est malade, on aura recours à la *résection temporaire du corps du maxillaire*, telle que je l'ai pratiquée.

Quand l'altération affecte l'une des moitiés de la langue, ainsi que la partie correspondante du plancher buccal, on fera la *résection temporaire de la partie latérale du corps du maxillaire*. (Première opération de M. Billroth.)

Enfin, pour les lésions qui occupent les piliers des amygdales, le voile et la partie latérale du pharynx, on se créera du jour par la *résection temporaire de la branche de la mâchoire*. (Deuxième opération de M. Billroth.)

Malheureusement les maladies qui nécessitent ces opérations sont presque toutes de nature cancéreuse et sujettes à récidive ; c'est ce qui en aggrave le plus les résultats.

Tableau général des résections.

	Nombre.	Résultats connus.	Restés en ie.	Succès.	Morts.	Insuccès autres.	Résultats inconnus.
I. Résections osseuses.							
Extrémités	637	605	545	471	60	74	32
Tête.	769	559	385	379	174	6	210
Tronc	126	116	84	82	32	2	10
Total. . . .	1532	1280	1014	932	266	82	252
Extirpations	239	181	123	113	53	10	58
Résections partielles	1293	1099	886	819	213	72	194
II. Résections articulaires.							
Hanche	75	70	35	35	35	—	5
Genou.	218	213	149	129	64	20	5
Coude-pied	174	174	158	149	16	9	—
Épaule	169	169	139	131	30	8	—
Coude.	440	286	254	205	32	49	154
Main	54	49	40	35	9	5	5
Total. . . .	1130	961	775	684	186	91	169
Résections articulaires totales	442	438	347	307	91	40	4
Résections articulaires partielles	688	523	428	377	95	51	165
Résections osseuses	1532	1280	1014	932	266	82	252
Résections articulaires	1130	961	775	684	186	91	169
Total général des résections. . .	2662	2241	1789	1616	452	173	421

Le nombre total des résections[1] rapportées dans cet ouvrage est de 2662 ; mais on ne connaît les résultats que de 2241 d'entre elles. 1789 malades restèrent en vie ; sur ce nombre, 1616 seulement

[1] Dans ce chiffre ne sont pas comprises les opérations ajoutées par le traducteur.
(Note du traducteur.)

furent guéris, 173 ne retirèrent aucun bénéfice de l'opération, 452 succombèrent. Les insuccès de tous genres (mort, amputation, incapacité de se servir du membre etc.) constituent donc le 1/4, la mortalité le 1/6 du nombre total.

Des 2662 résections, 126 ont été pratiquées sur les os du tronc, 769 sur ceux de la tête et 1767 sur ceux des membres.

Les résultats les plus avantageux sont fournis par les résections des membres ; la mortalité n'y est que de 1/7, la somme des insuccès de 1/4.

Pour les résections faites à la tête, la mortalité s'élève à un peu moins du 1/4, les insuccès à 1/4 ; pour le tronc, la mortalité s'élève à 1/4, les insuccès à un peu plus de 1/4.

La somme totale se partage : 1° en 1532 résections osseuses, avec une mortalité de 1/6, et 1/4 d'insuccès ; 2° en 1130 résections articulaires, avec une mortalité de 1/5, et 1/3 d'insuccès (cas de mort compris).

Nous n'avons pas fait entrer en ligne de compte les résections superficielles, parce qu'elles ne sont pas comparables par leur gravité aux résections proprement dites.

Une statistique générale des résections donne des résultats moins brillants que ceux qu'ont obtenus certains chirurgiens ou qu'on a observés dans certaines contrées. Néanmoins les résections donnent une *mortalité* moindre que les amputations et souvent même qu'un traitement purement expectant. Les *succès* obtenus par les résections ne sont pas d'ailleurs à comparer à ceux des amputations, parce que dans le premier cas on conserve un membre capable de remplir ses fonctions, tandis que dans le second le membre est presque inutile. Du reste, les résultats varient dans chaque cas particulier, selon la nature de la lésion, selon la partie du squelette, on pourrait même dire selon l'individu, le climat ou même la nationalité.

FIN.

TABLE DES MATIÈRES.

TABLE DES ADDITIONS DU TRADUCTEUR.

EXPLICATION DES PLANCHES.

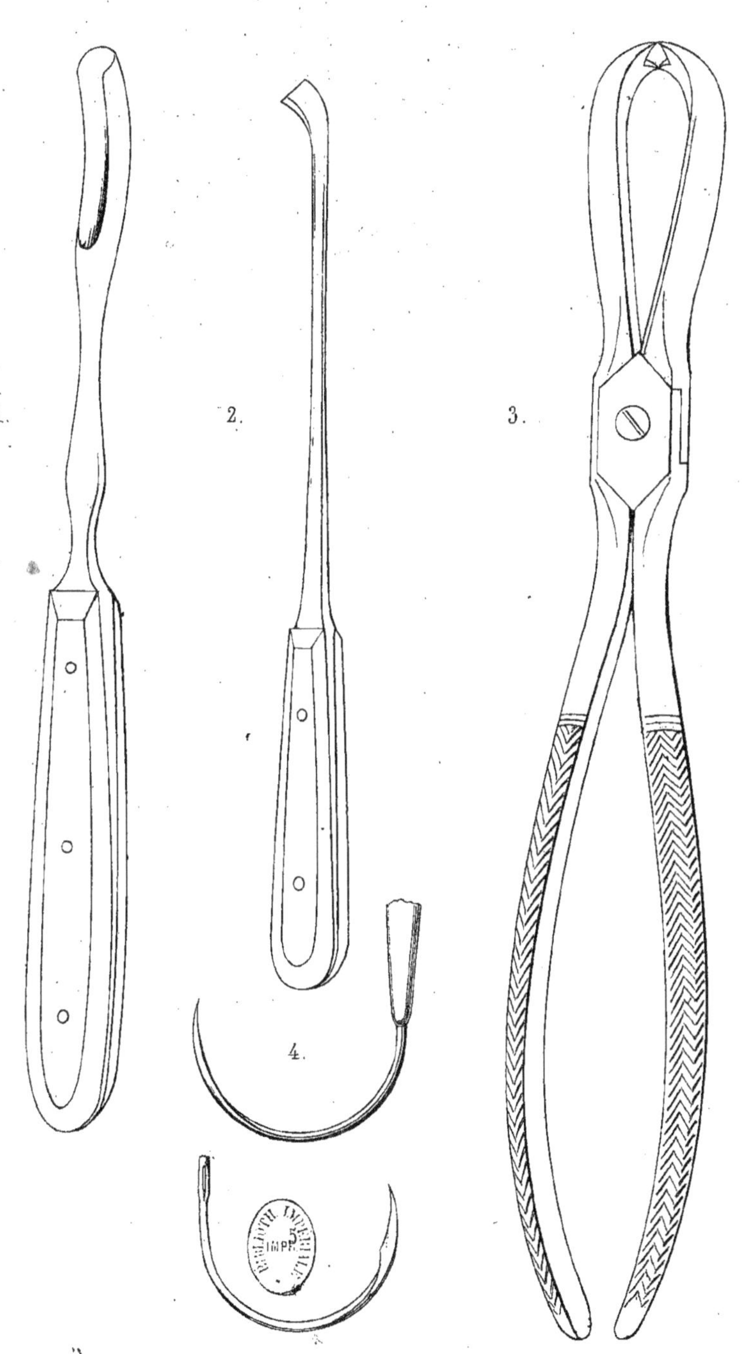

1.
2.
3.
4.
5.

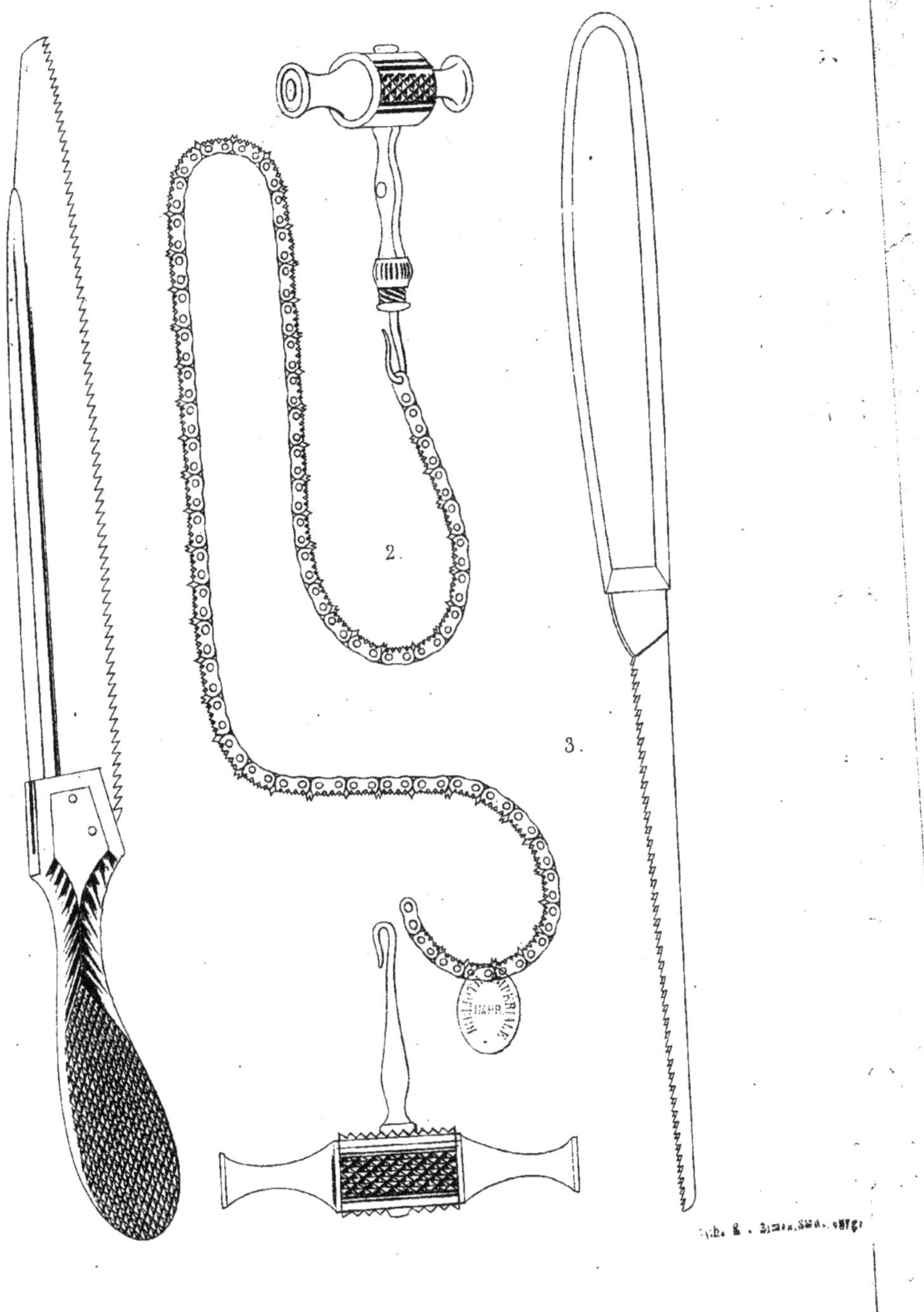

Pl. II
1.
2.
3.

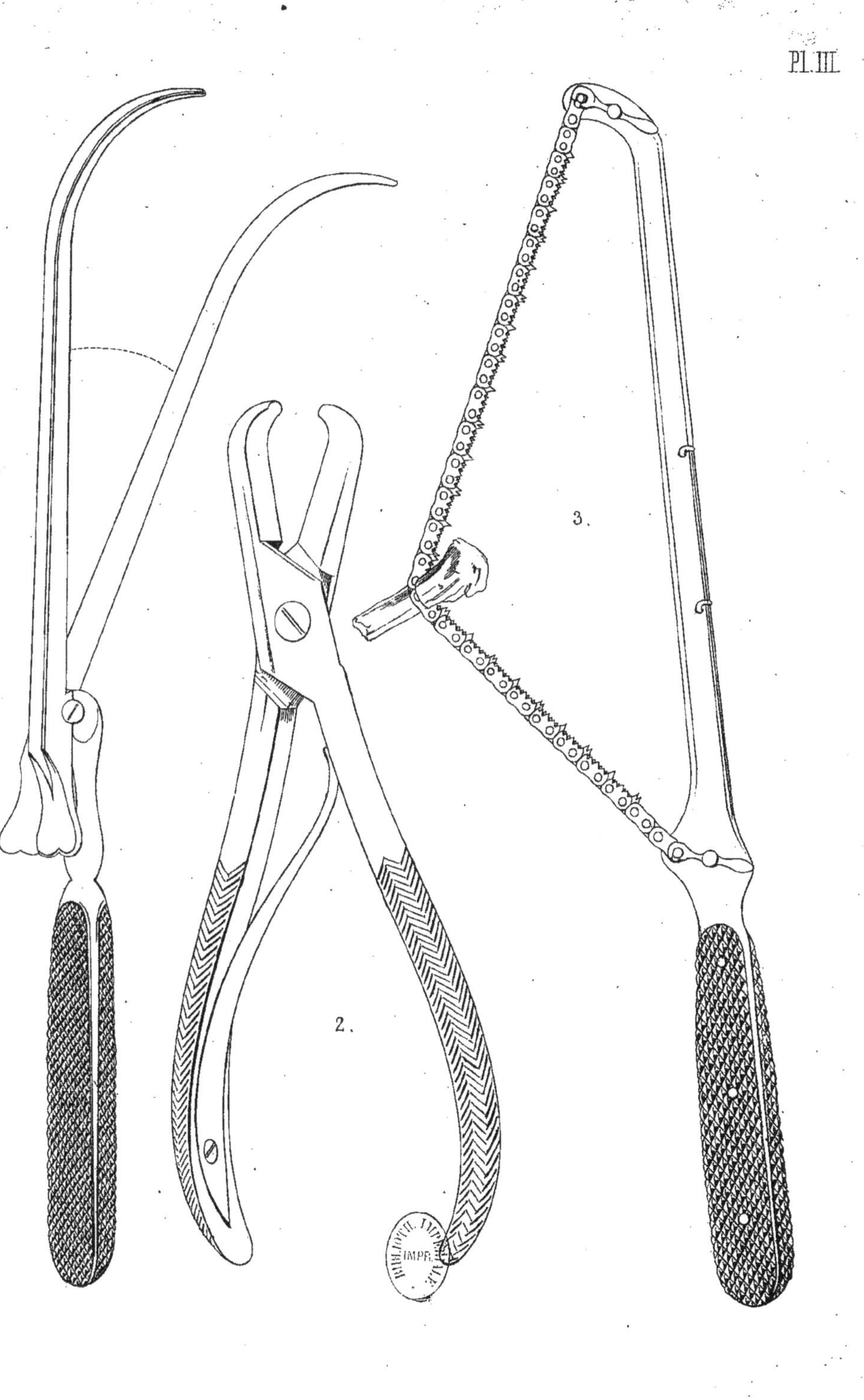

Pl. III.
2.
3.

6.

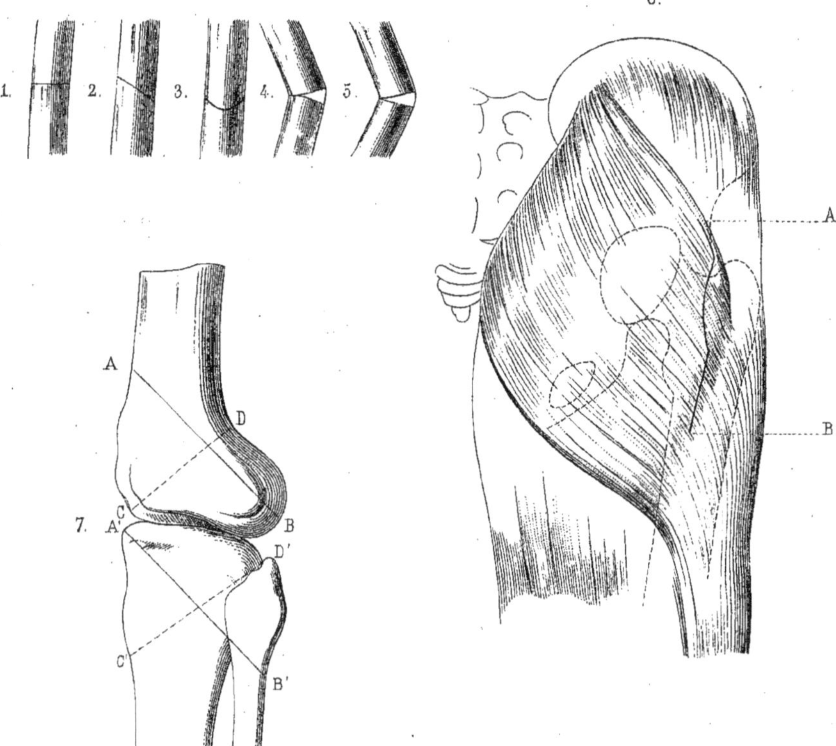

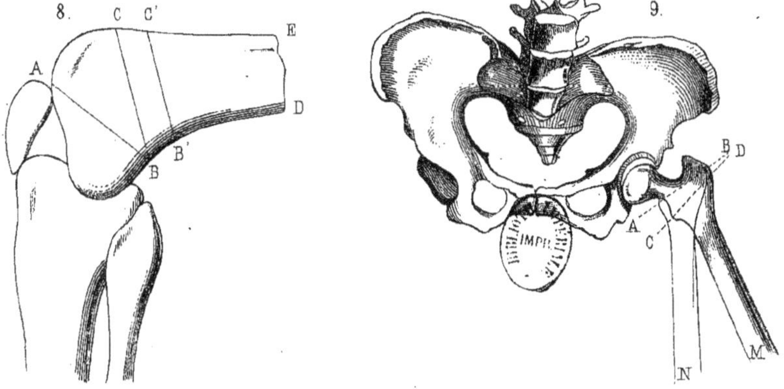

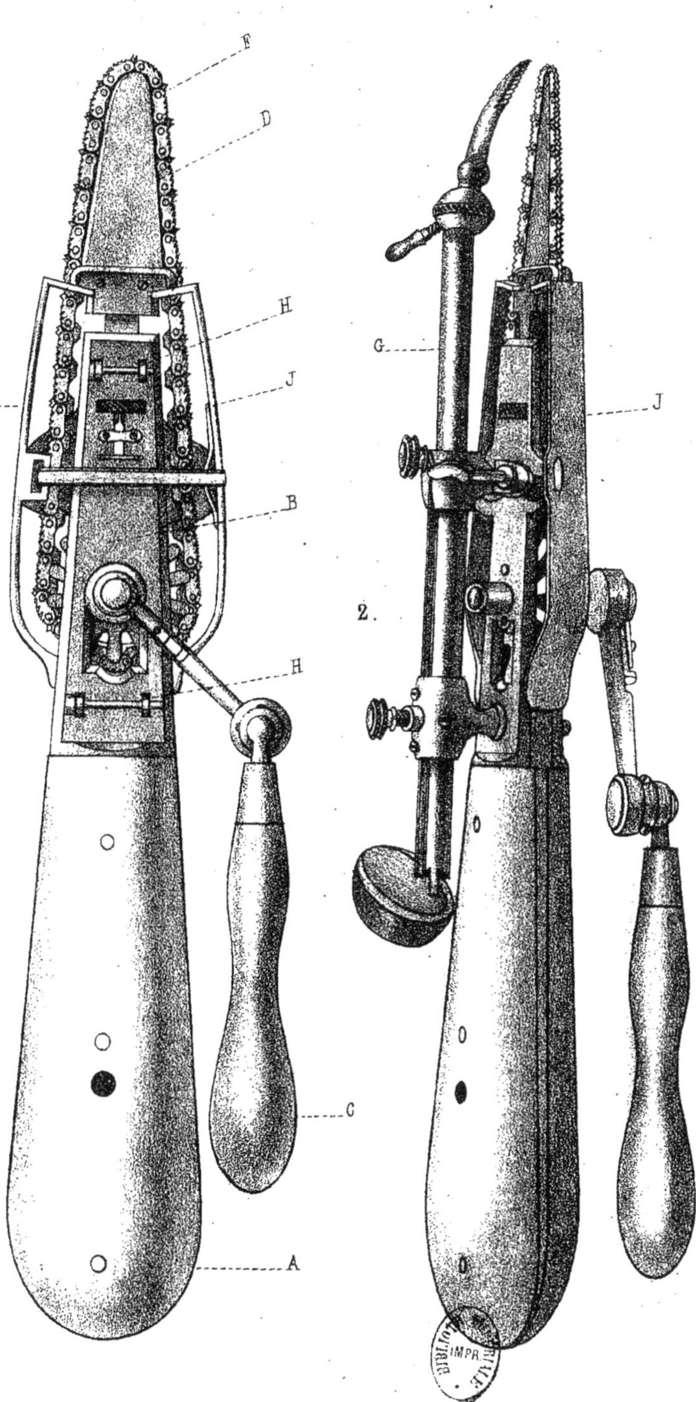
F
D
H
J
J
B
H
1
C
A
G
J
2
BIBL. IMPR. RELIEE

1.

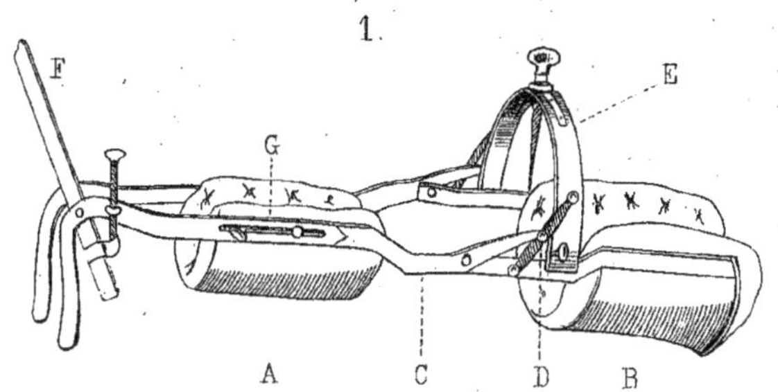

2.

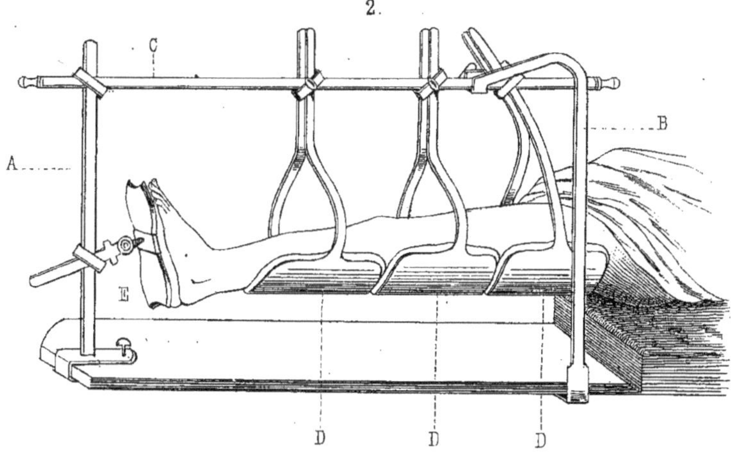

3.

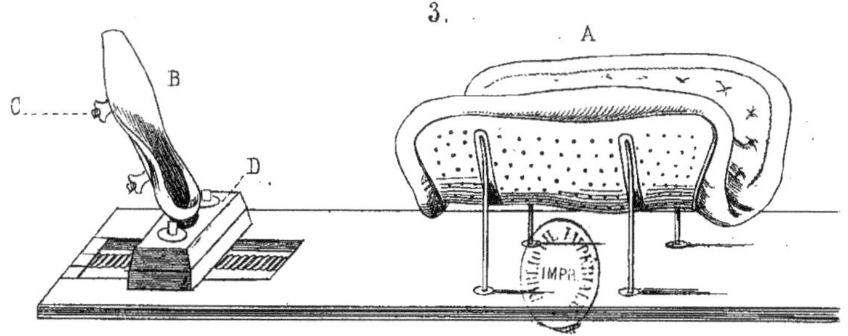

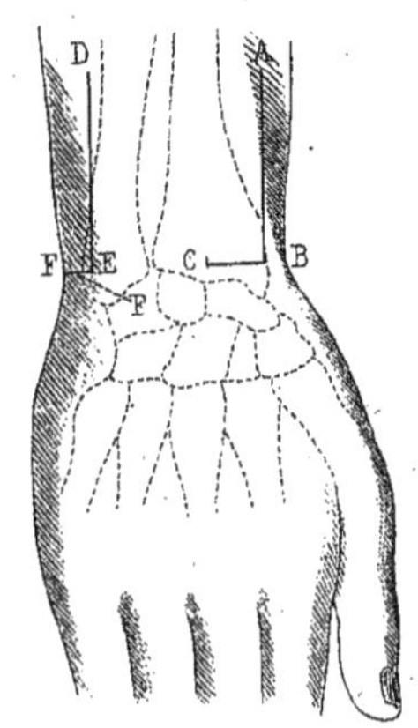
D
F E C B
F

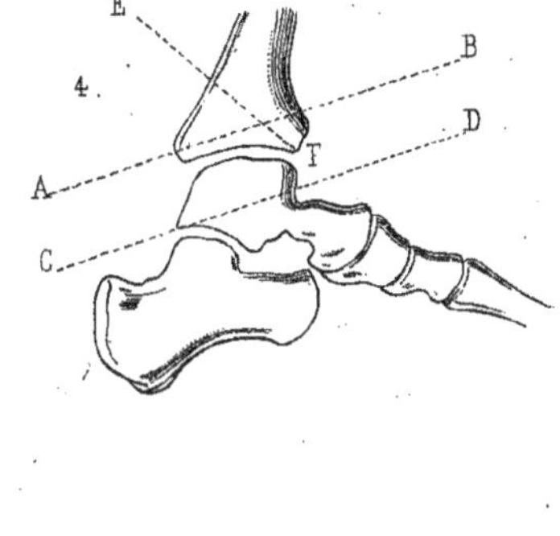
E
B
4.
D
A
T
C

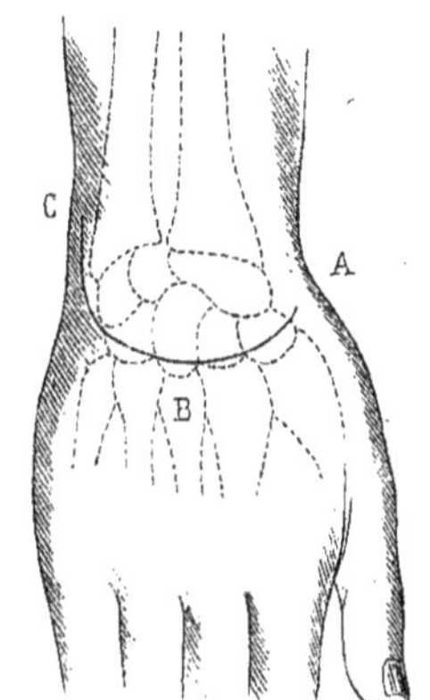
C
A
B

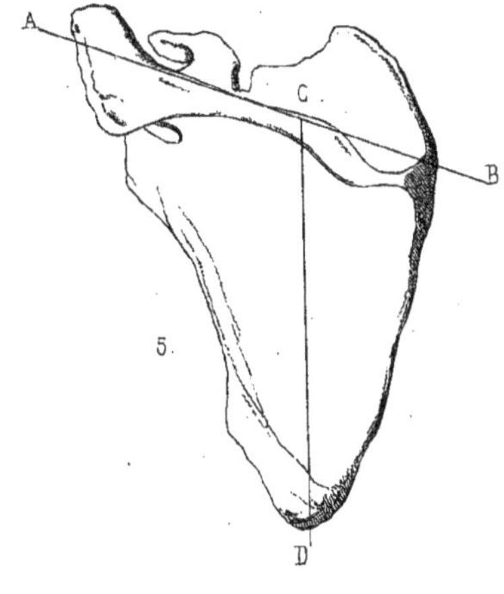
A
C
B
5.
D

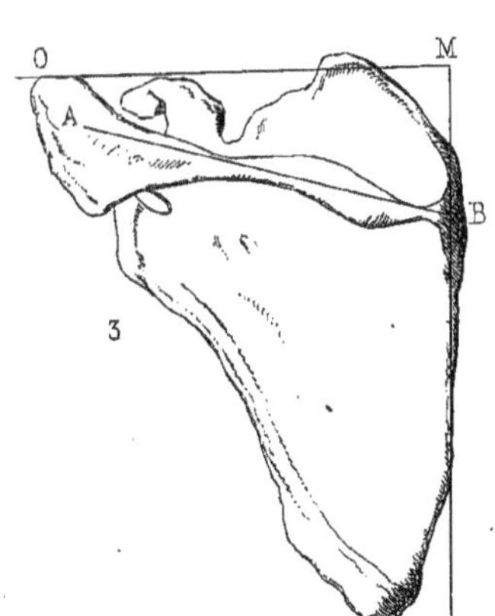
O
M
A
B
3
N

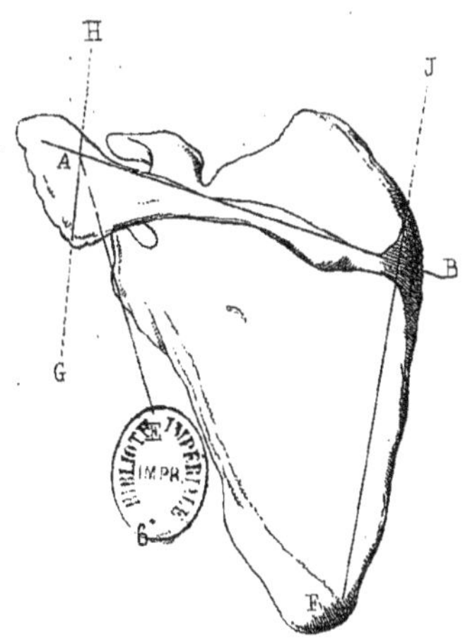
H
J
A
B
G
6.
F

1.

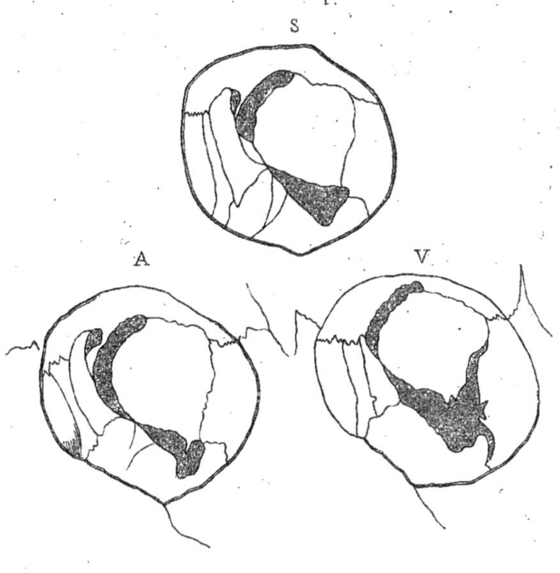

2.

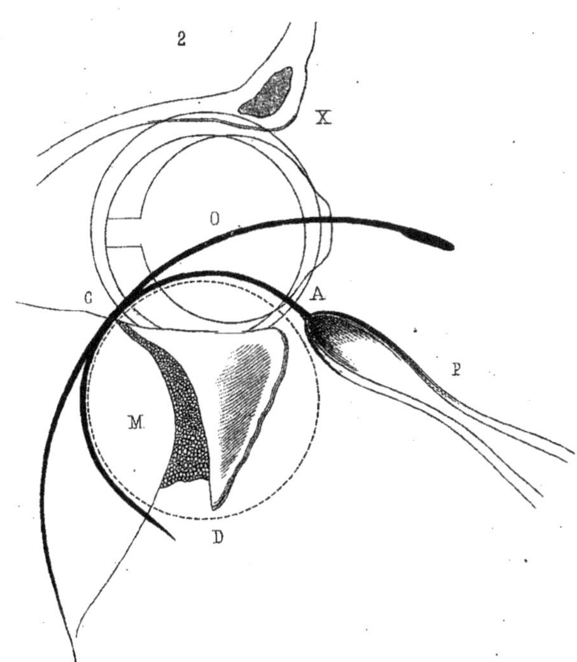

STRASBOURG , IMPRIMERIE DE G. SILBERMANN.